Thermodynamik kompakt – Formeln und Aufgaben

Bernhard Weigand · Jürgen Köhler
Jens von Wolfersdorf

Thermodynamik kompakt – Formeln und Aufgaben

2. Auflage

Bernhard Weigand
Institut für Thermodynamik der Luft- und Raumfahrt, Universität Stuttgart
Stuttgart, Deutschland

Jens von Wolfersdorf
Institut für Thermodynamik der Luft- und Raumfahrt, Universität Stuttgart
Stuttgart, Deutschland

Jürgen Köhler
Institut für Thermodynamik, TU Braunschweig
Braunschweig, Deutschland

ISBN 978-3-662-49700-5 ISBN 978-3-662-49701-2 (eBook)
DOI 10.1007/978-3-662-49701-2

Die Deutsche Nationalbibliothek verzeichnet diese Publikation in der Deutschen Nationalbibliografie; detaillierte bibliografische Daten sind im Internet über http://dnb.d-nb.de abrufbar.

Springer Vieweg

Gedruckt auf säurefreiem und chlorfrei gebleichtem Papier

Springer Vieweg ist Teil von Springer Nature
Die eingetragene Gesellschaft ist Springer-Verlag GmbH Deutschland
Die Anschrift der Gesellschaft ist: Heidelberger Platz 3, 14197 Berlin, Germany

Die Originalversion dieses Buches wurde revidiert. Ein Erratum zu diesem Buch ist verfügbar unter DOI 10.1007/978-3-662-49701-2

Für unsere Kinder Lisa, Hanna, Jan Nikolas und Felix

Vorwort zur zweiten Auflage

Wir freuen uns, dass die Formel und Aufgabensammlung zum Lehrbuch „Thermodynamik *kompakt*" so positiv aufgenommen wurde. Wir möchten uns auch ganz herzlich für die vielen positiven Kommentare zu dem Buch bedanken. Für die zweite Auflage wurden Schreibfehler im Text und in den Gleichungen beseitigt. Weiterhin haben wir in verschiedenen Kapiteln zusätzliche Rechenaufgaben aufgenommen. Im Anhang C haben wir noch eine weitere Klausur hinzugefügt.

Wie schon bei der letzten Auflage sind die Lösungen zum Mathematik Selbsttest im Kap. 1 und den Klausuren im Anhang C wieder auf der Internetseite www.uni-stuttgart.de/itlr/thermo-kompakt zu finden. Das Log-in und das Passwort für diese Internetseite sind:

LOG-IN: Thermokompakt
PASSWORT: Thermo1000

Diese Seite kann man auch über die Internetseite www.springer.com/978-3-540-71865-9 beim Springer Verlag erreichen.

Für viele wertvolle Hinweise und gute Diskussionen möchten wir uns zunächst bei unseren Studierenden bedanken. Wir danken weiterhin unseren Mitarbeitern für die Unterstützung bei der Überarbeitung des Büchleins. Für die stets gute und harmonische Zusammenarbeit und auch für die vielfältige Unterstützung möchten wir uns bei Frau Eva Hestermann-Beyerle und ihrem Team vom Springer Verlag bedanken.

Stuttgart, Deutschland — Bernhard Weigand
Braunschweig, Deutschland — Jürgen Köhler
Stuttgart, Deutschland — Jens von Wolfersdorf
im Mai 2016

Vorwort zur ersten Auflage

Im Jahre 2008 erschien die erste Auflage unseres Lehrbuchs „Thermodynamik *kompakt*". Das Lehrbuch hat das Ziel den Stoff der Thermodynamik Grundausbildung, so wie er heute an Universitäten und Fachhochschulen gelehrt wird, in kurzer und prägnanter Art und Weise darzustellen. Es freut uns sehr, dass wir nun ein paar Jahre später sagen können, dass das Buch sehr gut von den Studierenden und den vielen anderen Lesern aufgenommen wurde. Deshalb wird dieses Jahr schon die dritte Auflage des Buchs erscheinen.

Vorlesungen in Thermodynamik werden i.d.R. von zahlreichen Übungen zum Selberrechnen und Vorrechenübungen begleitet, so dass der abstrakte Stoff möglichst schnell durch das Bearbeiten von Übungsaufgaben aufgenommen und verinnerlicht werden kann. Deshalb gab es zahlreiche Nachfragen der Leser nach einer Aufgabensammlung für das Lehrbuch „Thermodynamik *kompakt*", die das Buch unterstützt und den Stoff mittels Übungsaufgaben anschaulich vertieft. Dieser Bitte kommen wir nun mit diesem Buch sehr gerne nach.

Das Aufgabenbuch zu „Thermodynamik *kompakt*" orientiert sich sehr stark am Lehrbuch. So tragen die einzelnen Kapitel jeweils die gleichen Überschriften. Dadurch soll gewährleistet werden, dass der Leser nach dem Studium eines Kapitels im Lehrbuch direkt Aufgaben bearbeiten kann, die ihm genau den Stoff dieses Kapitels noch einmal näher bringen. Weiterhin werden hier alle Formeln mit den Gleichungsnummern aus dem Buch zitiert. Dadurch kann man sehr einfach bei den betreffenden Gleichungen im Buch noch einmal nachschauen, falls es Klärungsbedarf gibt oder man die Annahmen, die zu einer Gleichung führten noch einmal nachlesen möchte.

Alle Kapitel in der Aufgabensammlung haben den gleichen Aufbau: Zu Beginn jedes Kapitels sind die wichtigsten Formeln und Definitionen zusammengefasst. Anschließend werden Verständnisfragen zum Stoff des Kapitels gestellt und gelöst. Es schließt sich ein Abschnitt mit Rechenaufgaben an. Deren Lösungen sind beschrieben, und bei jeder Aufgabe ist der Schwierigkeitsgrad mit angegeben. Das Symbol X hinter der Aufgabe kennzeichnet dabei eine einfache Aufgabe, während XXX auf eine schwierige Aufgabe hinweist.

Am Ende des Buchs findet der Leser noch typische Prüfungsaufgaben. Diese sind bewusst ohne Lösungen angegeben. Die Lösungen zu den Aufgaben sind auf der Internetseite www.uni-stuttgart.de/itlr/thermo-kompakt zu finden.

Auf dieser Internetseite sind auch einige 3D Animationen zu Zustandsdiagrammen und weiteres interessantes Material zur Unterstützung und Vertiefung verschiedener Themengebiete dieses Buches hinterlegt. Das Login und das Passwort für diese Internetseite sind:

LOGIN: Thermokompakt

PASSWORT: Thermo1000

Diese Seite kann man auch über die Internetseite www.springer.com/978-3-540-71865-9 beim Springer Verlag erreichen.

Normalerweise genügt zum Studium des Lehrbuchs und der Aufgabensammlung das Mathematikwissen, wie es in den ersten beiden Semestern des Studiums vermittelt wird. Wir bieten im 1. Kapitel einen kleinen Selbsttest an, da vielfach die Frage gestellt wird, ob das individuelle Mathematikwissen wirklich zum Studium dieses Buches genügt. Der geneigte Leser kann dies recht einfach und schnell durch Lösen des Selbsttests feststellen. Die Lösung des Tests findet sich ebenfalls auf der oben angegebenen Internetseite.

Viele Personen haben uns während aller Phasen der Konzeption und der Erstellung dieses Buches mit Rat und Tat zur Seite gestanden. Ohne diese Unterstützung und Hilfe wäre die Fertigstellung dieses Buchs sicherlich nicht möglich gewesen. Wir sind in diesem Zusammenhang ganz besonders den Studierenden Frau Nicole Sturm und Herrn Caglayan Gürbüz für das Lesen des Buchs, das Nachrechnen der Aufgaben und die vielen Hinweise aus studentischer Sicht dankbar. Die Erstellung der Bilder wurde von Herrn Nico Brunner übernommen. Ihm gebührt unser Dank für die zügige und stets sehr gute Zusammenarbeit. Weiterhin danken wir Herrn Martin Buchholz und Herrn Dominik Lünig für das Aufbereiten einer ganzen Reihe von Aufgaben. Abschließend möchten wir uns auch noch bei Frau Eva Hestermann-Beyerle und Frau Birgit Kollmar-Thoni vom Springer Verlag für die sehr angenehme Zusammenarbeit bedanken.

Stuttgart, Braunschweig
Mai 2013

Bernhard Weigand
Jürgen Köhler
Jens von Wolfersdorf

Inhaltsverzeichnis

Nomenklatur

A	Fläche [m^2]
An	Anergie [J]
c	Geschwindigkeit [m/s]
c_S	Schallgeschwindigkeit [m/s]
C_v	Wärmekapazität bei konstantem Volumen [J/K]
C_p	Wärmekapazität bei konstantem Druck [J/K]
c_v	Spez. Wärmekap. bei konstantem Volumen [J/(kg K)]
c_p	Spez. Wärmekap. bei konstantem Druck [J/(kg K)]
E	Energie [J]
e	Spezifische Energie [J/kg]
$Ex = -W_{ex}$	Exergie [J]
F	Kraft [J/m]
$F = U - TS$	Freie Energie [J]
$f = u - Ts$	Spezifische freie Energie [J/kg]
f	Fugazität [Pa]
$G = H - TS$	Freie Enthalpie [J]
$g = h - Ts$	Spezifische freie Enthalpie [J/kg]
g	Erdbeschleunigung [m/s^2]
$H = U + pV$	Enthalpie [J]
$h = u + pv$	Spezifische Enthalpie [J/kg]
ΔH_R	Molare Reaktionsenthalpie [J/mol]
K	Konstante des Massenwirkungsgesetzes [–]
M	Molmasse [kg/mol]
m	Masse [kg]
$\dot{m}$	Massenstrom [kg /s]
m'	Masse der flüssigen Phase [kg]
m''	Masse der gasförmigen Phase [kg]
Ma	Machzahl ($Ma = c/c_s$) [–]
n	Molzahl ($m = n\ M$), Molmenge [mol]
n	Polytropenexponent [–]
P	Leistung [W]
P_t	Technische Leistung = technische Arbeit pro Zeiteinheit [W]

p	Druck [Pa]
Q	Wärme [J]
$\dot{Q}$	Wärmestrom [W]
q	Spezifische Wärme [J/kg]
r	Spezifische Verdampfungsenthalpie [J/kg]
R_j	Spezifische Gaskonstante des Stoffes j [J/(kg K)]
R_m	Universelle Gaskonstante [J/(mol K)]
S	Entropie [J/K]
s	Spezifische Entropie [J/(kg K)]
T	Temperatur [K]
t	Zeit [s]
t	Temperatur (Celsiusskala) [°C]
T_s	Sättigungstemperatur [K]
U	Innere Energie [J]
u	Spezifische innere Energie [J/kg]
V	Volumen [m^3]
v	Spezifisches Volumen [m^3/kg]
V_m	Molares Volumen [m^3/mol]
W	Arbeit [J]
w	Spezifische Arbeit [J/kg]
W_v	Volumenänderungsarbeit [J]
W_{el}	Elektrische Arbeit [J]
W_w	Wellenarbeit [J]
W_{diss}	Dissipationsarbeit [J]
W_t	Technische Arbeit [J]
W_{Virrev}	Arbeitsverlust durch Irreversibilitäten [J]
$x = m''/(m' + m'')$	Dampfanteil [–]
$x = m_w/m_L$	Wassergehalt [–]
Z	Allgemeine extensive Zustandsgröße [Z]
z	Allgemeine spezifische Zustandsgröße [Z/kg]

Griechische Zeichen

β	Isobarer Ausdehnungskoeffizient [1/K]
γ	Isochorer Spannungskoeffizient [1/K]
δ_T	Isothermer Drosselkoeffizient [m^3/kg]
δ_h	Isenthalper Drosselkoeffizient [Ks^2m/kg]
ε	Leistungsziffer [–]
ε	Verdichtungsverhältnis [–]
η_{th}	Thermischer Wirkungsgrad [–]
η_{mech}	Mechanischer Wirkungsgrad [–]
κ	Adiabaten- oder Isentropenexponent [–]
λ	Reaktionslaufzahl [–]
μ_i	Chemisches Potenzial [J/mol]
ν_i	Stöchiometrische Koeffizienten [–]
$\xi_i = m_i/m$	Massenanteil [–]
π	Druckverhältnis [–]
ρ	Dichte [kg/m^3]
τ	Temperaturverhältnis [–]
φ	Relative Feuchte [–]
φ	Einspritzverhältnis [–]
χ	Isothermer Kompressibilitätskoeffizient [m^2/N]
Ψ	Dissipationsenergie [J]
ψ	Spezifische Dissipationsenergie [J/kg]
ψ	Drucksteigerungsverhältnis [–]
$\psi_i = n_i/n$	Molanteil [–]

Indizes

ab	abgeführt
Carnot	Carnot
im System	Prozess im System
irrev	irreversibel
K	kritische Größen
K	Kältemaschine
KG	Kühlgrenze
kin	kinetisch
m	molare Größe
max	maximal
min	minimal
opt	optimal
p	bei konstantem Druck
pm	partielle molare Größe
pot	potenziell
prod	produzierte Größe, Quellterm
rev	reversibel
S	Sättigungsgrößen
System	Zustandsgröße eines Systems
überSystemgrenze	Transfer einer Größe über die Systemgrenze
v	bei konstantem Volumen
WP	Wärmepumpe
zu	zugeführt
ZÜ	Zwischenüberhitzung
0	auf den Kühlraum bezogen
0	Ruhe- bzw. Totalgrößen

1 Mathematik Selbsttest

Zum Studium des Lehrbuchs und der Aufgabensammlung werden mathematische Grundkenntnisse vorausgesetzt. Einige Anwendungen, die besonders bei der Bearbeitung von Aufgaben bekannt sein sollten und auf die dort nicht näher eingegangen wird, sind nachfolgend zusammengestellt.

1) **Umformung mathematischer Terme**:
   Diese Fähigkeit wird als selbstverständlich vorausgesetzt; dazu gehört unter anderem der Umgang mit binomischen Formeln, quadratischen Gleichungen, linearen Gleichungssystemen, allgemeinen Potenztermen, Exponential- und Logarithmusfunktionen; Elimination von Variablen aus Gleichungssystemen.

2) **Gebrauch eines programmierbaren Taschenrechners**, etwa zur **numerischen Lösung von nichtlinearen Gleichungen**, deren Wurzeln nicht geschlossen dargestellt werden können.

   Zwei Beispiele seien hier angegeben

   $$\varepsilon^{0,4} + 0,6616/\varepsilon = 1,6616 \qquad \rightarrow \qquad \text{Näherungslösung}\ \varepsilon = 2,11$$

   oder

   $$x - \ln x = 3 - \ln 3 \ \text{und der Bedingung}\ x < 1,0 \rightarrow \ \text{Lösung}\ x = 0,1786$$

   Es ist stets zu beachten, dass die Gleichungen eventuell mehrere (mathematische) Lösungen haben können. Die physikalische Argumentation filtert hierbei die für das gegebene physikalische Problem zutreffende Lösung heraus.

B. Weigand et al., *Thermodynamik kompakt – Formeln und Aufgaben*,
DOI 10.1007/978-3-662-49701-2_1

Tab. 1.1 Die Größen a und b als Funktion von t

t	0	10	20	30	40	50	60	70
a	3,5	5,1	6,3	7,2	7,5	6,9	5,0	1,1
b	0,63	1,01	1,45	1,92	2,50	3,20	3,95	4,72

3) **Lineare Interpolation von Tabellenwerten:**
Dies wird nachfolgend anhand eines Beispiels erläutert (Tab. 1.1).
Gesucht ist näherungsweise (durch lineare Interpolation)
   a) der Wert von a bei $t = 34{,}3$;
   b) der Wert von b bei $a = 6{,}0$;
   c) der Wert von t, bei dem in der Variablen a das Maximum auftritt, und der Wert von b an dieser Stelle t.

Beispiel: Bestimmung des Wertes von a für $t = 56$.
Die Werte von a sind für $t = 50$ und $t = 60$ bekannt. Den Wert für $t = 56$ erhält man wie folgt

$$a(t = 56) = a(t = 50) + \frac{a(t = 60) - a(t = 50)}{60 - 50}(56 - 50)$$

$$a(t = 56) = 6,9 + (5,0 - 6,9)\frac{6}{10} = 5{,}76$$

4) **Differentiation einfacher Funktionen**, wie z. B.

$$f(x) = x^n, \quad f(x) = \frac{1}{x + a}, \quad f(x) = \frac{1}{(x + a)^2}, \quad f(x)\frac{1}{x^2 + bx},$$
$$f(x) = \ln(x^a), \quad f(x) = ax^2e^{bx}$$

Hierin sind a, b, n Konstanten.
(Anwendung von Kettenregel, Produkt- und Quotientenregel).

5) **Integration einfacher Funktionen**, d. h. Berechnung von

$$\int f(x)dx,$$

wobei der Integrand u. a. die folgenden Ausdrücke annehmen kann

$$f(x) = x^a, \quad f(x) = A + Bx + Cx^2, \quad f(x) = \frac{1}{(x + a)^2},$$

(a, A, B und C sind Konstanten).

6) **Partielle Ableitungen**; eine typische Fragestellung ist nachfolgend gegeben.
Gegeben ist eine thermische Zustandsgleichung in der Form $p = p(v,T)$ oder auch in impliziter Darstellung $F\,(p,\, v,\, T) = 0$.
Gesucht sind die partiellen Ableitungen $\left(\frac{\partial v}{\partial T}\right)_p, \left(\frac{\partial p}{\partial T}\right)_v$ und $\left(\frac{\partial v}{\partial p}\right)_T$.
Als Beispiel kann die Beziehung

$$pv = RT + A/v + B/v^2$$

gewählt werden (A, B, R sind Konstanten).
Hinweis: Beispiele hierfür finden sich im Lehrbuch im Anhang A im Abschn. A 1.2.

7) **Taylor – Reihenentwicklung** (Potenzreihenentwicklung) einfacher Funktionen, zum Beispiel

$$e^x = 1 + \frac{x}{1!} + \frac{x^2}{2!} + \frac{x^3}{3!} + \cdots \qquad \text{Konvergent für } |x| < \infty$$

$$\frac{1}{1 \pm x} = 1 \mp x + x^2 \mp x^3 + \cdots \qquad |x| < 1$$

$$\ln(1 + x) = x - \frac{x^2}{2} + \frac{x^3}{3} - \frac{x^4}{4} + - \cdots \qquad -1 < x \leq 1$$

$$\sqrt{1 \pm x} = 1 \pm \frac{1}{2}x - \frac{1 \cdot 1}{2 \cdot 4}x^2 \pm \frac{1 \cdot 1 \cdot 3}{2 \cdot 4 \cdot 6}x^3 - \cdots \qquad |x| \leq 1$$

Für kleine Werte von x genügt oft schon eine Näherung durch die ersten beiden Glieder der Reihe.

Grundlagen 2

In diesem Kapitel werden Aufgaben angegeben, die für das zweite Kapitel des Lehrbuchs relevant sind. Die wichtigsten Formeln werden zusammengefasst. Kurzfragen und Rechenaufgaben werden vorgestellt und ausführlich gelöst.

2.1 Die wichtigsten Definitionen und Formeln

Zustandsgröße Eine **Zustandsgröße Z** (z. B. p, T, v,...), die immer wegunabhängig ist, ist durch die folgende Gleichung definiert

$$\oint dZ = 0 \tag{2.1}$$

Temperaturmessung Historisch werden verschiedene Temperaturskalen eingesetzt. Die gebräuchlichsten Temperaturskalen sind neben der „Celsius Temperaturskala" die „Fahrenheit Temperaturskala" und die „Rankine Temperaturskala". In der Thermodynamik verwendet man hingegen fast ausschließlich die „Kelvin Temperaturskala". Die Temperaturskalen sind über die folgenden Beziehungen miteinander verknüpft

$$\begin{aligned} t\left[^\circ\mathrm{F}\right] &= \frac{9}{5}t\left[^\circ\mathrm{C}\right] + 32 \\ t\left[^\circ\mathrm{Ra}\right] &= \frac{9}{5}t\left[^\circ\mathrm{C}\right] + 491{,}68 \end{aligned} \tag{2.2}$$

$$T[\mathrm{K}] - 273,15\ \mathrm{K} = t\left[^\circ\mathrm{C}\right] \tag{2.3}$$

Die Originalversion des Kapitels wurde revidiert: Ausführliche Informationen finden Sie im Erratum. Ein Erratum zu diesem Kapitel ist verfügbar unter DOI 10.1007/978-3-662-49701-2_8

B. Weigand et al., *Thermodynamik kompakt – Formeln und Aufgaben*,
DOI 10.1007/978-3-662-49701-2_2

Energiearten Neben den aus der Mechanik bekannten Energiearten kinetische und potenzielle Energie (E_{kin}, E_{pot}) benutzt man in der Thermodynamik die innere Energie U.

$$E_{kin} = \frac{1}{2} m\, c^2, \qquad E_{pot} = m\, g\, z \tag{2.4}$$

Diese Größen sind **Zustandsgrößen**, sind also wegunabhängig.

Arbeit und Wärme Die Arbeit ist allgemein definiert durch

$$\delta W = \vec{F} \cdot d\vec{s}, \qquad W_{12} = \int_1^2 \vec{F} \cdot d\vec{s} \tag{2.6}$$

Für die Thermodynamik wichtig ist die Volumenänderungsarbeit

$$\delta W_V = -p\, dV, \qquad W_{V,12} = -\int_1^2 p\, dV \tag{2.7}$$

Alle Arbeiten und Wärmen sind **Prozessgrößen**, also wegabhängig.

Größen und Einheiten

- Jede physikalische Größe besteht aus einem Zahlenwert und einer Einheit (z. B. wird das Volumen V in [m^3] gemessen)
- Intensive Zustandsgrößen (p, T) ändern sich nicht bei einer Teilung des Systems
- Extensive Zustandsgrößen (V, U, H, S) sind der Systemmasse proportional
- Spezifische Zustandsgröße = Extensive Zustandsgröße/Masse
- Molare Zustandsgröße = Extensive Zustandsgröße/Molmenge
- Zwischen der Masse (m), der Molmasse (M) und der Molmenge (n) besteht der folgende Zusammenhang

$$m = n\, M \tag{2.11}$$

2.2 Verständnisfragen

Frage 1: Was ist ein System? Welche verschiedenen Arten von Systemen unterscheidet man?

Frage 2: Was unterscheidet eine Zustandsgröße von einer Prozessgröße? Nennen Sie jeweils ein Beispiel für eine Zustandsgröße und eine Prozessgröße!

Frage 3: Betrachten Sie ein halb voll mit Whisky gefülltes Glas! Nun werfen wir einen Eiswürfel in das Glas! Betrachten wir als System den Whisky mit dem Eis! Handelt es sich hierbei um ein homogenes System?

Frage 4: Warum stellen das erste und das zweite Gleichgewichtspostulat die Grundlage der Temperaturmessung dar?

Frage 5: Welche Werte nimmt die Temperatur 20 °C in der Fahrenheit, Rankine und der thermodynamischen Temperaturskala (Kelvin) an?

Frage 6: Was versteht man unter einer quasistatischen Zustandsänderung?

Frage 7: Nennen Sie jeweils zwei Beispiele von extensiven Zustandsgrößen, intensiven Zustandsgrößen und spezifischen Prozessgrößen!

Frage 8: Wie sind die Größen Enthalpie, freie Energie, freie Enthalpie und Entropie definiert?

Frage 9: Wie groß ist die Volumenänderungsarbeit für eine isobare Zustandsänderung ($p =$ konst.), wenn sich das Volumen von V_1 auf V_2 vergrößert?

Frage 10: Wie groß ist die Volumenänderungsarbeit für eine isochore ($V =$ konst.) Zustandsänderung?

Frage 11: Warum ist p keine extensive Zustandsgröße? Warum ist V eine extensive Zustandsgröße?

Frage 12: G sei eine Zustandsgröße mit der Einheit [J]. Welche Einheit haben dann die Größen g, G_m und $\dot{G}$?

Frage 13: Wodurch ist ein **adiabates** System gekennzeichnet?

Antworten auf die Verständnisfragen:

Antwort zu Frage 1: Ein System ist in der Thermodynamik ein Gebilde, das man betrachtet. Es ist durch eine Systemgrenze umschlossen. Außerhalb des Systems befindet sich die Umgebung. Man unterscheidet die drei Systemarten:

Offenes System: Austausch von Energie und Masse über die Systemgrenze

Geschlossenes System: Austausch von Energie über die Systemgrenze, keine Masse tritt über die Systemgrenze

Abgeschlossenes System: Weder Masse noch Energie treten über die Systemgrenze

Antwort zu Frage 2: Eine Zustandsgröße ist wegunabhängig und erfüllt Gl. (2.1). Beispiele für Zustandsgrößen sind p, T, V. Eine Prozessgröße hängt vom Weg ab, z. B. die Arbeit W_{12} oder die Wärme Q_{12}.

Antwort zu Frage 3: Es handelt sich um ein heterogenes System, da wir eine flüssige Phase (Whisky) und eine feste Phase (Eiswürfel) haben. Ist der Eiswürfel nach einiger Zeit geschmolzen, so haben wir es wieder mit einem homogenen System zu tun.

Antwort zu Frage 4: Bei der Temperaturmessung will man die Temperatur eines beliebigen Körpers messen. Diesen bringt man mit einem möglichst kleinen Körper (Thermoelement, Thermometer) ins Gleichgewicht. Dann haben beide Körper die gleiche Temperatur. Da man das Messgerät (Thermoelement, Thermometer) vorher mittels eines anderen Körpers (mit dem man es auch ins Gleichgewicht gebracht hat) geeicht hat, kann man so die Temperatur bestimmen.

Antwort zu Frage 5: Nach Gl. (2.2) und (2.3) berechnet man

$$\begin{aligned} t\left[{}^{\circ}\mathrm{F}\right] &= \frac{9}{5} t\left[{}^{\circ}\mathrm{C}\right] + 32 && \rightarrow 20\left[{}^{\circ}\mathrm{C}\right] = 68\left[{}^{\circ}\mathrm{F}\right] \\ t\left[{}^{\circ}\mathrm{Ra}\right] &= \frac{9}{5} t\left[{}^{\circ}\mathrm{C}\right] + 491{,}68 && \rightarrow 20\left[{}^{\circ}\mathrm{C}\right] = 527{,}68\ \left[{}^{\circ}\mathrm{Ra}\right] \\ T[\mathrm{K}] - 273,15\ K &= t\left[{}^{\circ}\mathrm{C}\right] && \rightarrow 20\left[{}^{\circ}\mathrm{C}\right] = 293{,}15\,[\mathrm{K}] \end{aligned}$$

Antwort zu Frage 6: Hierunter versteht man eine Zustandsänderung, die so langsam abläuft, dass zu jedem Zeitpunkt ein Gleichgewichtszustand herrscht.

Antwort zu Frage 7:

Beispiele extensiver Zustandsgrößen	V, U
Beispiele intensiver Zustandsgrößen	p, T
Beispiele spezifischer Prozessgrößen	q_{12}, w_{12}

Antwort zu Frage 8: Diese Größen sind nach Gl. (2.8) wie folgt definiert

$$\begin{array}{ll} H = U + pV & \text{Enthalpie} \\ dS = \frac{\delta Q_{rev}}{T} & \text{Entropie} \\ F = U - TS & \text{Freie Energie} \\ G = H - TS & \text{Freie Enthalpie} \end{array} \tag{2.8}$$

Antwort zu Frage 9: Für eine isobare Zustandsänderung ist die Volumenänderungsarbeit nach Gl. (2.7) $W_{V,12} = p\,(V_1 - V_2)$.

Antwort zu Frage 10: Für eine isochore Zustandsänderung ändert sich das Systemvolumen nicht und die Volumenänderungsarbeit ist nach Gl. (2.7) gleich Null.

Antwort zu Frage 11: Teilt man das System, so bleibt der Druck gleich. Er ist also nicht von der Systemgröße abhängig. Das bedeutet, dass p eine intensive Zustandsgröße ist. Das Volumen V ändert sich mit einer Systemteilung und ist deshalb eine extensive Zustandsgröße.

Antwort zu Frage 12:

$$g\left[\frac{\text{J}}{\text{kg}}\right], \quad G_m\left[\frac{\text{J}}{\text{kmol}}\right] \text{ und } \dot{G}\left[\text{W} = \frac{J}{s}\right]$$

Antwort zu Frage 13: Ein adiabates System ist wärmedicht, d. h. es wird keine Energie in Form von Wärme mit der Umgebung ausgetauscht. Es kann aber sowohl Masse als auch Arbeit über die Systemgrenze übertragen werden.

2.3 Rechenaufgaben

Aufgabe 2.1 (X) Ein fahrendes Kraftfahrzeug ist als thermodynamisches System zu betrachten. Zeichnen Sie eine Prinzipskizze mit folgenden Teilen: Fahrgastraum, Motor, Kühler, Einspritzpumpe, Tank, Auspuff, Getriebe, Räder, Lichtmaschine, Batterie, Lampe. Zeichnen Sie für das gesamte Fahrzeug und für die genannten Teile Systemgrenzen, und zwar für offene Systeme (strichlierte Linie) und für geschlossene Systeme (durchgezogene Linie). Kennzeichnen Sie die grenzüberschreitenden Energie- und Stoffströme durch Pfeile!

Lösung: In Abb. 2.1 sind alle Systemgrenzen, Energie- und Stoffströme enthalten.

Aufgabe 2.2 (X) In manchen Ländern werden Temperaturen des täglichen Lebens nicht als Celsius-Temperaturen angegeben, sondern als
Reaumur-Temperatur (t^{R}),
Fahrenheit-Temperatur (t^{F}) oder
Rankine-Temperatur (t^{Ra}).

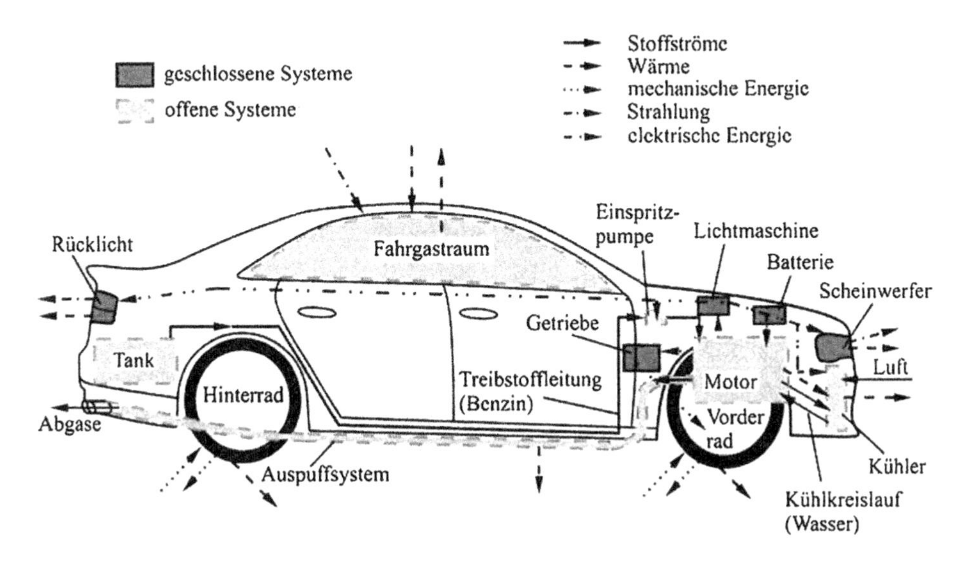

Abb. 2.1 Kraftfahrzeug

Tab. 2.1 Konstanten A, B für die verschiedenen Temperaturskalen

	°R	°F	°Ra
A	80/100	180/100	180/100
B	0	32	491,7

Diese Temperaturen sind durch lineare Beziehungen der Form: $t^x = A\,t + B$ mit der Celsius-Temperatur t verknüpft. Die Werte der Konstanten sind in der Tab. 2.1 angegeben.

a) Skizzieren Sie in einem maßstäblichen t^x, t-Diagramm die Funktionen für die Umrechnung von °C in die anderen Temperatureinheiten!
b) Beschreiben Sie in Worten die verschiedenen Temperaturskalen; verwenden Sie dabei die beiden Fixpunkte der Celsius-Skala (0 und 100 °C). Wie kommt es in der Rankine-Skala zum Zahlenwert B = 491,7?
c) Tragen Sie auch die Funktion der Kelvin-Temperatur in das Diagramm von Teil a) ein! Welche Beziehung besteht zwischen der Kelvin-Temperatur $T = t^K$ und der Rankine-Temperatur t^{Ra}?

Lösung:

a) Die Funktionen sind in Abb. 2.2 dargestellt
b) °C: Bereich zwischen den Fixpunkten 0 und 100 °C unterteilt in 100 Einheiten

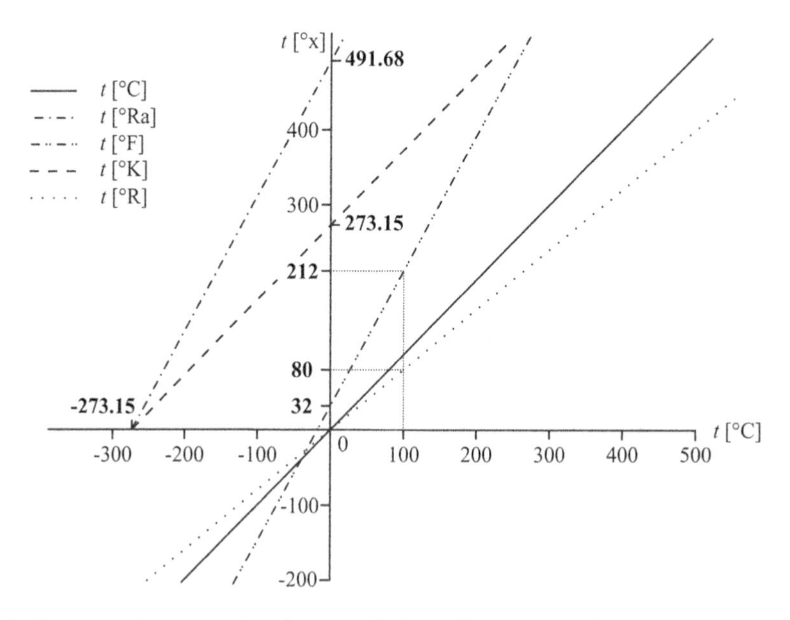

Abb. 2.2 Zusammenhang zwischen den verschiedenen Temperaturskalen

°R: Bereich unterteilt in 80 Einheiten.

°F: Bereich unterteilt in 180 Einheiten. Nullpunkt verschoben, so dass 0 °C dem Wert 32 °F entspricht.

°Ra: Entspricht Fahrenheitunterteilung (identische Steigung), Nullpunkt ist in den absoluten Nullpunkt 0 K bzw. −273,15 °C verschoben.

$$t^{Ra}\left(-273{,}15\,°\mathrm{C}\right) \equiv 0$$

$$t^{Ra} = A^{Ra}t + B^{Ra} \rightarrow 0 = \frac{180}{100}(-273{,}15) + B$$

$$\rightarrow B = -\frac{180}{100}(-273,15) = 491{,}7$$

c)

$$\left.\begin{aligned} t^{Ra} &= A^{Ra}t + B^{Ra} \text{ oder } \tfrac{t^{Ra}-B^{Ra}}{A^{Ra}} = t \\ t^{K} &= A^{K}t + B^{K} \text{ oder } t^{K} - B^{K} = t \end{aligned}\right\} \rightarrow t^{Ra} = A^{Ra}\left(t^{K} - B^{K}\right) + B^{Ra}$$

Hier ist $A^K = 1$, da die Steigung der Kelvin-Skala identisch ist mit der Steigung der Celsius-Skala. Hieraus folgt

$$\rightarrow t^{Ra} = A^{Ra}t^{K} \underbrace{-A^{Ra}B^{K} + B^{Ra}}_{=0,vgl.b)} \quad \rightarrow t^{Ra} = A^{Ra}t^{K} = \frac{180}{100}T$$

Aufgabe 2.3 (XX) Das Messverhalten eines Quecksilberthermometers soll untersucht werden. Die Kapillare hat einen Durchmesser von 0,2 mm. Die Skalenlänge für die Temperaturdifferenz zwischen Siede- und Eispunkt des Wassers soll 20 cm betragen. Für Quecksilber gilt die Beziehung

$$\rho(0)/\rho(t) = 1 + Et + Ft^2 \ \left(t \,\mathrm{in}\, °\mathrm{C}\right)$$

mit folgender Bedeutung der Größen:

$\rho\,(0)$ = Dichte des Quecksilbers bei 0 °C,

$\rho\,(\mathrm{t})$ = Dichte des Quecksilbers bei einer Temperatur t im Bereich $0\,°\mathrm{C} < t < 100\,°\mathrm{C}$,

$$E = 1,8182 \cdot 10^{-4} 1/°\mathrm{C},\; F = 0,78 \cdot 10^{-8} 1/°\mathrm{C}^2$$

Es kann angenommen werden, dass das Volumen des Glaskörpers des Thermometers konstant bleibt.

a) Wie groß ist das Quecksilbervolumen bei 0 °C?

b) Berechnen Sie in Temperaturschritten von 10 K die Skaleneinteilung zwischen 0 und 100 °C! Es ist davon auszugehen, dass das Thermometer vollständig in den Bereich der zu messenden Temperatur eintaucht.

c) Geben Sie an, welcher maximale Fehler sich einstellt, wenn die Skala in gleiche Intervalle eingeteilt wird!

d) Im praktischen Gebrauch wird nur der Teil des Thermometers unter der 0 °C-Marke in den zu messenden Temperaturbereich eingetaucht, während sich der Teil oberhalb der 0 °C-Marke im Bereich der Raumtemperatur von 20 °C befindet. Welcher Messfehler stellt sich ein, wenn an einem Körper mit der Temperatur von 100 °C gemessen wird?

Lösung:

a) Das Thermometer wird als geschlossenes System betrachtet, d. h. die Masse des Quecksilbers im Thermometer ändert sich nicht. Dies ist in Abb. 2.3 dargestellt.
Für das Volumen des Quecksilbers im Thermometer gilt

$$V(100\,°\mathrm{C}) = V(0\,°\mathrm{C}) + \frac{\pi}{4} d^2 h(100\,°\mathrm{C})$$

Damit erhält man für das Anfangsvolumen mit $m = \rho V = \text{konst.}$, also $\rho(100\,°\mathrm{C})\ V(100\,°\mathrm{C}) = \rho(0\,°\mathrm{C})\ V(0\,°\mathrm{C})$

$$V_0 = V(0\,°\mathrm{C}) = \frac{\frac{\pi}{4} d^2 h(100\,°\mathrm{C})}{\frac{\rho(0\,°\mathrm{C})}{\rho(100\,°\mathrm{C})} - 1} = 0{,}3441\ \mathrm{cm}^3$$

b) Das Thermometer ist weiterhin als geschlossenes System mit $m = \text{konst.}$ zu betrachten. Werten wir die im ersten Aufgabenteil erhaltene Gleichung nicht bei 100 °C, sondern allgemein bei t aus, so erhält man:

$$V_0 = \frac{\frac{\pi}{4} d^2 h(t)}{\frac{\rho(0\,°\mathrm{C})}{\rho(t)} - 1}, \quad h(t) = \frac{4V_0}{\pi d^2}\left(\frac{\rho(0\,°\mathrm{C})}{\rho(t)} - 1\right)$$

Mit dem Ansatz für die Dichte aus der Aufgabenstellung ergibt sich

$$h(t) = h(100\,°\mathrm{C}) \frac{Et + Ft^2}{E100 + F100^2}$$

Daraus lässt sich dann die Höhe für $t = 0, 10, 20, \ldots, 100\,°\mathrm{C}$ berechnen.

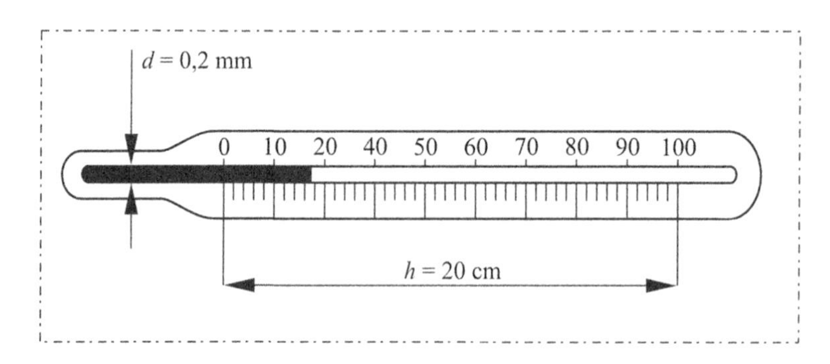

Abb. 2.3 Thermometer mit Systemgrenze

c) In Teilaufgabe b) zeigte sich der größte Fehler bei $t = 50\,°C$. Man kann bei gegebener Höhe die Temperatur bestimmen

$$h(t) = h(100\,°C)\frac{Et + Ft^2}{E100 + F100^2} = 1095{,}29\left(Et + Ft^2\right)\,[\mathrm{cm}]$$

Nach der Temperatur aufgelöst ergibt sich aus der quadratischen Gleichung: $t = 50{,}107\,°C$ als sinnvoller Wert. Dies entspricht einem relativen Fehler von 2,1%.

d) Betrachtung des Thermometers als zwei geschlossene Systeme: I bis zur 0 °C-Markierung, II die Kapillare

$$\text{rel. Fehler} = \frac{h(100\,°C) - h^*(100\,°C)}{h(100\,°C)} = 1 - \frac{\rho(100\,°C)}{\rho(20\,°C)} = 1{,}44.10^{-2}$$

Der relative Messfehler beträgt also ca. 1,44 %.

Aufgabe 2.4 (XX) Der atmosphärische Luftdruck ergibt sich, wie der Schweredruck bei Flüssigkeiten, aus der Gewichtskraft der über dem Erdboden ruhenden Luftsäule. Seine Berechnung kann jedoch nicht nach der bei Flüssigkeiten bekannten Beziehung $p = \rho g z$ (ρ = Dichte, g = Erdbeschleunigung) erfolgen, da die Luft im Vergleich zu Flüssigkeiten eine wesentlich höhere Kompressibilität besitzt. Man kann obige Beziehung aus diesem Grund nur auf eine kleine Höhendifferenz dz anwenden, in der die Dichte ρ näherungsweise als konstant angesehen werden darf. Einer Höhenabnahme $-dz$ entspricht dann einer Druckzunahme

$$dp = -\rho g\, dz$$

a) Leiten sie die barometrische Höhenformel für die isotherme Atmosphäre her, d. h. stellen Sie den Druck p als Funktion der Höhe z über dem Meeresspiegel dar! Hinweis: Es seien p und ρ Druck und Dichte in der Höhe z sowie p_0 und ρ_0 Druck und Dichte auf Meeresspiegelhöhe $z = 0$. Für die isotherme Atmosphäre gilt dann die Beziehung

$$\frac{\rho}{\rho_0} = \frac{p}{p_0}\;,\quad \frac{p_0}{\rho_0} = RT_0$$

b) Wie hoch ist der Luftdruck danach in 70 m (Braunschweig), 245 m (Stuttgart), 2962 m (Zugspitze) und 8850 m (Mt. Everest) Höhe über dem Meeresspiegel? Nutzen Sie dabei die Angaben in Tab. 2.2!

Lösung:

a)

$$dp = -\rho g\, dz = -p\frac{\rho_0}{p_0} g\, dz \rightarrow \frac{dp}{p} = -\frac{\rho_0}{p_0} g\, dz$$

$$\int_{p_0}^{p} \frac{d\tilde{p}}{\tilde{p}} = -\frac{\rho_0}{p_0} g \int_{z_0=0}^{z} d\tilde{z} \rightarrow \ln\left(\frac{p}{p_0}\right) = -\frac{\rho_0}{p_0} gz = -\frac{gz}{RT_0}$$

Tab. 2.2 Weitere Angaben

Bezeichnung	numerische Werte	Einheit
Erd- oder Fallbeschleunigung g	9,81	$\frac{\mathrm{m}}{\mathrm{s}^2}$
Druck in Meereshöhe $p_0(z = 0\,\mathrm{m})$	1013	mbar
Dichte der Luft in Meereshöhe $\rho_0 = \rho_{Luft}(z = 0\,\mathrm{m};\ t = 20\,°\mathrm{C})$	1,2045	$\frac{\mathrm{kg}}{\mathrm{m}^3}$

$$\frac{p}{p_0} = \frac{\rho}{\rho_0} = \exp\left(-\frac{gz}{RT_0}\right)$$

b) Braunschweig

$$p = p_0 \exp\left(-\frac{gz}{p_0/\rho_0}\right) =$$
$$= 1013\,\mathrm{mbar} \cdot \exp\left(-\frac{9{,}81\,\mathrm{m/s^2} \cdot 70\,\mathrm{m}}{1{,}013 \cdot 10^5\mathrm{Pa}/1{,}2045\,\mathrm{kg/m^3}}\right) = 1004{,}76\,\mathrm{mbar}$$

Braunschweig: 1004,76 mbar; Stuttgart: 984,46 mbar; Zugspitze: 717,1 mbar und Mt. Everest: 360,81 mbar.

Aufgabe 2.5 (XX) Das Schmelzen von 1 kg Eis erfordert eine Wärmezufuhr von 333,3 kJ. Das Erwärmen von 1 kg Wasser um 1 K erfordert 4180 J, d. h.

$$c_{H_2O} = 4180\ \frac{\mathrm{J}}{\mathrm{kg\,K}}.$$

Ein 5 kg schwerer Eisblock der Temperatur 0 °C habe die Entropie $S = 0\ \frac{\mathrm{J}}{\mathrm{K}}$. Er wird durch reversible Wärmezufuhr geschmolzen, ohne dass sich seine Temperatur ändert.

a) Welche Entropie wird dem Eisblock beim Schmelzen zugeführt?

Anschließend wird das Wasser auf 10 °C erwärmt, wobei die Wärmezufuhr wiederum reversibel ablaufen soll.

b) Welche Entropie wird dem Wasser dabei insgesamt (beim Schmelzen und Erwärmen) zugeführt?

Lösung:

a) Während des Schmelzvorganges bleibt die Temperatur des Eisblocks konstant bei T = 273,15 K. Die Entropieänderung berechnet sich zu

$$dS = \frac{\delta Q_{rev}}{T} \rightarrow S_1 - \underbrace{S_0}_{=0} = \frac{5\,\text{kg} \cdot 333{,}3\,\frac{\text{kJ}}{\text{kg}}}{273{,}15\,\text{K}} = 6{,}101\,\frac{\text{kJ}}{\text{K}}$$

Anmerkung Die Entropieänderung des Eisblocks ist damit auch für den Fall berechnet, dass die Wärmezufuhr nicht reversibel erfolgt (dieser Fall gilt übrigens immer). In diesem Fall erfolgt die Wärmezufuhr bei einer höheren Temperatur als 273,15 K und enthält folglich einen kleineren Entropiestrom. Der Wärmestrom folgt einem Temperaturunterschied und vermehrt dabei die ihm zugeordnete Entropie, die dann schließlich die 6,101 kJ/K erreicht. Die Entropie des geschmolzenen Wassers hängt nicht davon ab, wie der Schmelzvorgang erfolgte, denn die Entropie ist eine Zustands- und keine Prozessgröße.

b) Die Erwärmung des Wassers ist ein komplizierter Fall der Entropieberechnung, weil sich – anders als beim Phasenwechsel – die Temperatur während der Wärmezufuhr ändert. Es gilt:

$$dS = \frac{\delta Q}{T} = \frac{m\, c_{H_2O}\, dT}{T}$$

$$\int_{S_1}^{S_2} dS = \int_{T_1}^{T_2} \frac{m\, c_{H_2O}}{T} dT = m\, c_{H_2O} \int_{T_1}^{T_2} \frac{1}{T} dT$$

$$S_2 - S_1 = m\, c_{H_2O} [\ln T]_{T_1}^{T_2} = m\, c_{H_2O} [\ln T_2 - \ln T_1]$$

$$S_2 = S_1 + m\, c_{H_2O} \ln \frac{T_2}{T_1}$$

$$= \Delta S_{\text{Schmelzen+Erwärmen}} = \underbrace{6{,}101\,\frac{\text{kJ}}{\text{K}}}_{\text{Schmelzen}} + \underbrace{5\,\text{kg} \cdot 4180\,\frac{\text{J}}{\text{kg}\,\text{K}} \cdot \ln \frac{283{,}15\,\text{K}}{273{,}15\,\text{K}}}_{\text{Erwärmen}} = 6{,}852\,\frac{\text{kJ}}{\text{K}}$$

Auch dieses Ergebnis ist unabhängig von der Art der Prozessführung. Die Entropie des erwärmten Wassers hängt nur von den Zustandsgrößen des Wassers ab und nicht davon, wie es zu dieser Situation kam.

Aufgabe 2.6 (X) Zwei Systeme A und B, die beide für sich im thermodynamischen Gleichgewicht sind, werden durch eine dünne Wand verbunden, die einen Stoffaustausch zwischen den Systemen verhindert. Isolierende Wände unterbinden einen Einfluss der Umgebung. In einem Anfangszustand sind die Temperaturen T_A und T_B nicht gleich. Wenn sich ein thermisches Gleichgewicht zwischen A und B eingestellt hat, werden sich die Drücke p_A und p_B geändert haben. Wie lautet dann die Beziehung

$$F(p_A, V_A, p_B, V_B) = 0$$

im Falle eines idealen Gases, wenn eine thermische Zustandsgleichung der Form

$$p_i V_i = C \frac{m_i}{M_i} T_i$$

für jedes Teilsystem (i = A, B) angenommen werden kann? Es ist m_i die Masse und M_i die molare Masse des Teilsystems i, C ist eine Konstante, T_i sind absolute Temperaturen.

Das System A soll für eine Temperaturmessung von T_B benutzt werden, zum einen als Gasthermometer (isochor), zum andern als Quecksilberthermometer (isobar). Erläutern Sie die Funktionsweisen der beiden Messanordnungen!

Lösung: Die Beziehung zwischen den Drücken und den Volumina der Systeme A und B im Gleichgewicht ergibt sich zu

$$F(p_A, V_A, p_B, V_B) = p_A V_A \left(\frac{M_A}{m_A}\right) - p_B V_B \left(\frac{M_B}{m_B}\right) = 0$$

System A als Gasthermometer

Messprinzip: V_A = konst. Gemessen wird der Druck im System A und daraus wird T_B mit Hilfe der thermischen Zustandsgleichung bestimmt.

$$T_A = \underbrace{\left(V_A \frac{M_A}{m_A C}\right)}_{\text{fester Proportionalitätsfaktor bei } V_A=\text{konst.}} p_A \overbrace{\hat{=}}^{\text{im thermischen Gleichgewicht}} T_B$$

Das heißt, das Gasthermometer misst die Temperatur T_B absolut.

System A als Quecksilberthermometer

Messprinzip: die Temperatur wird aus der Volumenausdehnung bei p_A = konst. bestimmt. Man kann zeigen, dass gilt

$$(T_2 - T_1) = \frac{1}{\beta} \frac{\overbrace{V_2 - V_1}^{\text{enspricht der Differenz auf der Skala des Hg-Thermometers}}}{V_1}$$

Hieraus erkennt man, dass das Quecksilberthermometer Temperaturdifferenzen misst!

3 Die Hauptsätze der Thermodynamik

Das dritte Kapitel im Lehrbuch widmet sich den Hauptsätzen der Thermodynamik. In diesem Kapitel werden Aufgaben angegeben, die hierfür relevant sind. Die wichtigsten Formeln werden zusammengefasst, sowie Kurzfragen und Rechenaufgaben vorgestellt und ausführlich gelöst.

3.1 Die wichtigsten Definitionen und Formeln

Allgemeine Form einer Bilanz Die allgemeine Form einer Bilanz ist in Gl. (3.1) angegeben. In ihr wird die zeitliche Änderung der Zustandsgröße Z durch vier grundsätzliche physikalische Effekte bestimmt: **konvektiver Transport**, **diffusiver Transport**, **Feldeffekte** und **Quellen bzw. Senken**.

$$\begin{aligned}\frac{dZ_{System}}{dt} &= \sum_j \left[(K_{Konvektion})_j\right]_{\text{über Systemgrenze}} + \sum_k \left[\left(D_{Diffusion}\right)_k\right]_{\text{über Systemgrenze}} \\ &\quad + \sum_l \left[(F_{Feld})_l\right]_{\substack{\text{auf ganzes} \\ \text{Systemvolumen wirkend}}} + \sum_m \left[\left(S_{Quellen\ und\ Senken}\right)_m\right]_{\text{im System}}\end{aligned} \tag{3.1}$$

Der Term auf der linken Seite von Gl. (3.1) beschreibt die zeitliche Änderung der extensiven Zustandsgröße Z, die den Zustand der Stoffmenge als Ganzes beschreibt, die sich zum betrachteten Zeitpunkt innerhalb des Systems befindet. Für Systeme, die sich zeitlich nicht ändern, ist dieser Term gleich null.

Die Originalversion des Kapitels wurde revidiert: Ausführliche Informationen finden Sie im Erratum. Ein Erratum zu diesem Kapitel ist verfügbar unter DOI 10.1007/978-3-662-49701-2_8

B. Weigand et al., *Thermodynamik kompakt – Formeln und Aufgaben*,
DOI 10.1007/978-3-662-49701-2_3

Der erste Hauptsatz der Thermodynamik Jedes thermodynamische System besitzt die extensive Zustandsgröße Energie, E, die für ein abgeschlossenes System konstant ist.

$$E_{ges} = \text{konstant} \quad (\text{für abgeschlossene Systeme}) \tag{3.2}$$

Die Bilanzgleichung für die Gesamtenergie eines offenen, instationären Systems Gleichung (3.4) stellt die Bilanz für die Gesamtenergie eines offenen, instationären Systems dar, wenn als Volumenkraft nur die Gravitation auftritt. Der Term auf der linken Seite ist die zeitliche Änderung der Zustandsgröße Gesamtenergie (innere, kinetische und potenzielle Energie), die den Zustand der Masse (Stoffmenge, Gesamtheit aller Moleküle) beschreibt, die sich zum betrachteten Zeitpunkt *innerhalb* des Systemvolumens V_{System} befindet.

$$\begin{aligned} \frac{d}{dt}\left\{U + m\left(\frac{c^2}{2} + gz\right)\right\}_{System} &= \sum_j \left[\dot{m}_j\left(h + \frac{c^2}{2} + gz\right)_j\right]_{\text{über Systemgrenze}} \\ &+ \sum_l \left[(\dot{Q})_l\right]_{\text{über Systemgrenze}} + \sum_i \left[(\dot{W}_t)_i\right]_{\text{über Systemgrenze}} - \left(p\frac{dV}{dt}\right)_{System} \end{aligned} \tag{3.4}$$

Die erste Summe auf der rechten Seite berücksichtigt, dass mit einem konvektiven Massentransport *über* die Systemgrenze immer auch die drei Energiearten innere, kinetische und potenzielle Energie pro Zeiteinheit transportiert werden. Die zweite Summe auf der rechten Seite fasst alle *über* die Systemgrenze tretenden (diffusiven) Wärmeströme zusammen, während die beiden letzten Terme auf der rechten Seite alle (durch die anderen Terme noch nicht erfassten) Arbeiten pro Zeit berücksichtigen. Hierbei wird aus didaktischen Gründen die Rate der Volumenänderungsarbeit separat in Form des letzten Terms ausgeschrieben, da diese Arbeit exemplarisch behandelt wird. Integriert man Gl. (3.4) von einem Anfangszustand 1 zu einem Endzustand 2, so ergibt sich

$$\begin{aligned} &\left\{U + m\left(\frac{c^2}{2} + gz\right)\right\}_{System,\,2} - \left\{U + m\left(\frac{c^2}{2} + gz\right)\right\}_{System,\,1} \\ &= \sum_j \left[\Delta m_{12,j}\left(h + \frac{c^2}{2} + gz\right)_j\right]_{\text{über } SG} + \sum_l \left[(Q_{12})_l\right]_{\text{über } SG} \\ &+ \sum_m \left[(W_{12})_m\right]_{\text{über } SG} \end{aligned} \tag{3.6}$$

Die Bilanzgleichung für die innere Energie eines geschlossenen, instationären Systems Die zeitliche Änderung der inneren Energie, U, eines Systems wird durch die Summe aller auftretenden Wärmeströme und Arbeiten pro Zeiteinheit bestimmt.

$$\frac{dU_{System}}{dt} = \sum_j \dot{Q}_j + \sum_k \dot{W}_k \tag{3.7}$$

Aus der Integration von einem Anfangszustand 1 zu einem Endzustand 2 folgt

$$U_2 - U_1 = \sum_j Q_{j,12} + \sum_k W_{k,12} \tag{3.8}$$

Die technische Arbeit Eine Masseneinheit durchläuft kontinuierlich eine Zustandsänderung von einem Anfangszustand 1 zu einem Endzustand 2. Die spezifische technische Arbeit, die bei diesem Prozess auftritt, hängt im Wesentlichen von vier Faktoren ab: der Reibung bzw. Dissipation, der speziellen Relation zwischen Volumen und Druck, $v = v(p)$, die für die jeweilige Zustandsänderung (z. B. isotherm, isochor, adiabat isentrop oder polytrop) gilt, sowie der Änderung von kinetischer und potenzieller Energie.

$$w_{t,12} = w_{diss,12} + \int_1^2 v dp + \frac{c_2^2}{2} - \frac{c_1^2}{2} + gz_2 - gz_1 \tag{3.16}$$

Der zweite Hauptsatz der Thermodynamik Jedes thermodynamische System besitzt die extensive Zustandsgröße Entropie, S. Die Entropieänderung eines Systems hängt zum einen ab von der durch die absolute Temperatur T geteilten reversibel ausgetauschten Wärme δQ_{rev} und zum anderen von der irreversiblen Entropieproduktion infolge von Reibungsprozessen innerhalb des Systems.

$$dS_{System} = \frac{\delta Q_{rev}}{T} + dS_{prod} \tag{3.24}$$

Die Bilanzgleichung für die Entropie eines offenen, instationären Systems Die zeitliche Änderung der Entropie, die sich zu einem betrachteten Zeitpunkt im System befindet, wird bestimmt durch den konvektiven und diffusiven Transport von Entropie *über* die Systemgrenze, sowie von der irreversiblen Entropieproduktionsrate infolge von Reibungsprozessen *innerhalb* des Systems.

$$\frac{dS_{System}}{dt} = \sum_j \left(\dot{m}_j s_j\right)_{\text{über Systemgrenze}} + \sum_l \left(\frac{\dot{Q}_l}{T_l}\right)_{\text{über Systemgrenze}} + \left(\dot{S}_{prod}\right)_{\text{im System}} \tag{3.32}$$

Fundamentalgleichungen, thermodynamische Potenziale und Relationen Fundamentalgleichungen können sowohl in algebraischer als auch in differenzieller Form angegeben werden. Sie werden auch thermodynamische Potenziale genannt und enthalten sämtliche thermodynamischen Informationen (nicht die Transportgrößen) eines Systems. Das heißt, alle thermodynamischen Zustandsgrößen lassen sich durch Differentiation und algebraisches Umstellen vollständig aus den Fundamentalgleichungen bestimmen. Auf diese Weise lassen sich auch die thermische Zustandsgleichung $p = p(T, V, n_1, n_2, \ldots, n_K)$ und die kalorische Zustandsgleichung $U = U(T, V, n_1, n_2, \ldots, n_K)$ aus den Fundamentalgleichungen gewinnen. Die wichtigsten Relationen nach den Gl. (3.49, 3.41, 3.50, 3.56, 3.51, 3.61, 3.52, 3.66) im Lehrbuch sind in Tab. 3.1 übersichtlich zusammengefasst.

Tab. 3.1 Relationen für thermodynamische Potenziale

Größe	absolut	differenziell
Innere Energie	$U = U(S, V, n_1, n_2, \ldots, n_K)$	$dU = TdS - pdV + \sum_{k=1}^{K} \mu_k dn_k$ (Gibbs)
Enthalpie	$H = H(S, p, n_1, n_2, \ldots, n_K)$	$dH = TdS + Vdp + \sum_{k=1}^{K} \mu_k dn_k$
Freie Energie	$F = F(T, V, n_1, n_2, \ldots, n_K)$	$dF = -SdT - pdV + \sum_{k=1}^{K} \mu_k dn_k$
Freie Enthalpie	$G = G(T, p, n_1, n_2, \ldots, n_K)$	$dG = -SdT + Vdp + \sum_{k=1}^{K} \mu_k dn_k$

Hinzu kommen noch die Euler- und die Gibbs-Duhem Gleichung

$$U = TS - pV + \sum_{k=1}^{K} \mu_k n_k \quad \text{(Euler)} \tag{3.53}$$

$$0 = SdT - Vdp + \sum_{k=1}^{K} n_k \, d\mu_k \quad \text{(Gibbs-Duhem)} \tag{3.54}$$

Maxwellsche Beziehungen Da Zustandsgrößen wegunabhängig sind, können ihre zweiten partiellen Ableitungen unabhängig von der Reihenfolge der Differentiation bestimmt werden, was zu weiteren hilfreichen thermodynamischen Relationen, den sogenannten Maxwellschen Beziehungen, führt. Diese sind nach den Gln. (3.74–3.79) im Lehrbuch:

$$\left(\frac{\partial T}{\partial V}\right)_{S,n_j} = -\left(\frac{\partial p}{\partial S}\right)_{V,n_j}, \quad \left(\frac{\partial T}{\partial p}\right)_{S,n_j} = \left(\frac{\partial V}{\partial S}\right)_{p,n_j},$$
$$\left(\frac{\partial S}{\partial V}\right)_{T,n_j} = \left(\frac{\partial p}{\partial T}\right)_{V,n_j}, \quad \left(\frac{\partial S}{\partial p}\right)_{T,n_j} = -\left(\frac{\partial V}{\partial T}\right)_{p,n_j}$$
$$\left(\frac{\partial \mu_i}{\partial T}\right)_{p,n_j} = -\left(\frac{\partial S}{\partial n_i}\right)_{T,p,\, n_j \neq n_i}, \quad \left(\frac{\partial \mu_i}{\partial p}\right)_{T,n_j} = \left(\frac{\partial V}{\partial n_i}\right)_{T,p,\, n_j \neq n_i}$$

3.2 Verständnisfragen

Frage 1: Welche physikalischen Effekte müssen bei einer Bilanzierung grundsätzlich berücksichtigt werden?

Frage 2: Existiert eine allgemeingültige und umfassende Definition der thermodynamischen Zustandsgröße „Energie"? Wenn ja, nennen Sie diese; wenn nein, erklären Sie, warum es keine solche Definition gibt!

Frage 3: Sind innere Energie und kinetische Energie Erhaltungsgrößen?

Frage 4: Wie unterscheiden sich bei einem Kolbenverdichter die über einen Arbeitszyklus summierten Volumenänderungsarbeiten von der insgesamt zugeführten technischen Arbeit?

Frage 5: Kann die Entropie eines geschlossenen Systems abnehmen?

Frage 6: Ein Erfinder meldet eine Maschine als Patent an, die als Kombination von Backofen und Kühlschrank keine externe Antriebsenergie benötigt. Der Erfinder argumentiert, dass die Energie, die dem Kühlschrank entzogen wird, um diesen abzukühlen, völlig ausreicht, um den Backofen aufzuheizen. Wo liegt der Gedankenfehler?

Frage 7: Was versteht man unter einem Perpetuum mobile der zweiten Art?

Frage 8: Wie wurde der Maxwellsche Dämon ausgetrieben?

Frage 9: Ist es möglich, den absoluten Nullpunkt der Temperatur zu erreichen?

Frage 10: Was versteht man unter dem chemischen Potenzial und in welcher Relation steht es zu der freien Enthalpie?

Frage 11: Wieso ist die Funktion $U(S, V, n)$ eine Fundamentalgleichung, die Funktion $U(T, V, n)$ jedoch nicht?

Frage 12: Für welche thermodynamischen Zustandsgrößen bedeutet die Gibbs-Duhem-Gleichung eine Restriktion?

Frage 13: Erläutern Sie den Unterschied zwischen einer Fundamentalgleichung und einer Zustandsgleichung!

Frage 14: Wie lautet die Gibbssche Fundamentalgleichung?

Frage 15: Von welchen Variablen hängt die Fundamentalgleichung der inneren Energie U ab und wie lautet das zugehörige totale Differenzial?

Antworten auf die Verständnisfragen

Antwort zu Frage 1: Bei einer Bilanzierung müssen die folgenden vier physikalischen Effekte berücksichtigt werden: konvektiver Transport, diffusiver Transport, Feldeffekte, sowie Quellen und Senken.

Antwort zu Frage 2: Selbst mit dem heutigen Wissensstand der Physik wissen wir nicht, was Energie wirklich ist. Dies ist im Wesentlichen dadurch begründet, dass die Arten der Energie und deren Formen der Übertragung bzw. Umwandlung in wirklich allen Prozessen in Natur und Technik vorkommen, so dass eine allgemeingültige Definition des Begriffs Energie viel zu umfangreich und damit aussagelos würde.

Antwort zu Frage 3: Innere Energie und kinetische Energie sind keine Erhaltungsgrößen. In einem abgeschlossenen thermodynamischen System kann durch Reibungsprozesse kinetische Energie (vollständig) in innere Energie dissipiert werden, was bedeutet, dass kinetische Energie verschwindet und innere Energie erzeugt wird. In gewissen Grenzen ist es aber auch möglich, z. B. durch einen Expansionsprozess, innere Energie in kinetische Energie zu überführen.

Antwort zu Frage 4: Sofern Änderungen der kinetischen und potenziellen Energien zwischen Ein- und Austritt des Kolbenverdichters vernachlässigt werden können, sind bei einem reibungsfrei arbeiteten Kolbenverdichter die über einen Arbeitszyklus summierten Volumenänderungsarbeiten gleich der insgesamt zugeführten technischen Arbeit. Unterscheiden sich kinetische und potenzielle Energien im Ein- und Auslassstutzen des Verdichters und tritt zudem noch Reibung auf, so müssen diese Energieunterschiede durch eine entsprechend veränderte technische Antriebsarbeit berücksichtigt werden.

Antwort zu Frage 5: Gemäß des zweiten Hauptsatzes der Thermodynamik nach Gl. (3.24) geht eine Wärmeabgabe mit einer entsprechenden Entropieabnahme des betrachteten Systems einher. Folglich kann die Entropie eines geschlossenen thermodynamischen Systems durch eine Wärmeabgabe abgesenkt werden.

Antwort zu Frage 6: Basierend auf dem ersten Hauptsatz der Thermodynamik wäre es völlig korrekt, mit der Wärme, die dem Kühlschrank entzogen wird, den Backofen aufzuheizen. Eine Entropiebilanz für das abgeschlossene System, das aus Backofen und Kühlschrank besteht, ergibt jedoch, dass die Gesamtentropie für den vorgeschlagenen Prozess absinken würde. Eine negative Entropieproduktion widerspricht dem zweiten Hauptsatz der Thermodynamik.

Antwort zu Frage 7: Ein Perpetuum mobile der zweiten Art ist eine Maschine, die kontinuierlich Wärme *vollständig* in mechanische Arbeit überführt. Bei einem solchen Prozess bliebe die Energie erhalten, was keinen Widerspruch zum ersten Hauptsatz der Thermodynamik darstellt. Allerdings würde die Gesamtentropie von dem Perpetuum mobile und seiner Umgebung verringert, was im Widerspruch zum zweiten Hauptsatz der Thermodynamik steht.

Antwort zu Frage 8: Nachdem gezeigt werden konnte, dass es grundsätzlich möglich ist, die Geschwindigkeit von Molekülen reversibel zu messen, wäre eine „Sortiermaschine“, die aus einem Gasbehälter schnelle und langsame Moleküle in zwei verschiedene Behältnisse heraussortiert, zumindest theoretisch denkbar. Durch die unterschiedlichen Molekülgeschwindigkeiten könnte eine solche Maschine zwei Behälter mit verschieden warmen Gasen aus einem Anfangsgasbehälter mittlerer Temperatur erzeugen. Im Vergleich zu dem Anfangsbehälter hätten die beiden unterschiedlich warmen Gasbehälter am Ende des reibungsfrei und ohne Nettoarbeitsaufwand ablaufenden Sortiervorganges eine niedrigere Gesamtentropie, was dem zweiten Hauptsatz widerspräche. Würde eine solche Sortiermaschine zumindest theoretisch funktionieren, dann wäre der zweite Hauptsatz der Thermodynamik widerlegt. Durch die Argumentation, dass nach jedem reibungsfreien Molekülgeschwindigkeitsmessvorgang dessen Ergebnis wieder vergessen werden muss, damit eine neue Messung für das nächste Molekül durchgeführt werden kann, und dass dieser Vergessens- bzw. Löschvorgang inhärent irreversibel ist, konnte Benett im Jahr 1982 den Maxwellschen Dämon austreiben. Der Löschvorgang erhöht die Entropie stärker als der dem Messvorgang folgende Sortiervorgang die Entropie absenkt.

Antwort zu Frage 9: Theoretisch kann man sich dem absoluten Nullpunkt nur durch eine Abfolge von unendlich vielen Prozessschritten asymptotisch annähern. Praktisch kann man den absoluten Nullpunkt nicht vollkommen erreichen.

Antwort zu Frage 10: Das chemische Potenzial ist eine intensive Zustandsgröße, die eine Energieänderung infolge einer Mengenzu- oder -abfuhr angibt. Sie besitzt also die physikalische Einheit (Änderung der) Energie bezogen auf eine (Änderung der) Menge. Für einen Reinstoff ist das chemische Potenzial gleich der molaren freien Enthalpie.

Antwort zu Frage 11: Die Funktion $U = U(S, V, n)$ ist eine Fundamentalgleichung, da man aus ihr durch Differentiation und algebraisches Umstellen alle anderen thermodynamischen Zustandsgrößen (jedoch nicht die Transportgrößen) berechnen kann. So lassen sich z. B. die kalorische Zustandsgleichung $U = U(T, V, n)$ und die thermische Zustandsgleichung $p = p(T, V, n)$ nur durch Ableiten nach der Entropie bzw. dem Volumen und anschließendem algebraischem Umstellen bestimmen. Die Funktion $U = U(T, V, n)$ beinhaltet jedoch weniger Information und ist daher keine Fundamentalgleichung. Man kann also aus ihr nicht die thermische Zustandsgleichung ableiten.

Antwort zu Frage 12: Die Gibbs-Duhem-Gleichung belegt die intensiven Zustandsgrößen Temperatur, Druck und chemisches Potenzial mit einer Restriktion, so dass diese nicht mehr völlig unabhängig voneinander sind.

Antwort zu Frage 13: Fundamentalgleichungen bieten jede für sich die Möglichkeit, lediglich durch Differentiation und algebraische Umformungen, also ohne die Auswertung von Integralen, alle thermodynamischen Größen des Systems zu berechnen

$$U(S,V,n_j), \quad F(V,T,n_j), \quad G(T,p,n_j), \quad H(S,p,n_j)$$

Zustandsgleichungen sind ganz allgemeine Beziehungen, in denen die intensiven Zustandsgrößen T, p und μ_i als Funktionen der extensiven Größen dargestellt werden.

Antwort zu Frage 14: Gibbssche Fundamentalgleichung: $dU = TdS - pdV$

Antwort zu Frage 15: Fundamentalgleichung für die innere Energie

$$U = U(S,V): \qquad dU = \left(\frac{\partial U}{\partial S}\right)_V dS - \left(\frac{\partial U}{\partial V}\right)_S dV$$

3.3 Rechenaufgaben

Aufgabe 3.1 (X) Frau Einstein backt zum Geburtstag ihres Sohnes Albert Plätzchen. Es geht ihr gut von der Hand und sie schafft es, in einer Stunde 120 Plätzchen zu backen. Nachdem die Plätzchen fertig sind, isst Klein-Einstein innerhalb von 6 Minuten die Hälfte davon auf. Von den verbleibenden 60 Plätzchen legt er 45 in seine Nachttischschublade. Den Rest steckt er in seine Tasche, um sie seinen Freunden zu schenken. Da es Winter ist und er schon in jungen Jahren etwas schusselig ist, benötigt er eine halbe Stunde, um sich Schuhe und Jacke anzuziehen und das Haus zu verlassen.

Zeigen Sie an diesem typischen Beispiel, wie eine Bilanzgleichung nach Gl. (3.1) funktioniert, unter der Vorgabe, dass die zu bilanzierende Zustandsgröße die Anzahl der Plätzchen und das System das Einsteinsche Haus ist.

Lösung:

1. Wert der Zustandsgröße morgens vor dem Beginn des Backens: 0 Plätzchen im Einsteinschen Haus.
2. Backen der Plätzchen: Alle 120 Plätzchen werden in einer Stunde gebacken. Das bedeutet, dass es eine Quelle in dem System gibt mit einer Rate von 2 Plätzchen pro Minute.
3. Aufessen der Plätzchen: Albert isst die Hälfte der Plätzchen (also 60 Stück) in nur 6 Minuten auf. Dies bedeutet, dass es eine Senke in dem System gibt mit einer Rate von 10 Plätzchen pro Minute.
4. Etwas tütteliges Verlassen des Hauses, um seinen Freunden Plätzchen zu schenken: Konvektiver Transport über die Systemgrenze mit einer Rate von 0,5 Plätzchen pro Minute.
5. Wert der Zustandsgröße am Abend: 45 Plätzchen in Alberts Nachttischschublade im Einsteinschen Haus.

Das Beispiel zeigt uns schön, dass wir mit der allgemeinen Bilanzgleichung nach Gl. (3.1) diesen Prozess sehr gut nachverfolgen können. Die Zustandsgröße für dieses Beispiel war die Anzahl der Plätzchen. Diese Zustandsgröße wurde für ein bestimmtes System (nämlich das Haus von Einstein) bilanziert.

Aufgabe 3.2 (X) Ein Satellit der Masse $m_a = 1000\,\mathrm{kg}$ bewegt sich mit der Geschwindigkeit $c_a = 1\,\mathrm{km/s}$ in Richtung der x-Koordinate. Er kollidiert mit einem zweiten Satelliten, der sich vor dem Stoß mit der Geschwindigkeit $c_b = 600\,\mathrm{m/s}$ in Richtung der negativen x-Koordinate bewegt. Bei dieser Kollision entsteht ein Schrotthaufen, der sich mit der Geschwindigkeit $c_{Schrott} = 200\,\mathrm{m/s}$ in die Richtung der positiven x-Koordinate bewegt.

a) Welche Masse hatte der zweite Satellit?
b) Wie viel Energie wurde bei der Kollision in andere als kinetische Energieformen umgewandelt?
c) Welche Energie wird umgewandelt und welche Schrottgeschwindigkeit wird erreicht, wenn der zweite Satellit sich mit derselben Geschwindigkeit wie in a) in Richtung der positiven x-Achse bewegt?

Lösung:

a) Wir betrachten ein System, das beide Satelliten umfasst. Die Impulsbilanz für dieses System lautet dann, da von außen keine Kräfte angreifen:

$$m_a c_a + m_b c_b = m_{Schrott} c_{Schrott} = (m_a + m_b) c_{Schrott}$$

$$m_b = m_a \frac{c_{Schrott} - c_a}{c_b - c_{Schrott}} = 1000\,\mathrm{kg} \cdot \frac{200\,\frac{\mathrm{m}}{\mathrm{s}} - 1000\,\frac{\mathrm{m}}{\mathrm{s}}}{-600\,\frac{\mathrm{m}}{\mathrm{s}} - 200\,\frac{\mathrm{m}}{\mathrm{s}}} = 1000\,\mathrm{kg}$$

b) Aus dem ersten Hauptsatz nach Gl. (3.6) folgt:

$$U_2 - U_1 = E_{kin,1} - E_{kin,2} = \frac{m_a c_a^2}{2} + \frac{m_b c_b^2}{2} - \frac{(m_a + m_b) c_{Schrott}^2}{2}$$
$$= 5 \cdot 10^8\,\mathrm{J} + 1,8 \cdot 10^8\,\mathrm{J} - 4 \cdot 10^7\,\mathrm{J} = 6,4 \cdot 10^8\,\mathrm{J}$$

c) Bei Bewegung der Satelliten in derselben Richtung gilt ebenfalls die Impulserhaltung wie in Teil a)

$$m_a c_a + m_b c_b = m_{Schrott} c_{Schrott} = (m_a + m_b) c_{Schrott}$$

$$c_{Schrott} = \frac{m_a c_a + m_b c_b}{m_a + m_b} = \frac{1,6 \cdot 10^6\,\frac{\mathrm{kg\,m}}{\mathrm{s}}}{2000\,\mathrm{kg}} = 800\,\frac{\mathrm{m}}{\mathrm{s}}$$

Die Erhöhung der inneren Energie der Satelliten berechnet sich wie in Teil b):

$$U_2 - U_1 = E_{kin,1} - E_{kin,2} = \frac{m_a c_a^2}{2} + \frac{m_b c_b^2}{2} - \frac{(m_a + m_b) c_{Schrott}^2}{2}$$
$$= 5 \cdot 10^8\,\mathrm{J} + 1{,}8 \cdot 10^8\,\mathrm{J} - 6{,}4 \cdot 10^8\,\mathrm{J} = 0{,}4 \cdot 10^8\,\mathrm{J}$$

Anmerkung Bei realen Satellitenkollisionen bildet der Schrott natürlich keine einheitliche, beieinander bleibende Masse – sehr zum Leidwesen der Techniker, die immer mehr kleine Trümmerteile und damit steigende Kollisionsgefahren im erdnahen Weltraum registrieren.

Aufgabe 3.3 (X) Durch einen Wassertank, der die konstante Masse $m = 100\,\mathrm{kg}$ enthält, strömt entsprechend Abb. 3.1 ein Massenstrom $\dot{m}$. Der Tankinhalt wird mit einem Wärmestrom $\dot{Q} = 4000\,\mathrm{W}$ beheizt und mit einem Rührer ideal gerührt.

Zum Antrieb des Rührers wird die Leistung $P = \dot{W}_t = 100\,\mathrm{W}$ aufgewendet. Die spezifische Wärmekapazität des Wassers beträgt $c_W = 4183\,\mathrm{J/(kg\,K)}$. Die Temperatur des zuströmenden Wassers beträgt $t_1 = 20\,°\mathrm{C}$.

a) Welcher Massenstrom $\dot{m}$ ist durchzusetzen, wenn das austretende Wasser im stationären Betriebszustand $t_2 = 80\,°\mathrm{C}$ erreichen soll?
b) Welche Zeit vergeht, bis nach dem Beginn des Betriebes am Austritt die Temperatur $t = 79\,°\mathrm{C}$ erreicht wird?

Es ist davon auszugehen, dass der Tankinhalt am Anfang die Temperatur t_1 besitzt und dass der in Aufgabenteil a) berechnete Massenstrom $\dot{m}$ fließt.

Lösung:

a) Aus dem ersten Hauptsatz nach Gl. (3.10) ergibt sich

$$\dot{m} = \frac{\dot{Q} + P}{h_2 - h_1} = \frac{\dot{Q} + P}{c_W (t_2 - t_1)} = 1{,}6336 \cdot 10^{-2}\,\mathrm{kg/s}$$

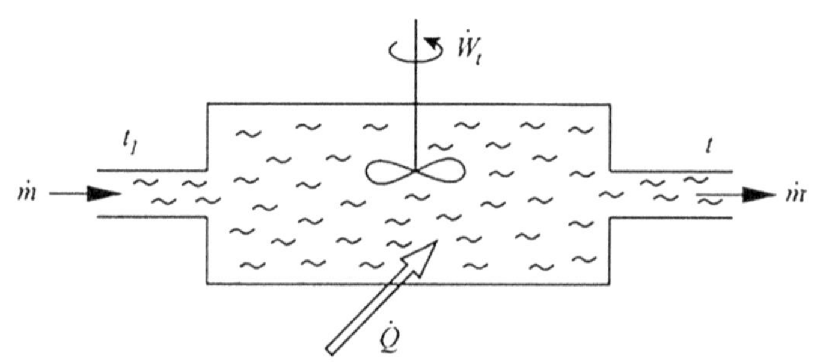

Abb. 3.1 Darstellung des betrachteten Systems

b) Aus dem ersten Hauptsatz für offene Systeme, Gl. (3.4), folgt unter Vernachlässigung der kinetischen und potenziellen Energie

$$dU = \delta Q + \delta W_t + dm(h_1 - h) \text{ bzw. } mc_V\, dt = \dot{Q}\, d\tau + \dot{W}_t\, d\tau - \dot{m}\, c_W(t - t_1)\, d\tau$$

Damit erhält man: $\Delta\tau = 6{,}962\,\text{h}$

Aufgabe 3.4 (XX) Ein System ($m = 340\,\text{kg}$) bewegt sich mit der konstanten Geschwindigkeit $c_1 = 4{,}6\,\text{m/s}$. Von einem Zeitpunkt $t_1 = 0\,\text{s}$ an wird ihm eine Leistung $\dot{W}_t(t)$ zugeführt, deren Zeitfunktion $\dot{W}_t(t) = \dot{W}_{t0} + a_1(t - t_1) + a_2(t - t_1)^2$ mit $\dot{W}_{t0} = 1\,\text{kW}$, $a_1 = 0{,}1\,\text{kW/s}$ und $a_2 = 0{,}006\,\text{kW/s}^2$ gegeben ist.

a) Welche Leistung $\dot{W}_t$ wird dem System zum Zeitpunkt t_2 nach $(t_2 - t_1) = 10\,\text{s}$ zugeführt?
b) Welche technische Arbeit $W_{t,12}$ hat das System während des Zeitintervalls $(t_2 - t_1)$ aufgenommen?
c) Welche Geschwindigkeit c_2 hat das System zum Zeitpunkt t_2, wenn die zugeführte technische Arbeit $W_{t,12}$ allein zur Veränderung der kinetischen Energie des Systems führt?

Lösung:

a) Einsetzen der gegebenen Daten in die Zeitfunktion liefert

$$W_t(t_2) = W_t(10\,\text{s}) = 2{,}6\,\text{kW}.$$

b) Integration der Leistungsfunktion ergibt die technische Arbeit

$$W_{t,12} = \int_{t_1}^{t_2} \dot{W}_t(t)dt = \dot{W}_{t0}(t_2 - t_1) + \frac{a_1}{2}(t_2 - t_1)^2 + \frac{a_2}{3}(t_2 - t_1)^3 = 17\,\text{kJ}$$

c) Der erste Hauptsatz für instationäre, offene Systeme nach Gl. (3.4) lautet

$$\frac{d}{dt}\left\{U + m\left(\frac{c^2}{2} + gz\right)\right\} = \sum_k \left[\dot{m}\left(h + \frac{c^2}{2} + gz\right)\right]_k + \dot{Q} + \dot{W}_t - p\frac{dV_{System}}{dt}$$

Die zugeführte technische Arbeit soll nur zur Veränderung des Bestands an kinetischer Energie führen, d. h. alle übrigen Terme verschwinden. Damit ergibt sich

$$\dot{W}_{t,12} = \frac{\dot{m}}{2}\left(c_2^2 - c_1^2\right) \Rightarrow W_{t,12} = \frac{m}{2}\left(c_2^2 - c_1^2\right)$$

und hieraus folgt $c_2 = \sqrt{\frac{2W_{t,12}}{m} + c_1^2} = 11{,}01\,\frac{\text{m}}{\text{s}}$

Aufgabe 3.5 (XX) Aus einem See der Temperatur $t_{See} = 5\,°\mathrm{C}$ wird Wasser entnommen, um eine Warmwasserdusche zu betreiben. Das Wasser durchläuft eine Pumpe und einen Durchlauferhitzer. Beim Durchströmen des Rohres vom Durchlauferhitzer zum Duschkopf tritt ein spezifischer Wärmeverlust von 2 J/g auf. Das Wasser verlässt den Duschkopf durch die Querschnittsfläche $A = 50\,\mathrm{mm}^2$ mit einer Temperatur von $t_D = 35\,°\mathrm{C}$. Der Duschkopf befindet sich in einer Höhe von $z_D = 8{,}0\,\mathrm{m}$ über dem Wasserspiegel des Sees.

Weitere Angaben: Erdbeschleunigung $g = 9{,}81\,\mathrm{m/s^2}$, Dichte von Wasser $\rho_{H_2O} = 1000\,\mathrm{kg/m^3}$, spezifische Wärmekapazität von Wasser $c_{H_2O} = 4{,}18\,\mathrm{kJ/(kg\,K)}$. Es soll verwendet werden: $u = c_{H_2O} t$ (d. h. es wird willkürlich festgelegt, dass für Wasser bei 0 °C die innere Energie gleich Null wird.)

a) Berechnen Sie die Geschwindigkeit am Austritt c_{aus} erstens in Abhängigkeit vom Volumenstrom und zweitens konkret für den Fall, dass $10\,\frac{\mathrm{l}}{\mathrm{min}}$ verbraucht werden!
b) Zeichnen Sie eine Skizze des Aufbaus und tragen Sie die gewählte Systemgrenze und die Energieströme ein!
c) Welche elektrische Leistung muss zur Verfügung stehen, damit die Dusche mit $12\,\frac{\mathrm{l}}{\mathrm{min}}$ betrieben werden kann?
d) Zum Betrieb der Dusche steht ein Netzanschluss mit der Spannung $U = 220\,\mathrm{V}$ zur Verfügung, der mit 16 A abgesichert ist. Welcher Volumenstrom kann maximal auf die erforderliche Duschwassertemperatur erwärmt werden, ohne die Sicherung zu überlasten?
Hinweis: Vernachlässigen Sie einen außerordentlich unbedeutenden, aber sehr kompliziert zu behandelnden Term!
e) Um den Wasserstrom zu erhöhen, soll die Dusche an einem anderen Ort aufgestellt werden, und zwar derart, dass der Duschkopf 8 m unter dem Wasserspiegel des Sees liegt und so die Pumpe überflüssig wird. Welcher Duschwasserstrom steht dann zur Verfügung?

Lösung:

a)
$$c_{aus} = \frac{\dot{V}}{A} = \frac{10\,\frac{\mathrm{l}}{\mathrm{min}}}{50\,\mathrm{mm}^2} = \frac{0{,}01\,\mathrm{m}^3}{60\,\mathrm{s}\,50\cdot 10^{-6}\,\mathrm{m}^2} = 3{,}33\,\frac{\mathrm{m}}{\mathrm{s}}$$

b) Abb. 3.2

c) Die Energiebilanz wird für ein System formuliert, das die Leitung, die Pumpe und den Durchlauferhitzer beinhaltet. Außerdem soll im Bereich des Sees die Systemgrenze so von der Einsaugöffnung entfernt sein, dass keine kinetische Energie am Einlauf berücksichtigt werden muss.

$$\underbrace{\frac{d}{dt}\left\{U + m\left(\frac{c^2}{2} + gz\right)\right\}}_{=0} = \sum_k \left[\dot{m}\left(h + \frac{c^2}{2} + gz\right)\right]_k + \dot{Q} + \dot{W}_t - \underbrace{p\frac{dV_{System}}{dt}}_{=0}$$

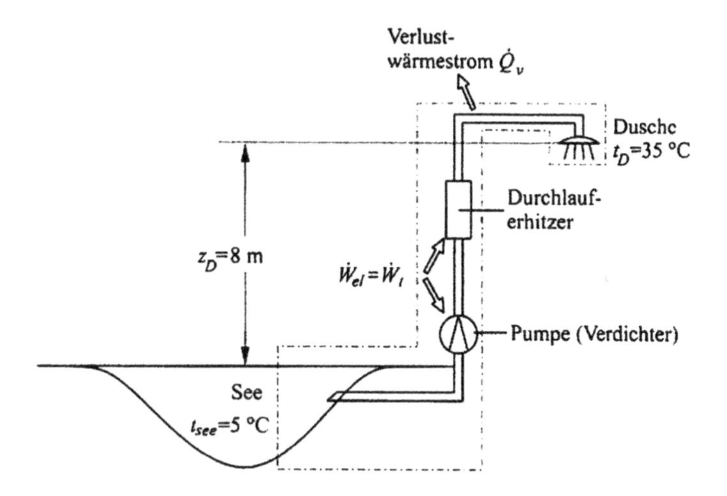

Abb. 3.2 Schematische Skizze des Aufbaus

Die linke Seite dieser Gleichung ist gleich null, da ein stationärer Betriebszustand vorliegt. Schreibt man die Terme auf der rechten Seite aus, so erhält man

$$0 = \dot{m}\left(u + pv + \frac{c^2}{2} + gz\right)_{See} - \dot{m}\left(u + pv + \frac{c^2}{2} + gz\right)_D \underbrace{- 2\,\frac{\text{kJ}}{\text{kg}} \cdot \dot{m}}_{=\dot{Q}} + \dot{W}_t$$

Die Terme $\dot{m}pv$ heben sich auf bzw. können gegen $\dot{m}u$ vernachlässigt werden. Für die spezifische innere Energie u kann $u = c_{H_2O}t$ gesetzt werden. Für den See sollen die Terme gz und $c^2/2$ null sein (Wahl des Koordinatensystems bzw. der Systemgrenze). Setzt man noch für $\dot{V} = 12\,\frac{\text{l}}{\text{min}}$ ein, so erhält man:

$$0 = \dot{m}\left(c_{H_2O}(t_{See} - t_D) - \frac{\dot{V}^2}{2A^2} - gz_D - 2\,\frac{\text{kJ}}{\text{kg}}\right) + \dot{W}_t$$

$$\dot{W}_t = \rho\dot{V}\left(c_{H_2O}(t_D - t_{See}) + \frac{\dot{V}^2}{2A^2} + gz_D + 2\,\frac{\text{kJ}}{\text{kg}}\right)$$

$$= \frac{0{,}012\,\text{m}^3 \cdot 1000\,\frac{\text{kg}}{\text{m}^3}}{60\,\text{s}} \cdot$$

$$\left(4180\,\frac{\text{J}}{\text{kg}\cdot\text{K}}(35\,°\text{C} - 5\,°\text{C}) + \frac{1}{2}\left(\frac{0{,}012\,\text{m}^3}{60\,\text{s}\cdot 50\cdot 10^{-6}\,\text{m}^2}\right)^2 + 8\,\text{m}\cdot 9{,}81\,\frac{\text{kg}}{\text{s}^2} + 2\,\frac{\text{kJ}}{\text{kg}}\right)$$

$$= 0{,}2\,\frac{\text{kg}}{\text{s}}\left(125400\,\frac{\text{J}}{\text{kg}} + 8\,\frac{\text{J}}{\text{kg}} + 78{,}5\,\frac{\text{J}}{\text{kg}} + 2000\,\frac{\text{J}}{\text{kg}}\right) = 25{,}5\,\text{kW}$$

d) Da sich die elektrische Leistung $\dot{W}_t$ als Produkt aus Spannung und Stromstärke berechnet, gilt $\dot{W}_t = 220\,\text{V} \cdot 16\,\text{A} = 3520\,\text{W}$. Das Auflösen der Gleichung aus der vorhergehenden Teilaufgabe führt zu einer kubischen Gleichung für $\dot{V}$. Da der Wasserstrom aufgrund dieser deutlich geringeren Leistung deutlich kleiner sein wird als beim Teil c), wird der Term der kinetischen Energie am Auslauf noch geringeren Einfluss haben als im Teil c). Deshalb kann die kinetische Energie vernachlässigt werden und die Lösung erhält man durch einfaches Umstellen der Gleichung

$$\dot{V} = \frac{\dot{W}_t}{\rho\left(c_{H_2O}(t_D - t_{See}) + gz_D + 2\frac{\text{kJ}}{\text{kg}}\right)} = 2{,}761 \cdot 10^{-5}\,\frac{\text{m}^3}{\text{s}} = 1{,}6568\,\frac{\text{l}}{\text{min}}$$

e) Durch die Verlegung der Dusche an einen niedriger gelegenen Ort ändert sich das Vorzeichen von z_D. Jetzt ist $z_D = -8\,\text{m}$. Es gilt in diesem Fall

$$\dot{V} = \frac{\dot{W}_t}{\rho \cdot \left(c_{H_2O}(t_D - t_{See}) + gz_D + 2\frac{\text{kJ}}{\text{kg}}\right)} = 2{,}765 \cdot 10^{-5}\,\frac{\text{m}^3}{\text{s}} = 1{,}6588\,\frac{\text{l}}{\text{min}}$$

Der Duschwasserstrom ändert sich also nur sehr geringfügig.

Aufgabe 3.6 (XXX) Ein Bach mit dem Massenstrom $\dot{m} = 20\,\text{kg/s}$ tritt in der Höhe $z_1 = 8\,\text{m}$ in den adiabaten Maschinenraum eines Bergwerkes und verlässt ihn in der Höhe $z_2 = 0\,\text{m}$. Weitere Angaben: $c_{H_2O} = 4180\,\text{J/(kg K)}$, $g = 9{,}81\,\text{m/s}^2$. Es soll verwendet werden, dass $u = c_{H_2O}\,t$.

a) Welche Leistung können die ausschließlich mit Wasserkraft angetriebenen Maschinen in einem stationären Betriebszustand höchstens bereitstellen?
b) Angenommen, eine Maschine zum Heben von Gestein erreicht nur die Hälfte der Leistung aus a): Wie lange braucht diese Maschine, um einen Gesteinssack der Masse $m_{Gestein} = 150\,\text{kg}$ aus der Tiefe von $z_3 = -60\,\text{m}$ an die Oberfläche zu heben?
c) Der Bach hat am Einlauf die Temperatur $t_{ein} = t_1 = 10\,°\text{C}$. Welche Temperatur $t_{aus} = t_2$ hat das Wasser am Auslauf, wenn
   c1) die Leistung gemäß a) abgegeben wird?
   c2) die Leistung gemäß b) abgegeben wird?
   c3) wenn z. B. am Sonntag alle Maschinen stillstehen?
   Bitte geben Sie das Ergebnis mit vier Stellen hinter dem Komma an!
d) In der Tiefe $z_{See} = -85{,}39\,\text{m}$ befindet sich ein See der Temperatur $t_{See} = 15\,°\text{C}$. Aus diesem See muss ständig Wasser an die Erdoberfläche gefördert werden, um eine Überflutung der Stollen zu verhindern. Zum Heben dieses Wassers wird eine Maschine in dem erwähnten Maschinenraum aufgestellt. Das geförderte Seewasser und das Bachwasser, das immer noch mit $t_{Bach} = 10\,°\text{C}$ einströmt, mischen

sich und verlassen den Maschinenraum in der Höhe $z_{aus} = 0\,\text{m}$ mit der Temperatur $t_{aus} = 10{,}3\,°\text{C}$. Die Ein- und Ausströmgeschwindigkeiten sollen vernachlässigbar klein sein. Der Druck soll als konstant im gesamten System angesehen werden. Welcher Massenstrom wird gefördert?

e) Welchen Wirkungsgrad erreicht die Wasserhebemaschine aus d)?

Lösung:

a) Zur Lösung dieses Problems betrachten wir den ersten Hauptsatz für instationäre Prozesse in offenen Systemen

$$\frac{d}{dt}\left\{U + m\left(\frac{c^2}{2} + gz\right)\right\} = \sum_k \left[\dot{m}\left(h + \frac{c^2}{2} + gz\right)\right]_k + \dot{Q} + \dot{W}_t - p\frac{dV_{System}}{dt}$$

In dieser Gleichung ist der Term auf der linken Seite gleich Null, da es sich um einen stationären Vorgang handelt. Wärmeströme werden nicht über die Systemgrenze übertragen ($\dot{Q} = 0$) und das Systemvolumen ändert sich nicht mit der Zeit ($pdV_{System}/dt = 0$). Berücksichtigt man weiterhin die Vernachlässigbarkeit der kinetischen Energien und löst nach $\dot{W}_t$ auf und setzt für die Summe den einströmenden Massenstrom mit positivem und den ausströmenden mit negativem ($z = 0$) Vorzeichen ein, so erhält man

$$-\dot{W}_t = \dot{m}\,g\,(z_1 - z_2) = 20\frac{\text{kg}}{\text{s}} \cdot 9{,}81\,\frac{\text{m}}{\text{s}^2} \cdot 8\,\text{m} = 1570\,\text{W}$$

b) Es steht eine technische Leistung von $\dot{W}_t^{50\%} = -785\,\text{W}$ zur Verfügung. Zur Hebung von $m_{Gestein} = 150\,\text{kg}$ aus $z_3 = -60\,\text{m}$ Tiefe ist eine Energie (technische Arbeit) von

$$W_t^{Hub} = m_{Gestein}g(z_2 - z_3) = 88290\,\text{J} = 88290\,\text{Nm} = 88290\,\text{Ws}$$

nötig. Mit der zur Verfügung stehenden Leistung $\dot{W}_t^{50\%}$ ergibt sich eine Hubzeit von

$$t_{Hub} = \frac{W_t^{Hub}}{\left|\dot{W}_t^{50\%}\right|} = \frac{88290\text{Ws}}{785\text{W}} = 112{,}5\,\text{s}$$

c) c1) Da die Enthalpie des Wassers konstant bleibt, ändert sich auch die Temperatur nicht: $t_2 = t_1$

c2) Wird die Leistung gemäß b) abgegeben, so gilt

$$0 = \dot{m}\left(c_{H_2O}t_1 + gz_1\right) - \dot{m}\left(c_{H_2O}t_2 + gz_2\right) + \dot{W}_t^{50\%}$$

Es folgt

$$t_2 = t_1 + \frac{g(z_1 - z_2)}{c_{H_2O}} + \frac{\dot{W}_t^{50\%}}{\dot{m}c_{H_2O}} = 10{,}0094\,°\text{C}$$

c3) Stehen alle Maschinen still, gilt also $\dot{W}_t = 0$, so folgt

$$0 = \dot{m}\left(c_{H_2O}t_1 + gz_1\right) - \dot{m}\left(c_{H_2O}t_2 + gz_2\right) + 0$$
$$t_2 = t_1 + \frac{g(z_1 - z_2)}{c_{H_2O}} = 10{,}0188\,°\mathrm{C}$$

d) Wir betrachten ein System, das die ganze Maschinenanlage umschließt und stellen für dieses System eine Energiebilanz auf. Dadurch wird es überflüssig, sich über die Einzelheiten des Aufbaus irgendwelche Gedanken zu machen. Möglich ist z. B., dass der Bach eine Turbine antreibt, diese einen Generator und dieser wiederum eine elektrische Pumpe. Auch der Antrieb eines oberschlächtigen Wasserrades, das eine Eimerkette bewegt, ist möglich – für alle denkbaren Systeme muss der erste Hauptsatz gelten. Das derart gewählte System tauscht mit seiner Umgebung ausschließlich konvektive Energieströme aus, d. h. Massenströme, die Ströme an innerer oder potenzieller Energie mitnehmen, so dass sich die Energiebilanz folgendermaßen vereinfacht

$$\underbrace{\frac{d}{dt}\left\{U + m\left(\frac{c^2}{2} + gz\right)\right\}}_{=0} = \sum_k \left[\dot{m}\left(h + \frac{c^2}{2} + gz\right)\right]_k + \underbrace{\dot{Q}}_{=0} + \underbrace{\dot{W}_t}_{=0} \underbrace{-p\frac{d\dot{V}_{System}}{dt}}_{=0}$$

Der Term auf der linken Seite kennzeichnet die Änderung der inneren, kinetischen und potenziellen Energie im System. Diese Änderung ist Null, da ein stationärer Betriebszustand betrachtet werden soll. Der zweite, dritte und vierte Term auf der rechten Seite sind auch gleich Null. Beim Ausschreiben der Summe werden die einströmenden Massenströme $\dot{m}_{Bach}$ und $\dot{m}_{See}$ positiv, der ausströmende Massenstrom $(\dot{m}_{Bach} + \dot{m}_{See})$ negativ gezählt. Ferner wird die kinetische Energie vernachlässigt und die spezifische Enthalpie h folgendermaßen umgeformt

$$h = u + pv = c_{H_2O}t + pv$$

Auf diese Weise erhält man folgende Gleichung

$$\dot{m}_{Bach}\left(c_{H_2O}t_{Bach} + gz_{Bach}\right) + \dot{m}_{See}\left(c_{H_2O}t_{See} + gz_{See}\right)$$
$$= (\dot{m}_{Bach} + \dot{m}_{See})\left(c_{H_2O}t_{aus} + \underbrace{gz_{aus}}_{=0}\right)$$

Diese Gleichung wird nach $\dot{m}_{See}$ aufgelöst

$$\dot{m}_{See} = \dot{m}_{Bach}\frac{c_{H_2O}(t_{aus} - t_{Bach}) - g\,z_{Bach}}{c_{H_2O}(t_{See} - t_{aus}) + g\,z_{See}}$$
$$= 20\,\frac{\mathrm{kg}}{\mathrm{s}}\,\frac{4180\,\frac{\mathrm{J}}{\mathrm{kg\,K}}(0{,}3\,\mathrm{K}) - 9{,}81\,\frac{\mathrm{m}}{\mathrm{s}^2}\cdot 8\,\mathrm{m}}{4180\,\frac{\mathrm{J}}{\mathrm{kg\,K}}(4{,}7\mathrm{K}) - 9{,}81\frac{\mathrm{m}}{\mathrm{s}^2}\cdot 85{,}39\mathrm{m}} = 1{,}25\,\frac{\mathrm{kg}}{\mathrm{s}}$$

e) Wirkungsgradbestimmung: Aufwand (Nenner) ist die Energie, die die Maschine dem Bachwasser entnimmt, Nutzen (Zähler) ist die Energie, die dem Wasser aus dem See zugeführt wird. Die Temperaturänderungen und damit die Änderungen der Enthalpie sind in beiden Fällen klein, so dass im Wesentlichen nur die Änderungen der potenziellen Energien zu berücksichtigen sind

$$\eta = \frac{|\dot{m}_{See}\, g\, z_{See}|}{\dot{m}_{Bach}\, g\, z_1} = 0{,}667$$

Aufgabe 3.7 (X) Die Wände eines Hauses trennen die kalte Umgebungsluft $t_A = 0\,°\mathrm{C}$ von der warmen Raumluft $t_B = 25\,°\mathrm{C}$. Es fließt ein konstanter Wärmestrom $\dot{Q} = 10\,\mathrm{kW}$. Die Verhältnisse sind schematisch in Abb. 3.3 dargestellt.

a) Formulieren Sie die Entropiebilanz für dieses Problem!
b) Wie groß ist der Entropiestrom aus dem Innenraum, wie groß der Entropiestrom in die Umgebung?
c) Wie viel Entropie wird produziert und warum ist diese stets größer Null?
d) Wie muss die Temperaturdifferenz $(T_B - T_A)$ gewählt werden, damit möglichst wenig Entropie produziert wird, d. h. wie müsste ein reversibler Wärmeübergangsprozess geführt werden?
e) Welcher Einfluss ergibt sich auf die Entropieproduktion, wenn T_A und T_B beide gleichermaßen um denselben Betrag ΔT erhöht werden?

Lösung:

a) Die Wand wird als thermodynamisches System betrachtet. An der einen Seite der Oberfläche hat diese die Temperatur T_A, an der anderen die Temperatur T_B. Da es sich

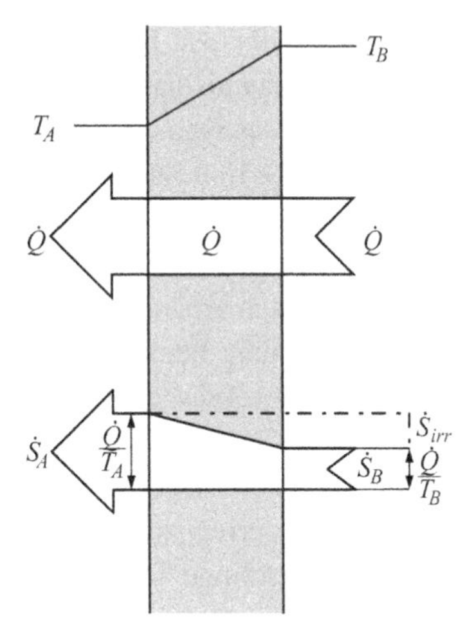

Abb. 3.3 Wärmedurchgang durch eine Hauswand

um ein geschlossenes System handelt, fällt aus der Entropiebilanz nach Gl. (3.32) die Summe über die Massenströme $\dot{m}$ heraus. Außerdem befindet sich das System in einem stationären Zustand. Daher ist die Ableitung nach der Zeit ebenfalls Null.

$$\underbrace{\frac{dS_{System}}{dt}}_{=0} = \underbrace{\sum_i (\dot{m}s)_i}_{=0} + \sum_j \left(\frac{\dot{Q}}{T}\right)_j + \dot{S}_{prod} \Rightarrow \dot{S}_{prod} = -\sum_j \left(\frac{\dot{Q}}{T}\right)_j$$

b) Die Summe ist über $j = 1, 2$ zu bilden, wobei der Index 1 für den Innenraum stehen soll und der Index 2 für die Umgebung. Nun ist es notwendig zu wissen, in welchem Bereich die größere Temperatur herrscht, da der Wärmestrom immer „vom Warmen zum Kalten" fließt. Unter der Annahme, dass $T_B > T_A$ ist, gilt $\dot{Q}_B = |\dot{Q}| > 0$ und $\dot{Q}_A = -|\dot{Q}| < 0$. Es ergibt sich demnach für die Entropieproduktion

$$\dot{S}_{prod} = -\left[\left(\frac{\dot{Q}_B}{T_B}\right) + \left(\frac{\dot{Q}_A}{T_A}\right)\right] = -\left(\frac{\dot{Q}}{T_B} - \frac{\dot{Q}}{T_A}\right)$$

Diese Gleichung besagt, dass der Wand aus dem Innenraum Entropie auf dem Temperaturniveau T_B zugeführt wird (positives Vorzeichen!), während die Wand an die Umgebung Entropie auf dem Temperaturniveau T_A abgibt (negatives Vorzeichen). Setzt man die vorgegebenen Werte ein, so erhält man schließlich folgende Entropieströme

Innenraum $\dot{S}_B = \frac{10000\,\text{W}}{298{,}15\,\text{K}} = 33{,}540\,\text{W/K}$

Umgebung $\dot{S}_A = \frac{-10000\,\text{W}}{273{,}15\,\text{K}} = -36{,}601\,\text{W/K}$

c) Umformen der Gleichung von Aufgabenteil b) ergibt

$$\dot{S}_{prod} = \dot{Q}\frac{T_B - T_A}{T_B T_A}$$

Der Grund für die stets positive Entropieproduktion ist die bereits erwähnte Richtung des Wärmeflusses. Das Wärme abgebende System ist stets auf einem höheren Temperaturniveau als das Wärme aufnehmende System. Aus diesem Grund ist die Entropieabgabe des wärmeren Systems stets kleiner als die Entropieaufnahme des kälteren Systems, die Entropieproduktion also stets positiv.

d) Man sieht anhand der Gleichung aus Aufgabenteil c), dass man die Entropieproduktion theoretisch beliebig verringern kann, indem man mit möglichst kleinen Temperaturdifferenzen arbeitet.

e) Eine Erhöhung beider Temperaturen senkt die Entropieproduktion, konstanten Wärmestrom $\dot{Q}$ vorausgesetzt. Beispielsweise ist die Entropieproduktion bei $T_B = 310\,\text{K}$, $T_A = 300\,\text{K}$ um 76 % größer als bei $T_B = 410\,\text{K}$, $T_A = 400\,\text{K}$, obwohl die Temperaturdifferenz dieselbe ist. Um die Entropieproduktion bei der Übertragung eines Wärmestroms gering zu halten, ist also bei niedrigen Übertragungstemperaturen eine besonders geringe Temperaturdifferenz und somit eine besonders große Austauschfläche erforderlich – ein Grund dafür, dass Kühltürme von Kraftwerken so groß sind.

Aufgabe 3.8 (XX) Ein Kühlraum soll auf einer konstanten Temperatur T_0 gehalten werden. Der aus der Umgebung einfallende Wärmestrom $\dot{Q}_0$ ist der Temperaturdifferenz $(T_u - T_0)$ proportional und beträgt $\dot{Q}_0 = kA(T_u - T_0)$, wobei $A = 80\,\text{m}^2$ die Oberfläche des Kühlraumes ist und $k = 0{,}25\,\text{W/(m}^2\text{K)}$ den Wärmedurchgangskoeffizienten angibt, der die thermische Isolationswirkung der Systemgrenze beschreibt. Der Wärmestrom $\dot{Q}_0$ muss als Kälteleistung aus dem Kühlraum abgeführt werden. Die reversibel und stationär arbeitende Kältemaschine nimmt die Leistung $\dot{W}_t = 200\,\text{W}$ auf und arbeitet gegen die Umgebung mit der Temperatur $T_u = 300\,\text{K}$. Dabei wird $\dot{Q}_u$ mit der Umgebung ausgetauscht. Welche tiefste Temperatur T_0 kann im Kühlraum gehalten werden?

Lösung:
Der erste Hauptsatz nach Gl. (3.4) lautet für die Kältemaschine im stationären Betrieb

$$0 = \dot{W}_t + \dot{Q}_0 + \dot{Q}_u$$

Der zweite Hauptsatz nach Gl. (3.32) ergibt für die Kältemaschine im stationären Betrieb

$$0 = \frac{\dot{Q}_0}{T_0} + \frac{\dot{Q}_u}{T_u} + \dot{S}_{prod}$$

Die tiefste Temperatur wird im reversiblen Fall erreicht, entsprechend $\dot{S}_{prod} = 0$

$$\dot{Q}_u = -\dot{Q}_0 \frac{T_u}{T_0}.$$

Hieraus erhält man für die gesuchte Temperatur T_0

$$0 = \dot{W}_t + \dot{Q}_0 \left(1 - \frac{T_u}{T_0}\right)$$

und damit die quadratische Gleichung

$$0 = \dot{W}_t + kA(T_u - T_0)\left(1 - \frac{T_u}{T_0}\right)$$

Mit der Lösung $T_{0_{1,2}} = +305\,\text{K} \pm 55\,\text{K}$.
$T_{0_1} = 360\,\text{K}$ ist physikalisch nicht möglich.
$T_{0_2} = 250\,\text{K}$ ist die gesuchte tiefste Temperatur bei reversibler Prozessführung.

Aufgabe 3.9 (XX) Ein dünnwandiger Behälter mit konstantem Volumen enthält Wasser mit der Masse $m_W = 1{,}0\,\text{kg}$, dessen spezifische Wärmekapazität $c_W = 4{,}19\,\text{kJ/(kg K)}$ als konstant angenommen wird. Zum Zeitpunkt $t = 0\,\text{s}$ hat das Wasser die Temperatur $T_0 = 350\,\text{K}$; es kühlt sich durch Wärmeabgabe an die Umgebung ab. Deren Temperatur $T_u = 280\,\text{K}$ soll sich trotz Energieaufnahme nicht ändern (Eigenschaft eines Wärmereservoirs). Berechnen Sie

a) die zeitliche Änderung der Wassertemperatur T,
b) die zeitliche Änderung der Entropien des Wassers und der Umgebung,
c) die durch den irreversiblen Wärmeübergang erzeugte Entropie!

Für den vom Behälter abgegebenen Wärmestrom gilt: $\dot{Q} = kA(T - T_u)$. Dabei ist A die Fläche der diathermen Behälterwand zwischen dem Wasser und der Umgebung und k der Wärmedurchgangskoeffizient. Im vorliegenden Beispiel sei $kA = 0{,}75\,\mathrm{W/K}$. Die Wassertemperatur sei im ganzen Behälter räumlich konstant; die Energie- und Entropieänderungen der dünnen Behälterwand werden vernachlässigt.

Lösung:

a) Der erste Hauptsatz nach Gl. (3.4) lautet nach Einarbeitung der Angaben in der Aufgabenstellung für das System Wasserbehälter

$$\frac{dU_W}{dt} = -\dot{Q} = -kA(T - T_u).$$

Mit $dU_W = m_W c_W dT$ und mit der Beziehung für den Wärmestrom aus der Aufgabenstellung folgt

$$\frac{dT}{dt} = -\frac{kA}{m_W c_W}(T - T_u) = -\frac{1}{t_0}(T - T_u)$$

als Differenzialgleichung, aus der die zeitliche Temperaturänderung des Wassers bestimmt werden kann. Die Größe t_0 ist eine für die Abkühlung charakteristische Zeitkonstante

$$t_0 = \frac{m_W c_W}{kA} = \frac{4{,}19\mathrm{kJ/K}}{0{,}75\,\mathrm{W/K}} = 5{,}59 \cdot 10^3\,\mathrm{s} = 1{,}55\,\mathrm{h}$$

Integriert man obige gewöhnliche Differenzialgleichung, so ergibt sich

$$\frac{dT}{(T - T_u)} = -\frac{dt}{t_0}, \quad \ln(T - T_u) = -\frac{t}{t_0} + C$$

Die Konstante C erhält man aus der Randbedingung, dass für $t = 0:\ T = T_0$ ist. Dies führt zu

$$T = \exp\left\{-\frac{t}{t_0} + \ln(T_0 - T_u)\right\} + T_u$$

und schließlich nach Umformung

$$\frac{T - T_u}{T_0 - T_u} = \exp(-t/t_0).$$

b) Entropiebilanz nach Gl. (3.32)

$$\frac{dS_{System}}{dt} = \sum_i (\dot{m}s)_i + \sum_j \left(\frac{\dot{Q}}{T}\right)_j + \dot{S}_{prod}$$

Nach Einarbeitung der Angaben in der Aufgabenstellung verbleibt für das System Wasserbehälter

$$\frac{dS_w}{dt} = -\frac{\dot{Q}}{T} + 0$$

Mit der Aussage des ersten Hauptsatzes $dU_W = -\dot{Q}\,dt$ und mit $dU_W = m_W c_W dT$ folgt die Differenzialgleichung

$$dS_W = m_W c_W \frac{dT}{T}.$$

Durch Integration zwischen $t = 0$, entsprechend $T = T_0$ und einer beliebigen Zeit, zu der die Wassertemperatur den Wert $T(t)$ hat, ergibt sich

$$S_W(t) = S_W(0) + m_W c_W \ln\left(\frac{T(t)}{T_0}\right)$$

Die Entropie des Wassers nimmt demnach durch Wärmeabgabe ab. Die Entropie der Umgebung dagegen nimmt zu, weil ihr mit der zugeführten Wärme auch Entropie zugeführt wird.

$$\frac{dS_u}{dt} = +\frac{\dot{Q}}{T_u} + 0 \rightarrow dS_u = -m_W c_W \frac{dT}{T_u}$$

Integration dieser Gleichung liefert

$$S_u(t) = S_u(0) + m_W c_W \left(\frac{T_0 - T(t)}{T_u}\right)$$

Da $T(t) \leq T_0$ ist, nimmt S_u mit fortschreitender Zeit monoton zu. Diese Entropiezunahme kommt nicht nur dadurch zustande, dass das Wasser Entropie abgibt. Zusätzlich wird in der Behälterwand Entropie durch den Wärmetransport mit endlicher Temperaturdifferenz produziert.

c) Für das Gesamtsystem Wasser plus Umgebung liefert die Entropiebilanz

$$\begin{aligned} S_{prod.} &= S(t) - S(0) = S_W(t) + S_u(t) - S_W(0) - S_u(0) = \\ &= m_W c_W \left[\ln\left(\frac{T(t)}{T_0}\right) + \frac{T_0 - T(t)}{T_u}\right] \end{aligned}$$

Aufgabe 3.10 (X) Aus einer Pressluftflasche mit dem Volumen $V_F = 50\,\text{l}$ strömt Luft bis zum Druckausgleich $p = p_u$ in die Umgebung. Die Luft verhält sich wie ein ideales Gas mit $pV = mR_L T$ und $du = c_v\,dT$. Durch Wärmeaustausch mit der Umgebung wird dafür gesorgt, dass die Temperatur der Luft in der Flasche konstant bleibt.

- Anfangszustand (Zeitpunkt t_1): $p_A = 101\,\text{bar}$, $T_A = 290\,\text{K}$
- Endzustand (Zeitpunkt t_2): $p = p_u = 1\,\text{bar}$

Welche Wärme Q_{Au} muss der Pressluft zugeführt werden?

Lösung:
Wir verwenden den ersten Hauptsatz in differenzieller Form

$$dU = \sum h\,dm + \delta Q, \quad d(mu) = -hdm_{ab} + \delta Q$$
$$m\,du + u\,dm = -h\,dm_{ab} + \delta Q$$

Die Masse der Luft in der Flasche ergibt sich zu jedem Zeitpunkt aus

$$m = \frac{pV_F}{R_L T},$$

ihre Änderung zu

$$dm = \frac{V_F}{R_L T}dp - \underbrace{\frac{pV_F}{R_L T^2}dT}_{dT=0} + \underbrace{\frac{p}{R_L T}dV_F}_{dV=0} = -dm_{ab}$$

Setzen wir nun diese Gleichung in den ersten Hauptsatz in differenzieller Form ein, so folgt

$$mdu + u\frac{V_F}{R_L T}dp = h\frac{V_F}{R_L T}dp + \delta Q$$
$$\rightarrow \delta Q = \underbrace{(u - h)}_{-pv}\frac{V_F}{R_L T}dp = -V_F dp$$
$$Q_{Au} = -V_F(p_u - p_A)$$
$$= -50 \cdot 10^{-3}\text{m}^3(1\,\text{bar} - 101\,\text{bar}) = 5 \cdot 10^5\,\text{J}$$

Aufgabe 3.11 (XX) In einem Stahlwerk wird ein Stahlbarren hergestellt, dessen Masse $m = 1000\,\text{kg}$ beträgt. Die Temperatur t_1 beträgt nach Ende des Herstellungsvorganges $t_1 = 900\,°\text{C}$ und soll auf $t_2 = 100\,°\text{C}$ abgesenkt werden. Der Wärmestrom, den der Stahlblock dabei abgibt, soll auf das Heizungssystem eines Gebäudes übertragen werden, das ständig einen Wärmestrom von $\dot{Q}_H = 10\,\text{kW}$ bei einer Temperatur von $t_H = 40\,°\text{C}$ benötigt. Die Wärmekapazität c des Stahls beträgt $400\,\text{J/(kg K)}$. Eine schematische Darstellung der ausgetauschten Wärmen ist in Abb. 3.4 zu finden.

a) Geben Sie die innere Energie $U(T)$ und die Entropie $S(T)$ des Stahlbarrens an!

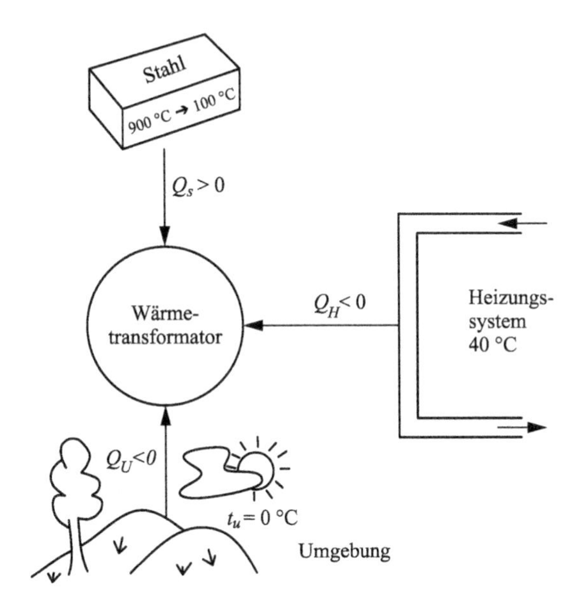

Abb. 3.4 Schematische Darstellung der ausgetauschten Wärmen

b) Der vom Stahlbarren abgegebene Wärmestrom wird direkt an das Heizungssystem übertragen. Berechnen Sie die Zeit Δt_1, während der die Beheizung des Gebäudes auf diese Weise erfolgen kann!

c) Welche Entropiemenge ΔS gibt der Stahlbarren ab? Welche Entropiemenge $S_{H,ein}$ nimmt das Heizungssystem auf? Wie erklärt sich der Unterschied?

d) Der Wärmestrom wird einem reversibel arbeitenden Wärmetransformator zugeführt. Dies ist eine (in Punkt 4 bisher nicht realisierte) Maschine mit folgenden Eigenschaften:

1) Sie nimmt einen Wärmestrom vom Stahlbarren auf.
2) Sie nimmt einen Wärmestrom von der Umgebung auf.
3) Sie gibt einen Wärmestrom an das Heizungssystem ab.
4) Sie arbeitet reversibel (auch die Teile, die zum Wärmeaustausch mit Stahlbarren, Umgebung und Heizung dienen, sollen reversibel arbeiten).

Berechnen Sie die Zeit Δt_2, während der die Beheizung des Gebäudes mit Hilfe der soeben vorgestellten Maschine erfolgen kann! Stellen Sie dazu den 1. und 2. Hauptsatz für den Wärmetransformator auf! Die Umgebungstemperatur t_u beträgt 0 °C.

Lösung:

a) $$U(T) = m\,c\,(T - T_0) + U_0$$

$$S(T) = \int_{T_0}^{T} \left(\frac{m\,c\,dT}{T}\right) = m\,c\ln\left(\frac{T}{T_0}\right) + S_0$$

b) Dieses Problem löst man mit dem ersten Hauptsatz, wobei das Kontrollvolumen der Stahlbarren ist und die Zustände 1 und 2 den Temperaturen 900 °C bzw. 100 °C entsprechen. Da die kinetischen und potenziellen Energieänderungen, sowie die Massenströme und technischen Arbeiten null sind, verbleibt vom ersten Hauptsatz

$$U_2 - U_1 = Q_{12}$$
$$m\,c\,(T_2 - T_1) = \dot{Q}_H\,\Delta t$$
$$\Delta t = \frac{m\,c\,(T_2 - T_1)}{\dot{Q}_H} = 32000\,\mathrm{s} = 8\,\mathrm{h}\;53\,\mathrm{min}\;20\,\mathrm{s}$$

c) Die Entropie des Stahlbarrens verringert sich von $S(T_1)$ auf $S(T_2)$

$$S_2 - S_1 = m\,c\,\ln\left(\frac{T_1}{T_0}\right) - m\,c\ln\left(\frac{T_2}{T_0}\right) = m\,c\,\ln\left(\frac{T_1}{T_2}\right)$$
$$= 1000\mathrm{kg}\cdot 400\frac{\mathrm{J}}{\mathrm{kg\,K}}\,\ln\left(\frac{1173{,}15\,\mathrm{K}}{373{,}15\,\mathrm{K}}\right) = 458187\,\frac{\mathrm{J}}{\mathrm{K}}$$

Die Entropieaufnahme des Heizungssystems beträgt

$$S_{H,ein} = \frac{Q_{12}}{T_H} = \frac{\dot{Q}_H\,\Delta t}{T_H} = \frac{32\cdot 10^7\mathrm{J}}{313,15\,\mathrm{K}} = 1021875\,\frac{\mathrm{J}}{\mathrm{K}}$$

Von dieser Entropie wurden nur 458187 $\frac{\mathrm{J}}{\mathrm{K}}$ dem Stahlblock entnommen, der Rest wurde durch die große Temperaturdifferenz bei der Wärmeübertragung produziert.

d) Für den Wärmetransformator gilt der erste Hauptsatz: $\sum \dot{Q} = 0$, weil alle anderen Terme (Massenströme, Änderungen im System, technische Arbeit, Volumenänderungsarbeit) null sind:

$$\dot{Q}_H + \dot{Q}_S + \dot{Q}_U = 0$$
$$Q_{H,12} + Q_{S,12} + Q_{U,12} = 0 \tag{1}$$
$$Q_{H,12} = -Q_{S,12} - Q_{U,12}$$

Dabei ist $\dot{Q}_H < 0$ (Heizung), während gilt: $\dot{Q}_S, \dot{Q}_U > 0$ (Stahl, Umgebung).

Entropiebilanz: stationär, Massenströme null, reversibler Prozess entsprechend $\dot{S}_{prod} = 0$

$$\rightarrow \sum_j \left(\frac{\dot{Q}}{T}\right)_j = 0$$

Es ergibt sich

$$\frac{\dot{Q}_H}{T_H} + \frac{\dot{Q}_U}{T_U} + \frac{\dot{Q}_S}{T_S} = 0$$

Diese Gleichung muss für alle Zeitpunkte in Δt erfüllt sein. Allerdings ändert sich die Temperatur des Stahlbarrens T_S, so dass eine Integration notwendig wäre, wenn wir diese nicht schon in Teil c) durchgeführt hätten. Daher wissen wir, dass der Stahlblock seine Entropie um $\Delta S_S = 458187\,\frac{\text{J}}{\text{K}}$ verringert. Also gilt bei Integration vom Zustand 1 zum Zustand 2

$$\frac{Q_{H,12}}{T_H} + \frac{Q_{U,12}}{T_U} + \Delta S_S = 0 \tag{2}$$

Somit hat man 2 Gleichungen zur Verfügung, um die Unbekannten $Q_{U,12}$ und $Q_{H,12}$ zu bestimmen. Man setzt Gl. (1) in Gl. (2) ein und erhält:

$$\frac{-Q_{S,12} - Q_{U,12}}{T_H} + \frac{Q_{U,12}}{T_U} + \Delta S_S = 0$$

$$Q_{U,12} = \left(\frac{1}{T_U} - \frac{1}{T_H}\right)^{-1} \left(-\Delta S_S + \frac{Q_{S,12}}{T_H}\right) = 12,054 \cdot 10^8\,\text{J}$$

Nach Gl. (1) gilt

$$Q_H = -\left(Q_{S,12} + Q_{U,12}\right) = 8{,}854 \cdot 10^8\,\text{J}$$

Die Beheizung des Gebäudes kann dadurch $\frac{Q_H}{\dot{Q}_H} = 88540\,\text{s} = 24\,\text{h}\,35\,\text{min}\,40\,\text{s}$ gewährleistet werden.

Aufgabe 3.12 (X) Für ein Medium gilt folgende kalorische Zustandsgleichung:

$$u(v, T) = A\,v^a\,T^b + c_{v0}\,T$$

Die Größen A und c_{v0} sind dimensionsbehaftete, a und b sind dimensionslose Konstanten.

a) Geben Sie die Funktionen $c_v(v, T) = \left(\frac{\partial u}{\partial T}\right)_v$ und $c_T(v, T) = \left(\frac{\partial u}{\partial v}\right)_T$ an!
b) Welche Dimensionen besitzen A und c_{v0}?

Lösung:
a) Durch Ableitung erhält man sofort

$$c_v = \left(\frac{\partial u}{\partial T}\right)_V = \text{A}\,b\,v^a\,T^{b-1} + c_{v0} = c_v(v, T)$$

$$c_T = \left(\frac{\partial u}{\partial v}\right)_T = \text{A}\,a\,v^{a-1}\,T^b = c_T(v, T)$$

b) Die Dimensionen erhält man durch Einsetzen zu

$$[c_{v0}] = \frac{\mathrm{J}}{\mathrm{kg\,K}}, \quad [A] = \mathrm{J\,m^{-3a}\,kg^{a-1}\,K^{-b}}$$

Aufgabe 3.13 (XX) Das thermodynamische Verhalten eines Mediums ist durch die Zustandsgleichung $h = \sqrt{B p s^3}$ gegeben. Hierbei ist B eine Konstante, die anderen Bezeichnungen sind wie üblich definiert.

a) Welche physikalische Einheit muss die Größe B haben?
b) Hat die gegebene Zustandsgleichung eine besondere Bezeichnung? Leiten Sie die thermische Zustandsgleichung und die kalorische Zustandsgleichung des Mediums her!
c) Geben Sie die kanonische Form der inneren Energie für dieses Medium an!

Lösung:

a) Durch Vergleich der Einheiten der linken und der rechten Seite der Zustandsgleichung findet man $[B] = \left[\frac{h^2}{p\,s^3}\right] = \frac{\mathrm{m^2\,K^3\,kg}}{\mathrm{N\,J}} = \frac{\mathrm{s^4\,K^3}}{\mathrm{kg\,m}}$
b) Die gegebene Gleichung ist die kanonische Form einer spezifischen Enthalpie-Funktion $h = h(s, p)$ mit dem totalen Differenzial

$$dh = \left(\frac{\partial h}{\partial s}\right)_p ds + \left(\frac{\partial h}{\partial p}\right)_s dp$$

und dem ersten Hauptsatz in Enthalpieform $dh = T\,ds + v\,dp$ folgt durch Koeffizientenvergleich

$$T = \left(\frac{\partial h}{\partial s}\right)_p = \frac{3}{2}\sqrt{B p s} \tag{1}$$

und

$$v = \left(\frac{\partial h}{\partial p}\right)_s = \frac{1}{2}\sqrt{B s^3/p} \tag{2}$$

Aus Umstellung von (1) nach s folgt

$$s = \frac{4T^2}{9Bp} \tag{3}$$

Einsetzen von (3) in (2) ergibt die thermische Zustandsgleichung

$$p^2 v = \frac{4}{27}\frac{1}{B}T^3 \tag{4}$$

Die kalorische Zustandsgleichung ist normalerweise durch $u = u(v,\ T)$ gegeben

$$u = h - pv = \sqrt{Bps^3} - pv$$

und mit Hilfe von Gl. (2) erhält man $u = 1/2\sqrt{Bps^3}$.
Mit Hilfe der Beziehung für s aus Gl. (3) und der thermischen Zustandsgleichung (4) für p erhält man

$$ps^3 = \left(\frac{4T^2}{9B}\right)^3 \frac{1}{p^2} = \frac{4^2}{3^3B^2}T^3v \tag{5}$$

Gleichung (5) eingesetzt ergibt die kalorische Zustandsgleichung

$$u = u(v,T) = \frac{2}{3}\sqrt{\frac{vT^3}{3\text{B}}} = A\sqrt{vT^3} \quad \text{mit} \quad A = \frac{2}{\sqrt{27\text{B}}} \tag{6}$$

c) Gesucht ist die kanonische Form von $u = u(v,\ s)$.
Ersetzen von T durch v und s in Gl. (6) für $u = u(v,\ T)$.
Es ist aus Gl. (1) bzw. aus Gl. (2)

$$T^2 = \frac{9}{4}B\,p\,s \quad \text{und} \quad p = \frac{B\,s^3}{4\,v^2}$$

und somit nach Umformen

$$T = \frac{3}{4}B\,\frac{s^2}{v} \tag{7}$$

Mit Gl. (7) wird

$$u = u(v,\ s): \quad u = u(v,s) = \frac{1}{4}B\,\frac{s^3}{v} \tag{8}$$

Aufgabe 3.14 (XX) Die Fundamentalgleichung der freien Enthalpie für Helium $\left(1 - \text{atomig}: C^0_{p,m} = 5/2R_m\right)$ lautet

$$G = G(T,p,n) = n\left\{\alpha(T - T_0) - \alpha T\ln\frac{T}{T_0} + \beta T\ln\frac{p}{p_0}\right\}$$

mit $n =$ Molmenge, α, β anpassbare Koeffizienten und T_0, p_0 beliebig wählbare Bezugswerte für Temperatur und Druck mit der Forderung $G_0(T_0, p_0, n) = 0$.

a) Zeigen Sie, dass die folgende Beziehungen richtig sind

$$\left(\frac{\partial G}{\partial p}\right)_{T,n} = V \text{ und } \left(\frac{\partial G}{\partial T}\right)_{p,n} = -S$$

b) Berechnen Sie die Zustandsgleichung für

b1) das Volumen $V = V(T,p,n)$
b2) die Entropie $S = S(T,p,n)$
b3) die Enthalpie $H = H(T,p,n)$ und
b4) die molare Wärmekapazität $C_{p,m} = C_{p,m}(T,p)$!

Lösung:

a) Aus der Fundamentalgleichung für die freie Enthalpie $G(T,p,n)$ folgt für das totale Differenzial

$$dG(T,p,n) = \left(\frac{\partial G}{\partial T}\right)_{p,n} dT + \left(\frac{\partial G}{\partial p}\right)_{T,n} dp + \left(\frac{\partial G}{\partial n}\right)_{T,p} dn$$

Mit Hilfe der Definitionsgleichungen für G und H sowie der Gibbsschen Fundamentalgleichung findet man

$$\begin{aligned} dG &= d(H - TS) = d(U + pV - TS) = dU + d(pV) - d(TS) \\ &= \underbrace{TdS - pdV + \mu dn}_{=dU} + pdV + Vdp - SdT - TdS \\ &= -SdT + Vdp + \mu dn \end{aligned}$$

Koeffizientenvergleich mit dem ersten totalen Differenzial liefert

$$\left(\frac{\partial G}{\partial T}\right)_{p,n} = -S \left(\frac{\partial G}{\partial p}\right)_{T,n} = V \text{ und (nicht gefragt) } \left(\frac{\partial G}{\partial n}\right)_{T,p} = \mu$$

b1) Für das Volumen $V(T,p,n)$ gilt

$$V(T,p,n) = \left(\frac{\partial G(T,p,n)}{\partial p}\right)_{T,n} = n\beta T \frac{p_0}{p}\frac{1}{p_0} = \frac{n\beta T}{p}$$

b2) Für die Entropie $S(T,p,n)$ gilt

$$\begin{aligned} S(T,p,n) &= -\left(\frac{\partial G(T,p,n)}{\partial T}\right)_{p,n} \\ &= -n\alpha + n\alpha \ln \frac{T}{T_0} + n\alpha T \frac{T_0}{T}\frac{1}{T_0} - n\beta \ln \frac{p}{p_0} = n\left(\alpha \ln \frac{T}{T_0} - \beta \ln \frac{p}{p_0}\right) \end{aligned}$$

b3) Für die Enthalpie $H(T,p,n)$ gilt

$$\begin{aligned} H(T,p,n) &= G(T,p,n) + TS \\ &= n\left\{\alpha(T - T_0) - \alpha T \ln\frac{T}{T_0} + \beta T \ln\frac{p}{p_0}\right\} + T\underbrace{n\left(\alpha \ln\frac{T}{T_0} - \beta \ln\frac{p}{p_0}\right)}_{=S} \end{aligned}$$

Somit verbleibt $H(T,p,n) = n\alpha(T - T_0)$.

b4) Zur Bestimmung der <u>molaren</u> Wärmekapazität muss zunächst aus b3) die molare Enthalpie $H_m(T,p)$ bestimmt werden. Es gilt

$$H_m(T,p) = \frac{H(T,p,n)}{n} = \alpha(T - T_0)$$

Für die molare Wärmekapazität $C_{p,m}(T,p)$ gilt

$$C_{p,m}(T,p) = \left(\frac{\partial H_m(T,p)}{\partial T}\right)_p = \alpha$$

Stoffe und deren thermodynamische Beschreibung (Materialgesetze)

4

Im vierten Kapitel von Thermodynamik *kompakt* wird dargestellt, wie das Verhalten eines Stoffes in der Thermodynamik beschrieben wird. Dies zeigt uns, wie z. B. seine Temperatur mit anderen Zustandsgrößen verknüpft ist. In diesem Kapitel werden Aufgaben angegeben, die hierfür relevant sind. Die wichtigsten Formeln werden zusammengefasst, sowie Kurzfragen und Rechenaufgaben vorgestellt und ausführlich gelöst.

4.1 Die wichtigsten Definitionen und Formeln

Gibbssche Phasenregel

$$F = K + 2 - P \tag{4.4}$$

(F = Freiheitsgrade, K = Anzahl der Komponenten, P = Anzahl der Phasen)

Steigung der Dampfdruckkurve (Clausius-Clapeyronsche Gleichung)

$$\frac{dp}{dT} = \frac{s'' - s'}{v'' - v'} \tag{4.8}$$

$$\frac{dp}{dT} = \frac{1}{T}\frac{h'' - h'}{v'' - v'} = \frac{1}{T}\frac{r}{v'' - v'}, \qquad r = h'' - h' = T\left(s'' - s'\right) \tag{4.9}$$

Hierbei kennzeichnet $'$ die gerade siedende Flüssigkeit und $''$ die gerade vollständig verdampfte Flüssigkeit.

B. Weigand et al., *Thermodynamik kompakt – Formeln und Aufgaben*,
DOI 10.1007/978-3-662-49701-2_4

Zustandsgleichungen (allgemein)

$$\beta = \frac{1}{v}\left(\frac{\partial v}{\partial T}\right)_p, \quad \gamma = \frac{1}{p}\left(\frac{\partial p}{\partial T}\right)_V, \quad \chi = -\frac{1}{v}\left(\frac{\partial v}{\partial p}\right)_T \tag{4.10}$$

Die Größe β ist der isobare Ausdehnungskoeffizient, γ ist der isochore Spannungskoeffizient und χ ist der isotherme Kompressibilitätskoeffizient. Für die drei Größen gilt allgemein

$$\beta = p\,\gamma\,\chi \tag{4.11}$$

Eine thermische Zustandsgleichung hat die Form

$$f(p, V, T) = 0 \tag{4.1}$$

Eine kalorische Zustandsgleichung hat die Form

$$f(U, V, T) = 0 \quad \text{bzw.} \quad U = U(V, T) \quad \text{bzw.} \quad u = u(v, T) \tag{4.12}$$

Allgemein gilt (dies folgt aus den Gl. (4.13)–(4.15)) für die spezifische innere Energie

$$du = \left(\frac{\partial u}{\partial v}\right)_T dv + \left(\frac{\partial u}{\partial T}\right)_v dT = \left(T\left(\frac{\partial p}{\partial T}\right)_v - p\right) dv + c_v(v, T)\, dT$$

Für h, s gilt allgemein

$$dh = \left(\frac{\partial h}{\partial p}\right)_T dp + \left(\frac{\partial h}{\partial T}\right)_p dT = \left(\frac{\partial h}{\partial p}\right)_T dp + c_p(p, T)\, dT \tag{4.16}$$

$$ds = \left\{\frac{1}{T}\left(\frac{\partial u}{\partial v}\right)_T + \frac{p}{T}\right\} dv + \frac{c_v}{T} dT \tag{4.23}$$

Beziehungen für das ideale Gas Thermische Zustandsgleichung

$$pV = mRT, \quad pv = RT, \quad pV = n\,R_m T \tag{4.24}$$

Koeffizienten β, γ, χ

$$\beta = \frac{1}{T}, \quad \gamma = \frac{1}{T}, \quad \chi = \frac{1}{p} \tag{4.25}$$

Kalorische Zustandsgleichung

$$U - U(T = T_0) = U - U_0 = \int_{T_0}^{T} C_v(\tilde{T})\, d\tilde{T} \tag{4.28}$$

$$h = u + pv = \int_{T_0}^{T} c_v(\tilde{T}) d\tilde{T} + u_0 + RT = \int_{T_0}^{T} c_p(\tilde{T}) d\tilde{T} + h_0 \tag{4.30}$$

Für den Sonderfall, dass C_v bzw. C_p konstant ist, erhält man

$$U - U_0 = C_v(T - T_0) = m\,c_v(T - T_0)$$
$$H - H_0 = C_p(T - T_0) = m\,c_p(T - T_0)$$

Hierbei gilt für das ideale Gas

$$c_p(T) - c_v(T) = R$$

Entropieänderung

$$s - s_0 = R \ln\left(\frac{v}{v_0}\right) + c_v \ln\left(\frac{T}{T_0}\right) \tag{4.35}$$

$$s - s_0 = c_v \ln\left(\frac{p}{p_0}\right) + c_p \ln\left(\frac{v}{v_0}\right) = c_p \ln\left(\frac{T}{T_0}\right) - R \ln\left(\frac{p}{p_0}\right) \tag{4.36}$$

Beziehungen für das reale Gas Thermische Zustandsgleichung für ein van-der-Waals-Fluid

$$\left(p + \frac{a}{v^2}\right)(v - b) = RT \tag{4.37}$$

bzw. in reduzierten Variablen

$$\left(\bar{p} + \frac{3}{\bar{v}^2}\right)(3\bar{v} - 1) = 8\bar{T} \tag{4.41}$$

$$\bar{p} = \frac{p}{p_K}, \quad \bar{v} = \frac{v}{v_K}, \quad \bar{T} = \frac{T}{T_K} \tag{4.40}$$

Die beiden stoffspezifischen Konstanten a und b ergeben sich aus den Größen am kritischen Punkt zu

$$a = 3p_K v_K^2, \quad b = v_K/3, \quad \frac{p_K v_K}{RT_K} = \frac{3}{8} \tag{4.39}$$

Koeffizienten β, γ, χ

$$\beta = \frac{(v-b)Rv^2}{RTv^3 - 2a(v-b)^2}, \quad \gamma = \frac{Rv^2}{RTv^2 - a(v-b)},$$
$$\chi = \frac{(v-b)^2 v^2}{RTv^3 - 2a(v-b)^2} \tag{4.42}$$

Kalorische Zustandsgleichung für ein van-der-Waals-Fluid

$$du = \frac{a}{v^2}dv + c_v(T)\,dT, \quad u - u_0 = \left(\frac{a}{v_0} - \frac{a}{v}\right) + \int_{T_0}^{T} c_v(\tilde{T})\,d\tilde{T} \tag{4.45}$$

Für $c_v =$ konst. ergibt sich

$$u - u_0 = \left(\frac{a}{v_0} - \frac{a}{v}\right) + c_v(T - T_0) \qquad (4.47)$$

Weiterhin gilt

$$c_p - c_v = \frac{T\, v\, \beta^2}{\chi}$$

Entropieänderung für $c_v =$ konst.

$$s - s_0 = c_v \ln\left(\frac{T}{T_0}\right) + R \ln\left(\frac{v - b}{v_0 - b}\right) \qquad (4.50)$$

Beziehungen für den realen Stoff im Nassdampfgebiet Definition Dampfgehalt

$$x = \frac{m_{Dampf}}{m_{Gesamt}} = \frac{m_{Dampf}}{m_{Dampf} + m_{Flüssigkeit}} = \frac{m''}{m'' + m'} \qquad (4.2)$$

Berechnung von spezifischen Größen im Nassdampfgebiet

$$h = h' + x\,(h'' - h') = h' + xr$$
$$s = s' + x\,(s'' - s'), \quad u = u' + x\,(u'' - u'), \quad v = v' + x\big(v'' - v'\big)$$

4.2 Verständnisfragen

Frage 1: Wie viele Freiheitsgrade hat eine Mischung aus drei Stoffen, bei der zwei verschiedene Phasen auftreten?

Frage 2: Nennen Sie zwei Gründe, warum man mit der Gleichung für das ideale Gas kein reales Verhalten eines Stoffs (z. B. Verflüssigung) beschreiben kann!

Frage 3: Was ist eine Zustandsgleichung? Welche unterschiedlichen Formen von Zustandsgleichungen gibt es?

Frage 4: Leiten Sie aus Gl. (4.9) einen Zusammenhang $p(T)$ für die Dampfdruckkurve her, indem Sie das spezifische Volumen der Flüssigkeit gegenüber dem des Dampfes vernachlässigen und die Verdampfungsenthalpie $r =$ konst. setzen!

Frage 5: Leiten Sie die Beziehung nach Gl. (4.11) her, indem Sie das totale Differenzial des Druckes als Funktion von T und V bilden! Werten Sie diesen Ausdruck dann für $p =$ konst. aus!

Frage 6: Zeigen Sie aus dem ersten Hauptsatz, dass für $v =$ konst. ($c_v =$ konst.) $q_{12} = c_v(T_2 - T_1)$ und für $p =$ konst. ($c_p =$ konst.) $q_{12} = c_p(T_2 - T_1)$ gilt!

Frage 7: Nehmen Sie an, dass für ein ideales Gas die spezifische Wärmekapazität bei konstantem Volumen linear von der Temperatur abhängt ($c_v = a_0 + a_1 T$)! Welchen Zusammenhang erhält man dann für die spezifische innere Energie nach Gl. (4.28)?

Frage 8: Zeigen Sie, dass die Koeffizienten β, γ, χ nach Gl. (4.42) für das van-der-Waals-Gas in die Ausdrücke nach Gl. (4.25) für das ideale Gas übergehen, wenn a und b gegen null gehen!

Frage 9: Zeigen Sie, dass die kalorische Differenz $c_p - c_v$ gleich R wird, wenn Sie in Gl. (4.48) a und b gegen null gehen lassen!

Frage 10: Leiten Sie für einen realen Stoff je eine Beziehung analog zu Gl. (4.51) für die spezifische freie Enthalpie und die spezifische freie Energie aus den Definitionen dieser Größen her!

Frage 11: Was versteht man unter der Maxwellschen Geraden?

Frage 12: Warum spricht man davon, dass die van-der-Waals-Gleichung in reduzierten Variablen einen universellen Charakter hat?

Frage 13: Was versteht man unter van-der-Waals-Typ-Zustandsgleichungen?

Frage 14: Was beschreibt die Clausius-Clapeyronsche Gleichung?

Frage 15: In einer Fernsehshow wird ein Trick vorgeführt, bei dem man über einen Barren aus Eis einen dünnen Draht mit zwei Gewichten an beiden Enden hängt. Nach einiger Zeit durchtrennt der Draht den Eisblock. Erklären Sie anhand der Abb. 4.5 im Buch, warum dies mit einem Block aus gefrorenem Wasser, aber nicht mit einem Block aus gefrorenem Kohlendioxid funktioniert!

Antworten auf die Verständnisfragen

Antwort zu Frage 1: Nach der Gibbsschen Phasenregel, Gl. (4.4), gilt: $F = K + 2 - P$. K kennzeichnet hierin die Anzahl der Komponenten und ist hier gleich 3. P ist die Anzahl der Phasen und gleich 2. Damit ergibt sich für die Anzahl der Freiheitsgrade: $F = 3 + 2 - 2 = 3$.

Antwort zu Frage 2: Zwei Gründe sind z. B.:

- In der Gleichung für das ideale Gas wird keine Interaktion zwischen den einzelnen Molekülen berücksichtigt.
- Das Eigenvolumen der Moleküle wird in der Gleichung für das ideale Gas vernachlässigt.

Antwort zu Frage 3: Eine Zustandsgleichung gibt uns den Zusammenhang zwischen Zustandsgrößen für einen bestimmten Stoff an. Es gibt die folgenden Zustandsgleichungen: Kanonische Zustandsgleichung, kalorische Zustandsgleichung, thermische Zustandsgleichung. Aus einer kanonischen Zustandsgleichung lassen sich die thermische und die kalorische Zustandsgleichung ableiten.

Antwort zu Frage 4: Vernachlässigen wir v' im Vergleich zu v'' in Gl. (4.9) und nehmen wir an, dass wir den Dampf als ideales Gas beschreiben können: $v'' = RT/p$ so ergibt sich

$$\frac{dp}{dT} = \frac{1}{T}\frac{r}{v''} = \frac{1}{T}\frac{rp}{RT} = \frac{p}{T^2}\frac{r}{R}$$

Diese Gleichung lässt sich nun leicht integrieren, wenn wir die spezifische Verdampfungsenthalpie $r =$ konst. und gleich r_0 annehmen. Man erhält

$$\frac{dp}{dT} = \frac{p}{T^2}\frac{r_0}{R}, \quad \frac{dp}{p} = \frac{r_0}{R}\frac{dT}{T^2} \text{ und hieraus } p = p_0 \exp\left(\frac{r_0}{R}\left(\frac{1}{T_0} - \frac{1}{T}\right)\right)$$

Hierbei ist p_0 ein Bezugsdruck bei einer Bezugstemperatur T_0. Man sieht an dieser Gleichung sehr schön, wie der Druck mit der Temperatur bei der Verdampfung zusammenhängt. Obwohl wir viele einschränkende Annahmen gemacht haben, stimmt die oben angegebene Gleichung doch sehr gut mit der Realität überein.

Antwort zu Frage 5: Stellt man das totale Differenzial von $p = f(V,T)$ auf, so erhält man

$$dp = \left(\frac{\partial p}{\partial V}\right)_T dV + \left(\frac{\partial p}{\partial T}\right)_V dT$$

Für $p =$ konst. ergibt sich

$$\left(\frac{\partial V}{\partial T}\right)_p = -\left(\frac{\partial p}{\partial T}\right)_V \left(\frac{\partial V}{\partial p}\right)_T$$

Setzen wir nun in diese Gleichung die Definitionen für β, γ, χ ein, so erhalten wir $\beta V = -\gamma p(-\chi V)$ und hieraus folgt sofort Gl. (4.11).

Antwort zu Frage 6: Aus Gl. (3.12) folgt für $v =$ konst. $du = \delta q$. Ersetzen wir du durch Gl. (4.13) und beachten, dass sich v nicht ändert, so erhalten wir $\delta q = c_v dT$. Integrieren wir diese Gleichung, so ergibt sich $q_{12} = c_v(T_2 - T_1)$. Aus Gl. (3.14) und (4.16) folgt analog $q_{12} = c_p(T_2 - T_1)$ für $p =$ konst.

Antwort zu Frage 7: Wir gehen von Gl. (4.28) für spezifische Größen aus und setzen dort unseren Ansatz ein

$$u - u_0 = \int_{T_0}^{T} c_v(\tilde{T})\, d\tilde{T} = \int_{T_0}^{T} \left(a_0 + a_1\tilde{T}\right) d\tilde{T} = a_0(T - T_0) + \frac{1}{2}a_1\left(T^2 - T_0^2\right)$$

Hieraus folgt nun, dass

$$u - u_0 = a_0(T - T_0) + \frac{1}{2}a_1\left(T^2 - T_0^2\right) = c_v\left(\bar{T}\right)(T - T_0), \quad \bar{T} = \frac{1}{2}(T + T_0)$$

Man erhält also das Ergebnis, dass man lediglich die spezifische Wärme bei konstantem Volumen bei der mittleren Temperatur $(T + T_0)/2$ nehmen muss.

Antwort zu Frage 8: Lassen wir a und b in Gl. (4.42) gegen Null gehen, so ergibt sich

$$\beta|_{\substack{a\to 0\\ b\to 0}} = \frac{(v-b)Rv^2}{RTv^3 - 2a(v-b)^2} = \frac{vRv^2}{RTv^3} = \frac{1}{T}$$

Für die Größe γ erhält man

$$\gamma|_{\substack{a\to 0\\ b\to 0}} = \frac{Rv^2}{RTv^2 - a(v-b)} = \frac{Rv^2}{RTv^2} = \frac{1}{T}$$

Für die Größe χ ergibt sich schließlich

$$\chi|_{\substack{a\to 0\\ b\to 0}} = \frac{(v-b)^2v^2}{RTv^3 - 2a(v-b)^2} = \frac{v^2v^2}{RTv^3} = \frac{v}{RT}$$

Aus der thermischen Zustandsgleichung, Gl. (4.37), für das van-der-Waals-Fluid sieht man, dass $v/(RT) = 1/p$ ist für den Fall, wenn a und b gegen Null gehen. Damit ist gezeigt, dass β, γ, χ in die Größen für das ideale Gas für diesen Fall übergehen.

Antwort zu Frage 9: Aus Gl. (4.48) sehen wir, dass gilt

$$c_p - c_v = R/\left(1 - \frac{2a(v-b)^2}{RTv^3}\right)$$

Für ein ideales Gas gilt $a = b = 0$. Damit erhält man sofort $c_p - c_v = R$, also den Zusammenhang für ein ideales Gas.

Antwort zu Frage 10: Wir gehen von der Definition der freien Enthalpie und der freien Energie aus und spalten diese analog zum Volumen nach Gl. (4.2) in der Anteile der flüssigen und dampfförmigen Phase auf:

$$F = F_{Flüssigkeit} + F_{Dampf} = m'f' + m''f'' \,, \quad f = f' + x\,(f'' - f')$$
$$G = G_{Flüssigkeit} + G_{Dampf} = m'g' + m''g'' \,, \quad g = g' + x\,(g'' - g')$$

Antwort zu Frage 11: Die Maxwellsche Gerade ist eine horizontale Verbindungsgerade im p,v-Diagramm im Nassdampfgebiet, die bei einer Isothermen so eingeführt wird, dass die Flächen unterhalb und oberhalb der Geraden gleich sind (siehe auch Abb. 4.6 in Thermodynamik *kompakt*).

Antwort zu Frage 12: Gleichung (4.41) ist die van-der-Waals-Gleichung in reduzierten Variablen. Man erkennt an dieser Gleichung, dass keinerlei stoffspezifische Größen wie z. B. R, a, b in dieser Gleichung auftreten. Sie ist also für alle Stoffe gleich und hat deshalb einen universellen Charakter.

Antwort zu Frage 13: Unter van-der-Waals-Typ-Zustandsgleichungen versteht man thermische Zustandsgleichungen nach Gl. (4.44), bei denen es immer eine kubische Abhängigkeit von v in der Gleichung gibt.

Antwort zu Frage 14: Die Clausius-Clapeyronsche Gleichung gibt die Steigung der Dampfdruckkurve dp/dT an.

Antwort zu Frage 15: An der Abb. 4.5 im Thermobuch erkennt man, dass durch eine Drucksteigerung bei konstanter Temperatur ein Phasenwechsel von fest zu flüssig bei Wasser erfolgen kann, da die Erstarrungslinie nach links gekrümmt ist. Bei Kohlendioxid ist die gleiche Kurve nach rechts gekrümmt. Das bedeutet, dass durch eine Drucksteigerung kein Phasenwechsel von fest nach flüssig erfolgen kann.

4.3 Rechenaufgaben

Aufgabe 4.1 (XX) Berechnen Sie anhand der in Tab. 4.1 angegebenen Zustandsvariablen für Wasser die Koeffizienten β, γ und χ für die Zustände 5 und 17. Ersetzen Sie dabei die Differenzialquotienten vereinfachend durch Differenzenquotienten.

Lösung:

a) Isobarer Ausdehnungskoeffizient

$$\beta = \frac{1}{V}\left(\frac{\partial V}{\partial T}\right)_p \text{ wird umgeformt in } \beta = -\frac{1}{\rho}\left(\frac{\partial \rho}{\partial T}\right)_p$$

Tab. 4.1 Ausgewählte Zustandsgrößen für Wasser

Zustand		Druck p/[bar]	Temperatur t/[°C]	Dichte ρ/[kg/m³]
1	flüssig	90	40	996,12
2	flüssig	90	50	991,97
3	flüssig	90	60	987,07
4	flüssig	100	40	996,61
5	flüssig	100	50	992,36
6	flüssig	100	60	987,46
7	flüssig	110	40	997,01
8	flüssig	110	50	992,75
9	flüssig	110	60	987,95
11	gasförmig	21	370	7,32
12	gasförmig	21	380	7,20
13	gasförmig	21	390	7,08
14	gasförmig	21	400	6,96
15	gasförmig	21	410	6,85
16	gasförmig	22	390	7,42
17	gasförmig	22	400	7,30
18	gasförmig	22	410	7,18
19	gasförmig	23	390	7,77
20	gasförmig	23	400	7,64
21	gasförmig	23	410	7,51
22	gasförmig	23	420	7,40
23	gasförmig	23	430	7,28

Nun werden die Differenzialquotienten durch Differenzen ersetzt

$$\beta_5 = -\frac{1}{\rho_5}\left(\frac{\rho_6 - \rho_4}{T_6 - T_4}\right)_{p=p_5} = 4{,}61022 \cdot 10^{-4}\,\frac{1}{\mathrm{K}} \text{ und analog:}$$

$$\beta_{17} = -\frac{1}{\rho_{17}}\left(\frac{\rho_{18} - \rho_{16}}{T_{18} - T_{16}}\right)_{p=p_{17}} = 1{,}64384 \cdot 10^{-3}\,\frac{1}{\mathrm{K}}$$

b) Isochorer Spannungskoeffizient

$$\gamma = \frac{1}{p}\left(\frac{\partial p}{\partial T}\right)_V \qquad V = \text{konst.} \rightarrow \rho = \text{konst.}$$

Die Temperaturwerte für konstante Dichte müssen durch Interpolation gewonnen werden, da diese in der Tabelle nicht gegeben sind. Das heißt: Interpolation der Temperatur für Zustand 5 zwischen Zustand 1 und 2 (1*) und zwischen Zustand 8 und 9 (8*) und analog für Zustand 17 zwischen Zustand 11 und 12 (11*) und zwischen Zustand 22 und 23 (22*). Daraus ergibt sich

Zustand 1*: $p_{1*} = 90\,\text{bar},\ t_{1*} = 49{,}05\,°\text{C},\ \rho_{1*} = 992{,}36\,\text{kg/m}^3$
Zustand 8*: $p_{8*} = 110\,\text{bar},\ t_{8*} = 50{,}82\,°\text{C},\ \rho_{8*} = 992{,}36\,\text{kg/m}^3$
Zustand 11*: $p_{11*} = 21\,\text{bar},\ t_{11*} = 371{,}8898\,°\text{C},\ \rho_{11*} = 7{,}30\,\text{kg/m}^3$
Zustand 22*: $p_{22*} = 23\,\text{bar},\ t_{22*} = 428{,}3491\,°\text{C},\ \rho_{22*} = 7{,}30\,\text{kg/m}^3$

Nach Ersetzen der Differenzialquotienten durch Differenzenquotienten erhält man

$$\gamma_5 = \frac{1}{p_5}\left(\frac{p_{8*} - p_{1*}}{T_{8*} - T_{1*}}\right)_{\rho=\rho_5} = 1{,}13 \cdot 10^{-1}\,\frac{1}{\text{K}} \text{ und analog}$$

$$\gamma_{17} = \frac{1}{p_{17}}\left(\frac{p_{22*} - p_{11*}}{T_{22*} - T_{11*}}\right)_{\rho=\rho_{17}} = 1{,}61 \cdot 10^{-3}\,\frac{1}{\text{K}}$$

c) Isothermer Kompressibilitätskoeffizient
$\chi = -\frac{1}{V}\left(\frac{\partial V}{\partial p}\right)_T$ wird analog zu β umgeformt in $\chi = +\frac{1}{\rho}\left(\frac{\partial \rho}{\partial p}\right)_T$
und die Differenzialquotienten werden wieder durch Differenzenquotienten ersetzt

$$\chi_5 = +\frac{1}{\rho_5}\left(\frac{\rho_8 - \rho_2}{p_8 - p_2}\right)_{T=T_5} = 3{,}93 \cdot 10^{-10}\,\frac{\text{m}^2}{\text{N}} \text{ und}$$

$$\chi_{17} = +\frac{1}{\rho_{17}}\left(\frac{\rho_{20} - \rho_{14}}{p_{20} - p_{14}}\right)_{T=T_{17}} = 4{,}66 \cdot 10^{-7}\,\frac{\text{m}^2}{\text{N}}$$

Aufgabe 4.2 (XX) Es soll angenommen werden, dass das thermische Verhalten eines Systems mit der Masse 1 kg in einem gewissen Zustandsbereich durch die thermische Zustandsgleichung

$$pv = RT\left(1 - \frac{B}{vT}\right)$$

wiedergegeben wird (Rankine, 1854).

a) Wie lautet die thermische Zustandsgleichung $\Phi(p, V, T)$ für eine beliebige Masse m ?
b) Leiten Sie durch Differenzieren die Funktionen $\beta\,(p,V)$, $\gamma\,(p,V)$ und $\chi\,(p,V)$ her!
c) Kontrollieren Sie die Ergebnisse!
d) Weisen Sie nach, dass β, γ und χ intensive Zustandsgrößen sind!

Lösung:

a) Das spezifische Volumen ist $v = V/m$. Setzt man diesen Ausdruck in die thermische Zustandsgleichung aus der Aufgabenstellung ein, so ergibt sich

$$p\frac{V}{m} = RT\left(1 - \frac{mB}{VT}\right) \quad \text{bzw.} \quad pV = mRT\left(1 - \frac{mB}{VT}\right)$$

mit $\tilde{R} = mR$ und $\tilde{B} = mB$ folgt:
$pV = \tilde{R}T\left(1 - \frac{\tilde{B}}{VT}\right)$; gleiche Form wie die Ausgangsgleichung
$\Phi(p, V, T) = pV - \tilde{R}T\left(1 - \frac{\tilde{B}}{VT}\right) = 0$ bzw. $\Phi(p, V, T) = pV - \tilde{R}T + \tilde{R}\frac{\tilde{B}}{V} = 0$

b) Der isobare Ausdehnungskoeffizient ist definiert durch $\beta \equiv \frac{1}{V}\left(\frac{\partial V}{\partial T}\right)_p$
Durch implizites Differenzieren (siehe auch Anhang A im Lehrbuch) erhält man

$$\left(\frac{\partial \Phi}{\partial T}\right)_p = V\underbrace{\left(\frac{\partial p}{\partial T}\right)_p}_{=0} + p\left(\frac{\partial V}{\partial T}\right)_p - T\underbrace{\left(\frac{\partial \tilde{R}}{\partial T}\right)_p}_{=0} - \tilde{R}\underbrace{\left(\frac{\partial T}{\partial T}\right)_p}_{=1} - \tilde{R}\tilde{B}\frac{1}{V^2}\left(\frac{\partial V}{\partial T}\right)_p = 0$$

$$\left(\frac{\partial \Phi}{\partial T}\right)_p = \left(\frac{\partial V}{\partial T}\right)_p\left(p - \frac{\tilde{R}\tilde{B}}{V^2}\right) - \tilde{R} = 0 \quad \Leftrightarrow \quad \left(\frac{\partial \Phi}{\partial T}\right)_p = \underbrace{\frac{1}{V}\left(\frac{\partial V}{\partial T}\right)_p}_{=\beta}\left(pV - \frac{\tilde{R}\tilde{B}}{V}\right) - \tilde{R} = 0$$

Hieraus folgt $\beta(p, V) = \dfrac{\tilde{R}V}{pV^2 - \tilde{R}\tilde{B}}$

Der isochore Spannungskoeffizient ist definiert durch $\gamma \equiv \frac{1}{p}\left(\frac{\partial p}{\partial T}\right)_V$

$$\left(\frac{\partial \Phi}{\partial T}\right)_V = V\left(\frac{\partial p}{\partial T}\right)_V - \tilde{R} = 0$$

$$\underbrace{\frac{1}{p}\left(\frac{\partial p}{\partial T}\right)_V}_{=\gamma} - \frac{\tilde{R}}{Vp} = 0; \quad \text{Hieraus folgt } \gamma(p, V) = \frac{\tilde{R}}{Vp}$$

Der isotherme Kompressibilitätskoeffizient ist definiert durch $\chi \equiv -\frac{1}{V}\left(\frac{\partial V}{\partial p}\right)_T$

$$\left(\frac{\partial \Phi}{\partial p}\right)_T = p\left(\frac{\partial V}{\partial p}\right)_T + V\underbrace{\left(\frac{\partial p}{\partial p}\right)_T}_{=1} - \tilde{R}\tilde{B}\frac{1}{V^2}\left(\frac{\partial V}{\partial p}\right)_T = 0$$

$$\left(\frac{\partial \Phi}{\partial p}\right)_T = \left(\frac{\partial V}{\partial p}\right)_T\left(p - \frac{\tilde{R}\tilde{B}}{V^2}\right) + V = 0; \quad \text{Hieraus folgt} \underbrace{-\frac{1}{V}\left(\frac{\partial V}{\partial p}\right)_T}_{=\chi}\left(p - \frac{\tilde{R}\tilde{B}}{V^2}\right) - 1 = 0$$

Man erhält also $\chi(p, V) = \frac{V^2}{pV^2 - \tilde{R}\tilde{B}}$

c) $p\gamma\chi = \beta$

$$p\frac{\tilde{R}}{Vp}\frac{V^2}{pV^2 - \tilde{R}\tilde{B}} = \beta \quad \text{bzw.} \quad p\frac{\tilde{R}}{Vp}\frac{V^2}{pV^2 - \tilde{R}\tilde{B}} = \frac{\tilde{R}V}{pV^2 - \tilde{R}\tilde{B}}$$

Hieran erkennt man, dass die Gleichung erfüllt ist.

d) Eine Zustandsgröße ist intensiv, wenn sie sich bei einer Vergrößerung des Systems um einen Faktor λ nicht ändert. Mit λ ändern sich die extensiven Größen $m \to \lambda m$ und $V \to \lambda V$ und damit auch $\tilde{R} \to \lambda\tilde{R}$ und $\tilde{B} \to \lambda\tilde{B}$, nicht aber die intensiven Größen p und T.

$\beta(p, \lambda V) = \frac{\lambda\tilde{R}\lambda V}{p\lambda^2 V^2 - \lambda\tilde{R}\lambda\tilde{B}} = \frac{\tilde{R}V}{pV^2 - \tilde{R}\tilde{B}}$ unabhängig vom Faktor λ, damit

ist $\beta(p, V)$ eine intensive Zustandsgröße, $\gamma(p, V)$ und $\chi(p, V)$ analog.

Aufgabe 4.3 (XXX) Es soll beim Druck $p = 100$ bar ein isobarer Prozess mit Wasser vom Zustand 1 mit $t_1 = 20$ °C in den Zustand 2 mit $t_2 = 70$ °C untersucht werden. Gegeben sind

- die Dichte im Zustand 1: $\rho_1 = 1002{,}81\,\text{kg/m}^3$,
- der isobare Ausdehnungskoeffizient im Zustand 1: $\beta_1 = 2{,}146 \cdot 10^{-4}$ 1/K,
- das spezifische Volumen im Zustand 2: $v_2 = 0{,}0010183$ m³/kg,
- die spezifische Wärmekapazität von Wasser: $c_W = 4155\,\text{J/(kg K)}$

Hierbei ist c_W als konstant für den ganzen Prozessbereich anzusehen.

a) Gesucht ist der isobare Ausdehnungskoeffizient β als Funktion der Temperatur zwischen t_1 und t_2 beim Druck p. Die Funktion soll die Form einer linearen Gleichung haben.

b) Stellen Sie eine Tabelle auf, in der neben den Temperaturen 20, 30,....., 80 °C die spezifischen Volumina angegeben sind! Verwenden Sie bei der Berechnung die unter a) gefundene Funktion!

c) Berechnen Sie die spezifische Volumenänderungsarbeit und tragen Sie die Werte in die Tabelle ein!

d) Berechnen Sie die spezifische Wärme für den Prozessweg und erweitern Sie die Tabelle noch um diese Größe!

e) Skizzieren Sie den Prozessweg in einem räumlichen p,v,T - Diagramm!

Lösung:

a) Wir berechnen den isobaren Ausdehnungskoeffizienten aus der Definition durch lineare Approximation des Differenzialquotienten:

$$\beta = \frac{1}{v}\left(\frac{\partial v}{\partial T}\right)_p \approx \frac{1}{\bar{v}}\,\frac{v_2 - v_1}{T_2 - T_1}, \quad \text{mit} \quad \bar{v} = v((T_1 + T_2)/2) \text{ und } v_1 = \frac{1}{\rho_1}$$

Hieraus ergibt sich mit den angegebenen Werten

$$\beta(45\,°\mathrm{C}) = \frac{1}{v(45\,°\mathrm{C})}\frac{v_2 - v_1}{T_2 - T_1} = 4,187 \cdot 10^{-4}\ 1/\mathrm{K}$$

mit $v(45\,°\mathrm{C}) = \frac{1}{2}(v(70\,°\mathrm{C}) + v(20\,°\mathrm{C})) = 0,001008\ \frac{\mathrm{m}^3}{\mathrm{kg}}$

Da angegeben ist, dass die Funktion für den isobaren Ausdehnungskoeffizienten linear sein soll, erhält man

$$\beta(t) = \beta_1 + \frac{\beta(45\,°\mathrm{C}) - \beta_1}{45\,°\mathrm{C} - t_1}(t - t_1) = \beta_1 + 8,167 \cdot 10^{-6}(t - t_1)$$

b) Integriert man die Definition des isobaren Ausdehnungskoeffizienten nach der Temperatur, so erhält man

$$\int\limits_{v_1}^{v} \frac{d\bar{v}}{\bar{v}} = \int\limits_{T_1}^{T} \beta\, d\bar{T}, \quad \ln\left(\frac{v}{v_1}\right) = \int\limits_{T_1}^{T} \beta \cdot d\bar{T}$$

Verwendet man nun die obige Gleichung für β, so lassen sich die spezifischen Volumina in Tab. 4.2 berechnen

$$v = v_1 \exp\left\{\beta_1(t - t_1) + \frac{1}{2} \cdot 8,167 \cdot 10^{-6}(t - t_1)^2\right\}$$

c) Für die isobare Zustandsänderung lässt sich die spezifische Volumenänderungsarbeit nach Gl. (2.7) wie folgt berechnen

$$w_{V,12} = -p(v_2 - v_1)$$

d) Für die übertragene spezifische Wärme bei dieser isobaren Zustandsänderung erhält man

$$q_{12} = h_2 - h_1 = \int\limits_{t_1}^{t_2} c_W(T)\, dT = c_W(t_2 - t_1)$$

e) Abbildung 4.1 zeigt die schematische 3D Darstellung des Prozesswegs.

Tab. 4.2 Berechnete Größen aus den einzelnen Aufgabenteilen

t/[°C]	v/[m³/kg]	$w_{V,12}$/[J/kg]	q_{12}/[J/kg]
20	$0,9972\ 10^{-3}$	0	0
30	$0,99975\ 10^{-3}$	−25,5	41550
40	$1,00312\ 10^{-3}$	−59,2	83100
50	$1,00733\ 10^{-3}$	−101,3	124650
60	$1,01239\ 10^{-3}$	−151,9	166200
70	$1,01830\ 10^{-3}$	−211	207750
80	$1,02508\ 10^{-3}$	−278,8	249300

Abb. 4.1 Schematische Darstellung des Prozesswegs in einem p,v,T-Diagramm

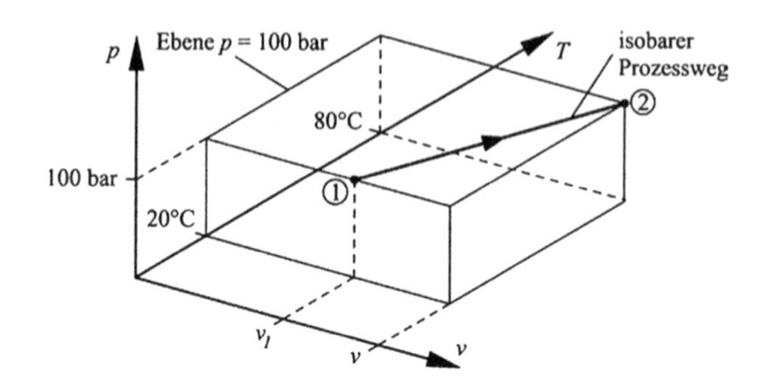

Aufgabe 4.4 (X) Gegeben ist die Zustandsgleichung eines gasförmigen Mediums:

$$pv = CT^a + bTp$$

a, b und C sind Konstanten.

a) Welche physikalische Einheit besitzt die Konstante b?

b) Wie lautet das totale Differenzial der allgemeinen Beziehung $v = v(p, T)$ für die angegebene Zustandsgleichung?

c) Bestimmen Sie anhand der Zustandsgleichung die Gleichungen für den isobaren Ausdehnungskoeffizienten β, den isothermen Kompressibilitätskoeffizienten χ und den isochoren Spannungskoeffizienten γ!

d) Kontrollieren Sie Ihr Ergebnis für γ anhand des Zusammenhangs der drei Koeffizienten!

Es wird nun angenommen, dass die Konstante a den Wert 1 und die Konstante b den Wert 0 annimmt.

e) Welche Art von Gas liegt in diesem Fall vor?

Lösung:

a) Alle Summanden müssen dieselbe Einheit haben

$$[pv] = [CT^a] = [bTp]$$

Hieraus folgt: $[pv] = [bTp]$ und $[v] = [bT]$, damit ist $[b] = \left[\frac{v}{T}\right] = \frac{\mathrm{m}^3}{\mathrm{kg\,K}}$

b) Das totale Differenzial für v lautet allgemein

$$dv = \left(\frac{\partial v}{\partial p}\right)_T dp + \left(\frac{\partial v}{\partial T}\right)_p dT$$

Einsetzen der Zustandsgleichung in diesen Ausdruck ergibt

$$dv = \left(-\frac{CT^a}{p^2}\right) dp + \left(\frac{Ca}{p} T^{a-1} + b\right) dT$$

c) Man erhält die einzelnen Größen β, χ, γ einfach durch implizite Differentiation aus der Zustandsgleichung

$$\beta = \frac{1}{v}\left(\frac{\partial v}{\partial T}\right)_p = \frac{1}{v}\left(\frac{Ca}{p}T^{a-1} + b\right)$$

$$\chi = -\frac{1}{v}\left(\frac{\partial v}{\partial p}\right)_T = -\frac{1}{v}\left(-\frac{CT^a}{p^2}\right) = \frac{CT^a}{vp^2}$$

$$\gamma = \frac{1}{p}\left(\frac{\partial p}{\partial T}\right)_v \quad \text{mit} \quad p = \frac{CT^a}{v - bT} \text{ folgt}$$

$$\gamma = \frac{1}{p}\left(\frac{\partial p}{\partial T}\right)_v = \frac{1}{p}\left(\frac{aCT^{a-1}(v - bT) + bCT^a}{(v - bT)^2}\right)$$

Einsetzen von $v = \frac{CT^a}{p} + bT$ ergibt

$$\gamma = \frac{1}{p}\left(\frac{\partial p}{\partial T}\right)_v = \frac{a}{T} + \frac{bp}{CT^a}$$

d) Wir leiten nun nochmals γ aus der allgemeinen Gleichung her und zeigen, dass dies gleich ist zu dem weiter oben bestimmten Ausdruck.

$$\gamma = \frac{\beta}{p\chi} = \frac{\frac{1}{v}\left(\frac{Ca}{p}T^{a-1} + b\right)}{p\left(\frac{CT^a}{vp^2}\right)} = \frac{\frac{CaT^{a-1}}{vp} + \frac{bp}{vp}}{\frac{CT^a}{vp}} = \frac{a}{T} + \frac{bp}{CT^a}$$

e) $pv = CT$. Man erkennt, dass es sich hier um ein ideales Gas handelt.

Aufgabe 4.5 (XX) Der Druck auf ein Stück Metall mit der Masse $m = 1\,\text{kg}$ und der Temperatur $T_1 = 300\,\text{K}$ wird bei *konstanter Temperatur* auf reversiblem Weg von $p_1 = 1$ bar auf $p_2 = 4000$ bar langsam erhöht. Die Temperatur der Umgebung ist ebenfalls T_1. Die spezifische Wärmekapazität c_p, der isobare Ausdehnungskoeffizient β und der isotherme Kompressibilitätsfaktor χ sind als konstant anzusehen. Das Metall ist hier als nahezu inkompressibel zu behandeln, das soll heißen:

- differenzielle Änderungen dV des Volumens sind zu berücksichtigen,
- aber wenn das Volumen V selbst irgendwo auftritt, kann es als nahezu konstant betrachtet werden: $V \approx V_1 = m/\rho$ mit konstanter Dichte ρ.

Es ist zu beachten, dass die innere Energie des Metalls in diesem Fall nicht konstant bleibt. Gegeben sind die Größen

$$\beta = 31{,}5 \cdot 10^{-6}\,\text{K}^{-1}, \quad \chi = 0{,}7777 \cdot 10^{-6}\,\text{bar}^{-1}, \quad c_p = 385{,}6\,\text{J}/(\text{kg K}),$$
$$\rho = 9000\,\text{kg}/\text{m}^3.$$

a) Wie groß ist die Volumenänderungsarbeit?
Hinweis: Bilden Sie das totale Differenzial dV des Volumens $V = V(p,T)$ und verwenden Sie die Näherung von oben: $V \approx V_1$!
b) Wie groß ist die mit der Umgebung ausgetauschte Wärme Q_{12}?
Hinweis: Bilden Sie das totale Differenzial dS der Entropie $S = S(p,T)$ und verwenden Sie eine der Maxwell-Beziehungen!
c) Wie groß ist die Änderung $(U_2 - U_1)$ der inneren Energie?
d) Wie groß wäre die Temperaturänderung bei *reversibel adiabater* Verdichtung von p_1 auf p_2?
Hinweis: Betrachten Sie wieder $S = S(p,T)$!

Lösung:

a) Wir bilden zunächst das totale Differenzial des Volumens $V = V(p,T)$ und erhalten

$$dV = \left(\frac{\partial V}{\partial p}\right)_T dp + \left(\frac{\partial V}{\partial T}\right)_p dT$$

Setzen wir dV in die Definition der Volumenänderungsarbeit nach Gl. (2.7) ein und beachten, dass der Prozess isotherm abläuft, so ergibt sich

$$W_{V,12} = -\int_1^2 p\,dV = -\int_1^2 \left(p\left(\frac{\partial V}{\partial p}\right)_T dp + p\left(\frac{\partial V}{\partial T}\right)_p \underbrace{dT}_{0}\right), \text{ also}$$

$$W_{V,12} = -\int_1^2 p\left(\frac{\partial V}{\partial p}\right)_T dp$$

mit $\chi = -\frac{1}{V}\left(\frac{\partial V}{\partial p}\right)_T = \text{konst.}$ folgt

$$W_{V,12} = \int_1^2 \chi V p\,dp = \chi V_1 \int_1^2 p\,dp = \frac{1}{2}\chi V_1\left(p_2^2 - p_1^2\right) = \frac{1}{2}\chi\frac{m}{\rho}\left(p_2^2 - p_1^2\right) = 69{,}0667\,\mathrm{J}$$

b) Wir bilden zunächst das totale Differenzial der Entropie $S = S(p,T)$ und erhalten

$$dS = \left(\frac{\partial S}{\partial p}\right)_T dp + \left(\frac{\partial S}{\partial T}\right)_p \underbrace{dT}_{0}$$

Für die reversible Entropieänderung gilt Gl. (3.22) $dS = \frac{\delta Q_{rev}}{T}$
Damit ergibt sich für die übertragene Wärme bei diesem isothermen Prozess

$$\delta Q = T_1 dS = T_1\left(\frac{\partial S}{\partial p}\right)_T dp$$

mit der Maxwell-Beziehung $\left(\frac{\partial S}{\partial p}\right)_T = -\left(\frac{\partial V}{\partial T}\right)_p$ nach Gl. (3.77) folgt hieraus

$\delta Q = -T_1\left(\frac{\partial V}{\partial T}\right)_p dp$ mit $\beta = \frac{1}{V}\left(\frac{\partial V}{\partial T}\right)_p$ ergibt sich $\delta Q = -T_1\,\beta V\,dp$, wobei wiederum β als konstant angenommen wird. Man erhält somit

$$Q_{12} = -\int_1^2 T_1\beta V dp = -\,T_1\beta V(p_2 - p_1) = -\,419{,}895\,\text{J}$$

c) Die Änderung der inneren Energie berechnet sich einfach aus dem ersten Hauptsatz für ein geschlossenes System, Gl. (3.8) zu

$$U_2 - U_1 = Q_{12} + W_{12} = -350{,}828\,\text{J}$$

d) Nehmen wir an, dass es sich um eine reversibel adiabate Verdichtung handelt, dann gilt $Q_{12} = 0$ (da adiabat).

Für die Entropieänderung erhält man

$S = S(p, T)$ und $dS = \left(\frac{\partial S}{\partial p}\right)_T dp + \left(\frac{\partial S}{\partial T}\right)_p dT = 0$ (reversibel adiabat)

Diese Gleichung formen wir um, so dass wir die Temperaturänderung bestimmen können.

$$dT = -\left(\frac{\partial S}{\partial p}\right)_T dp \Big/ \left(\frac{\partial S}{\partial T}\right)_p$$

In dieser Gleichung wird nun der Zähler wieder durch die Maxwellsche Beziehung nach Gl. (3.77) ersetzt.

$$dT = \frac{\left(\frac{\partial V}{\partial T}\right)_p}{\left(\frac{\partial S}{\partial T}\right)_p} dp, \text{ wobei} \left(\frac{\partial S}{\partial T}\right)_p = \frac{mc_p}{T}, \text{ da } c_p = \left(\frac{\partial h}{\partial T}\right)_p$$

Damit ergibt sich

$$mc_p\frac{dT}{T} = \left(\frac{\partial V}{\partial T}\right)_p dp = \beta V dp$$

bzw. nach Integration $mc_p \ln\left(\frac{T_2}{T_1}\right) = \beta V(p_2 - p_1)$

Damit erhält man schließlich für die Temperatur nach der Verdichtung

$$T_2 = T_1 \exp\left(\frac{\beta}{c_p\rho}(p_2 - p_1)\right) = 301{,}091\,\text{K}, \quad \text{bzw.} \quad T_2 - T_1 = 1{,}091\,\text{K}$$

Aufgabe 4.6 (X) Gegeben sei folgende differenzielle Form der Fundamentalgleichung für die Entropie

$$Tds = dh - vdp$$

Bei den folgenden Aufgaben besitze das betrachtete Fluid die Eigenschaften eines idealen Gases. Die spezifische Wärmekapazität c_p sei konstant.

a) Leiten Sie obige Beziehung aus der Gibbsschen Fundamentalgleichung her!
b) Benutzen Sie die oben angegebene Fundamentalgleichung, um die Änderung der spezifischen Entropie in Abhängigkeit von Temperatur und Druck herzuleiten!
c) Berechnen Sie mit Hilfe von Aufgabenteil b) einen Ausdruck für den Zusammenhang zwischen Druck und Temperatur bei adiabat/isentroper Prozessführung!

Lösung:

a) Es gilt

$$\begin{aligned} &du = Tds - pdv, \quad d(h - pv) = Tds - pdv \\ &\text{Hieraus folgt} \quad dh - pdv - vdp + pdv = Tds \\ &\text{Man erhält } Tds = dh - vdp \end{aligned}$$

b) Division durch T und anschließende Integration ergibt

$$ds = \frac{dh}{T} - \frac{v}{T}dp = \frac{c_p dT}{T} - \frac{R}{p}dp$$

$$s - s_0 = \int_{T_0}^{T} \frac{c_p dT}{T} - \int_{p_0}^{p} \frac{R}{p}dp = c_p \ln \frac{T}{T_0} - R \ln \frac{p}{p_0}$$

c) Bei adiabat/isentroper Prozessführung bleibt die Entropie konstant. Es gilt hier

$$s - s_0 = 0$$

Somit folgt

$$c_p \ln \frac{T}{T_0} = R \ln \frac{p}{p_0}, \quad \frac{T}{T_0} = \left(\frac{p}{p_0}\right)^{\frac{R}{c_p}}$$

Ferner gilt

$$\frac{R}{c_p} = \frac{\kappa - 1}{\kappa}$$

Damit ergibt sich

$$\frac{T}{T_0} = \left(\frac{p}{p_0}\right)^{\frac{\kappa-1}{\kappa}}$$

Aufgabe 4.7 (XX) Das thermodynamische Verhalten eines Mediums ist durch die folgende Zustandsgleichung

$$h - h_0 = \frac{1}{A^2}\sqrt{ps^4}$$

gegeben. Hierbei sind A und h_0 Konstanten.

a) Geben Sie die physikalische Einheit der Größen A und h_0, in den SI-Basiseinheiten kg, m, s und K an!
b) Um welche Art von Zustandsgleichung handelt es sich? Begründen Sie Ihre Aussage mithilfe der Abhängigkeiten der Zustandsgrößen!
c) Leiten Sie die thermische Zustandsgleichung $F(p, v, T) = 0$ des Mediums her! Stellen Sie hierzu das totale Differenzial der Zustandsgleichung sowie die Gibbssche Fundamentalgleichung der Enthalpie auf! Erläutern Sie Ihr Vorgehen!
d) Leiten Sie die kalorische Zustandsgleichung $h(p, T)$ des Mediums her! Erläutern Sie Ihr Vorgehen!
e) Geben Sie die spezifische isobare Wärmekapazität für dieses Medium an!

Mithilfe der Vereinfachung $h_0 = 0$ ergibt sich die kalorische Zustandsgleichung $u(v, T)$ des Mediums zu

$$u(v, T) = \frac{1}{4}\sqrt[3]{A^4T^4v}$$

f) Geben Sie unter Verwendung dieser kalorischen Zustandsgleichung $u(v, T)$ sowie der thermischen Zustandsgleichung $F(p, v, T) = 0$ aus Aufgabenteil c) die kanonische Form der inneren Energie des Mediums an!

Lösung:

a) Die spezifische Enthalpie h_0 hat die Einheit $[h_0] = \frac{\mathrm{m}^2}{\mathrm{s}^2}$. Damit erhält man für die Einheit der Konstanten A: $[A] = \sqrt[4]{\frac{\mathrm{kg\,m}^3}{\mathrm{s}^6\mathrm{K}^4}}$
b) Die gegebene Gleichung ist die kanonische Form einer spezifischen Enthalpie-Funktion eines Reinstoffes: $h = h(s, p)$
c) Das totale Differenzial der Enthalpie lautet

$$dh = \left(\frac{\partial h}{\partial s}\right)_p ds + \left(\frac{\partial h}{\partial p}\right)_s dp$$

Die Gibbssche Fundamentalgleichung der spezifischen Enthalpie lautet (vgl. Gl. (3.56) im Lehrbuch)

$$dh = Tds + vdp$$

Ein Koeffizientenvergleich ergibt

$$T = \left(\frac{\partial h}{\partial s}\right)_p$$

$$v = \left(\frac{\partial h}{\partial p}\right)_s$$

Mit der gegebenen Gleichung für die spezifische Enthalpie erhält man nach Ableiten und Umstellen

$$T = \left(\frac{\partial h}{\partial s}\right)_p = \frac{2}{A^2} s \sqrt{p} \tag{1}$$

$$v = \left(\frac{\partial h}{\partial p}\right)_s = \frac{1}{2} \frac{s^2}{A^2} \frac{1}{\sqrt{p}} \tag{2}$$

Gesucht ist der Zusammenhang $F(p, v, T) = 0$. Daher muss s aus den Gleichungen eliminiert werden und durch einen Zusammenhang in Abhängigkeit von p, v, T ersetzt werden.
Aus Gl. (1) folgt:

$$s = \frac{1}{2} A^2 T \frac{1}{\sqrt{p}} \tag{3}$$

Aus Gl. (3) folgt zusammen mit Gl. (2)

$$v = \frac{1}{8} A^2 \frac{T^2}{\sqrt{p^3}} \tag{4}$$

Aus Gl. (4) folgt dann der gesuchte Zusammenhang

$$F(p, v, T) = \frac{1}{8} A^2 \frac{T^2}{\sqrt{p^3}} - v = 0$$

d) Gesucht ist der Zusammenhang $h(p, T)$. Daher muss s eliminiert werden und durch einen Zusammenhang in Abhängigkeit von p, T ersetzt werden.
Aus Gl. (3) und der gegebenen kanonischen Zustandsgleichung folgt

$$h - h_0 = \frac{1}{4} A^2 T^2 \frac{1}{\sqrt{p}}$$

e) Die spezifische Wärmekapazität bei konstantem Druck ist definiert als

$$c_p = \left(\frac{\partial h}{\partial T}\right)_p$$

Mit der gegebenen Gleichung für die spezifische Enthalpie folgt daraus durch Differentiation

$$c_p = \left(\frac{\partial h}{\partial T}\right)_p = \frac{1}{2} A^2 T \frac{1}{\sqrt{p}}$$

f) Gesucht ist der Zusammenhang $u(v, s)$. Ausgehend von $u(v, T)$ muss T in Abhängigkeit von v und s eliminiert werden. Aus $u(v, T)$ erhält man mit Hilfe von Gl. (1) und Gl. (2)

$$u(v, s) = \frac{1}{4} \frac{s^4}{A^4} \frac{1}{v}$$

Aufgabe 4.8 (X): Berechnen Sie für zwei Zustände 1 und 2 des Edelgases Argon die Steigungen der Isochoren und der Isobaren im T,s –Diagramm!

Folgende Größen sind gegeben:

spezifische Gaskonstante: $R = 208{,}13 \ \frac{\text{J}}{\text{kg K}}$

kritischer Druck: $p_K = 48{,}65$ bar

kritische Temperatur: $T_K = 150{,}7$ K

Für das Edelgas Argon ist die spezifische Wärmekapazität c_v als von der Temperatur unabhängig anzusehen; sie hat den Wert $c_v/R = 3/2$.

a) Im Zustand 1, in dem der Druck $p_1 = 1$bar und die Temperatur $T_1 = 300$ K herrschen, ist Argon als ideales Gas zu behandeln.

b) Im Zustand 2, in dem die Dichte $\rho_2 = 782$ kg/m^3 und die Temperatur $T_2 = 300$ K vorgegeben sind, ist Argon als van-der-Waals-Gas zu behandeln.

Lösung:

Steigung der Isochoren im T,s – Diagramm: $\left(\frac{\partial T}{\partial s}\right)_v$

Steigung der Isobaren im T,s – Diagramm: $\left(\frac{\partial T}{\partial s}\right)_p$

Es gilt (Lehrbuch Gl. 4.22): $c_v = \left(\frac{\partial u}{\partial T}\right)_v = T\left(\frac{\partial s}{\partial T}\right)_v$

Analog gilt außerdem: $c_p = \left(\frac{\partial h}{\partial T}\right)_p = T\left(\frac{\partial s}{\partial T}\right)_p$

a) Ideales Gas: $c_p - c_v = R$. Hieraus folgt $c_p = 5/2R$. Für die Steigungen der Isochoren und der Isobaren erhält man

$$\left(\frac{\partial T}{\partial s}\right)_{v,T_1} = \frac{T_1}{c_v} = \frac{2T_1}{3R} = 0,9609\ \frac{\text{kg K}^2}{\text{J}}$$

$$\left(\frac{\partial T}{\partial s}\right)_{p,T_1} = \frac{T_1}{c_p} = \frac{2T_1}{5R} = 0,5766\ \frac{\text{kg K}^2}{\text{J}}$$

Hieran sieht man sehr schön, dass die Isobare immer flacher im *T,s*-Diagramm verläuft als die Isochore.

b) Das spezifisches Volumen im Zustand 2 berechnet sich aus der Dichte

$$v_2 = \frac{1}{\rho_2} = 1,279 \cdot 10^{-3}\frac{\text{m}^3}{\text{kg}}$$

Für ein van-der-Waals-Gas gilt nach Gl. (4.48) im Lehrbuch Thermodynamik *kompakt*

$$c_p - c_v = \frac{Tv^3R^2}{v^3RT - 2a(v-b)^2}$$

Die Konstanten *a, b* erhält man nach Gl. (4.39) zu

$$\frac{p_K v_K}{RT_K} = \frac{3}{8}, \quad a = 3p_K v_K^2, \quad b = \frac{v_K}{3}$$

Daraus ergibt sich

$$v_K = \frac{3}{8}\frac{RT_K}{p_K} = 2,418 \cdot 10^{-3}\ \frac{\text{m}^3}{\text{kg}}, \quad a = 85,33\ \frac{\text{m}^5}{\text{s}^2\text{kg}}, \quad b = 8,060 \cdot 10^{-4}\ \frac{\text{m}^3}{\text{kg}}$$

Damit ergibt sich für Zustand 2: $c_p = 606,3\ \frac{\text{J}}{\text{kg K}}$

Die Berechnung der Steigungen erfolgt nun analog zum ersten Aufgabenteil

$$\left(\frac{\partial T}{\partial s}\right)_{v,T_2} = \frac{T_2}{c_v} = \frac{2T_2}{3R} = 0,9609\ \frac{\text{kg K}^2}{\text{J}}$$

$$\left(\frac{\partial T}{\partial s}\right)_{p,T_2} = \frac{T_2}{c_p} = 0,4948\ \frac{\text{kg K}^2}{\text{J}}$$

Anwendungen der Hauptsätze

5

Im fünften Kapitel von Thermodynamik *kompakt* werden Anwendungen der im dritten Kapitel dargestellten Hauptsätze für einfache Systeme diskutiert, wobei der Schwerpunkt auf der Darstellung von Beispielen mit realen und idealen Gasen liegt. In diesem Kapitel werden hierzu Aufgaben angegeben, die dafür relevant sind. Die wichtigsten Formeln werden zusammengefasst, sowie Kurzfragen und Rechenaufgaben vorgestellt und ausführlich gelöst.

5.1 Die wichtigsten Definitionen und Formeln

Carnot Kreisprozess

$$\eta_{th} = 1 - \frac{(-Q_{34})}{Q_{12}} = 1 - \frac{T_3(S_3 - S_4)}{T_1(S_2 - S_1)} = 1 - \frac{T_3}{T_1} \tag{5.4}$$

Die Summe der reduzierten Wärmen ist für den Carnot Kreisprozess gleich Null.

$$\frac{Q_{12}}{T_1} + \frac{Q_{34}}{T_3} = 0 \tag{5.6}$$

Die Gesamtentropieerhöhung (Prozess, Heißkörper und Kaltkörper) ist

$$\Delta S_{ges} = -Q_{34}\left(\frac{1}{T_{KK}} - \frac{T_1}{T_3}\frac{1}{T_{HK}}\right) \tag{5.9}$$

Ideale Gase Eine Zusammenfassung aller Gleichungen für **einfache Zustandsänderungen idealer Gase** ist in Tab. 5.1 angegeben.

Die Originalversion des Kapitels wurde revidiert: Ausführliche Informationen finden Sie im Erratum. Ein Erratum zu diesem Kapitel ist verfügbar unter DOI 10.1007/978-3-662-49701-2_8

B. Weigand et al., *Thermodynamik kompakt – Formeln und Aufgaben*,
DOI 10.1007/978-3-662-49701-2_5

Tab. 5.1 Zustandsänderungen für ein ideales Gas

	Isotherme	Isobare	Isochore	reversibel Adiabate	Polytrope
	$T = konst.$	$p = konst.$	$v = konst.$	$\delta q = 0, s = konst.$	$pv^n = konst.$
Beziehung zwischen Zuständen 1 und 2				$p_1 v_1^\kappa = p_2 v_2^\kappa$	$p_1 v_1^n = p_2 v_2^n$
	$p_1 v_1 = p_2 v_2$	$\frac{v_1}{v_2} = \frac{T_1}{T_2}$	$\frac{p_1}{T_1} = \frac{p_2}{T_2}$	$T_1 v_1^{\kappa-1} = T_2 v_2^{\kappa-1}$	$T_1 v_1^{n-1} = T_2 v_2^{n-1}$
				$\frac{T_1^{\kappa/(\kappa-1)}}{p_1} = \frac{T_2^{\kappa/(\kappa-1)}}{p_2}$	$\frac{T_1^{n/(n-1)}}{p_1} = \frac{T_2^{n/(n-1)}}{p_2}$
p, v	$p = \frac{p_1 v_1}{v}$	$p = p_1$	$v = v_1$	$p = \frac{p_1 v_1^\kappa}{v^\kappa}$	$p = \frac{p_1 v_1^n}{v^n}$
p, T	$T = T_1$	$p = p_1$	$p = \frac{p_1}{T_1} T$	$p = \frac{p_1}{T_1^{\kappa/(\kappa-1)}} T^{\kappa/(\kappa-1)}$	$p = \frac{p_1}{T_1^{n/(n-1)}} T^{n/(n-1)}$
v, T	$T = T_1$	$v = \frac{v_1}{T_1} T$	$v = v_1$	$T = \frac{T_1 v_1^{\kappa-1}}{v^{\kappa-1}}$	$T = \frac{T_1 v_1^{n-1}}{v^{n-1}}$
q_{12}	$q_{12} = p_1 v_1 \ln \frac{p_1}{p_2}$	$q_{12} = c_p (T_2 - T_1)$	$q_{12} = c_v (T_2 - T_1)$	$q_{12} = 0$	$q_{12} = c_v \frac{n-\kappa}{n-1} (T_2 - T_1)$
$w_{V,12}$	$w_{V,12} = -q_{12}$	$w_{V,12} = -p_1 (v_2 - v_1)$	$w_{V,12} = 0$	$w_{V,12} = \frac{p_1 v_1}{\kappa-1} \left[\left(\frac{v_1}{v_2} \right)^{\kappa-1} - 1 \right]$	$w_{V,12} = \frac{p_1 v_1}{n-1} \left[\left(\frac{v_1}{v_2} \right)^{n-1} - 1 \right]$
$s_2 - s_1$	$s_2 - s_1 = R \ln \left(\frac{p_1}{p_2} \right)$	$s_2 - s_1 = c_p \ln \left(\frac{T_2}{T_1} \right)$	$s_2 - s_1 = c_v \ln \left(\frac{T_2}{T_1} \right)$	$s_2 - s_1 = 0$	$s_2 - s_1 = c_v \frac{n-\kappa}{n-1} \ln \left(\frac{T_2}{T_1} \right)$

Gemische idealer Gase

Der Massenanteil ξ_i und der Molanteil ψ_i sind definiert durch

$$\xi_i = \frac{m_i}{m}, \quad \psi_i = \frac{n_i}{n} \tag{5.36}$$

Der Partialdruck p_i der Komponente i ist definiert durch

$$p_i = \psi_i p \tag{5.37}$$

Zwischen den Molanteilen und Massenanteilen besteht der Zusammenhang

$$\xi_i = \frac{M_i n_i}{\sum\limits_{k=1}^{K} M_k n_k} = \frac{M_i}{M_G}\psi \tag{5.39}$$

Die thermische Zustandsgleichung für ein Gemisch idealer Gase lautet

$$p_i V = m_i R_i T, \quad p_i V = n_i R_m T, \quad pV = mR_G T \tag{5.40}$$

$$\sum_{k=1}^{K} p_k = p \tag{5.41}$$

$$R_G = \frac{1}{m}\sum_{k=1}^{K} m_k R_k = \sum_{k=1}^{K} \xi_k R_k \tag{5.42}$$

Für die kalorischen Eigenschaften von Gemischen idealer Gase ergibt sich (für konstante Werte von c_v und c_p)

$$\begin{aligned} U_G &= \sum_{k=1}^{K} U_k = \sum_{k=1}^{K} m_k u_k = \sum_{k=1}^{K} c_{vk} m_k T \\ H_G &= \sum_{k=1}^{K} H_k = \sum_{k=1}^{K} m_k h_k = \sum_{k=1}^{K} c_{pk} m_k T \end{aligned} \tag{5.43}$$

Hieraus folgt für die spezifischen Wärmekapazitäten eines Gemisches

$$c_{vG} = \sum_{k=1}^{K} c_{vk}\xi_k, \quad c_{pG} = \sum_{k=1}^{K} c_{pk}\xi_k \tag{5.44}$$

Entropieänderung bei der Vermischung von K verschiedenen Gaskomponenten

$$S_2 - S_1 = R_m\left[n \ln n - \sum_{k=1}^{K} n_k \ln n_k\right] \tag{5.49}$$

Adiabate Drosselung eines idealen Gases

$$h + \frac{c^2}{2} + gz = \text{konst. bzw. } h_1 + \frac{c_1^2}{2} + gz_1 = h_2 + \frac{c_2^2}{2} + gz_2 \tag{5.50}$$

$$h_1 = h_2 \text{ bzw. } dh = 0 \tag{5.51}$$

Reale Gase Eine Zusammenfassung aller Gleichungen für **einfache Zustandsänderungen realer Gase** ist in Tab. 5.2 angegeben.

Adiabate Drosselung eines realen Gases

$$\delta_h = \left(\frac{\partial T}{\partial p}\right)_h = -\frac{v}{c_p}(1 - \beta T)$$

Isenthalper Drosselkoeffizient δ_h ($\delta_h < 0$: Erwärmung, $\delta_h > 0$: Abkühlung)

Realer Stoff im Nassdampfgebiet
-Isobare Zustandsänderung

$$q_{12} = T(s_2 - s_1) = T\left(s'' - s'\right)(x_2 - x_1) \tag{5.78}$$

$$w_{V,12} = -\int_1^2 p dv = -p(v_2 - v_1) = -p\left(v'' - v'\right)(x_2 - x_1) \tag{5.79}$$

-Isochore Zustandsänderung

$$q_{12} = u_2 - u_1 = u_2' + x_2\left(u_2'' - u_2'\right) - u_1' - x_1\left(u_1'' - u_1'\right) \tag{5.80}$$

-Adiabate Zustandsänderung

$$w_{V,12} = u_2 - u_1 = u_2' + x_2\left(u_2'' - u_2'\right) - u_1' - x_1\left(u_1'' - u_1'\right) \tag{5.81}$$

5.2 Verständnisfragen

Frage 1: Welche Zustandsgrößen bleiben jeweils bei einer isobaren, isothermen, isochoren, isenthalpen, reversibel adiabaten und polytropen Zustandsänderung eines idealen Gases konstant?

Frage 2: Welche Zustandsgrößen bleiben jeweils bei einer isobaren, isothermen, isochoren, isenthalpen und reversibel adiabaten Zustandsänderung eines realen Stoffes im Nassdampfgebiet konstant?

Tab. 5.2 Zustandsänderungen für ein van-der-Waals-Gas ($p_{\mathrm{M}} = p + a/v^2,\ \ v_u = v - b,\ \chi_{\mathrm{M}} = (c_v + R)/c_v$)

	Isotherme	Isobare	Isochore	reversibel Adiabate
	$T = konst.$	$p = konst.$	$v = konst.$	$\delta q = 0, s = konst.$
Beziehung zwischen Zuständen 1 und 2	$p_{\mathrm{M1}} v_{\mathrm{M1}} = p_{\mathrm{M2}} v_{\mathrm{M2}}$	$\dfrac{RT_1}{v_{\mathrm{M1}}} - \dfrac{a}{v_1^2} = \dfrac{RT_2}{v_{\mathrm{M2}}} - \dfrac{a}{v_2^2}$	$\dfrac{p_1 + a/v_1^2}{T_1} = \dfrac{p_2 + a/v_1^2}{T_2}$	$p_{\mathrm{M1}} v_{\mathrm{M1}}^{\kappa_{\mathrm{M}}} = p_{\mathrm{M2}} v_{\mathrm{M2}}^{\kappa_{\mathrm{M}}}$ $T_1 v_{\mathrm{M1}}^{R/c_v} = T_2 v_{\mathrm{M2}}^{R/c_v}$
p, v	$p = p_{\mathrm{M}} \dfrac{v_{\mathrm{M1}}}{v_{\mathrm{M}}} - \dfrac{a}{v^2}$	$p = p_1$	$v = v_1$	$p = -\frac{a}{v^2} + p_{\mathrm{M1}} \left(\frac{v_{\mathrm{M1}}}{v_{\mathrm{M}}}\right)^{\chi_{\mathrm{M}}}$
p, T	$T = T_1$	$p = p_1$	$p = \frac{T}{T_1} p_{\mathrm{M1}} - \frac{a}{v_1^2}$	$p = -\frac{a}{v^2} + p_{\mathrm{M1}} \left(\frac{T}{T_1}\right)^{(c_v+R)/R}$
v, T	$T = T_1$	$T = T_1 \frac{v_{\mathrm{M}}}{v_{\mathrm{M1}}} + \frac{a}{R} v_{\mathrm{M}} \left(\frac{1}{v^2} - \frac{1}{v_1^2}\right)$	$v = v_1$	$T = T_1 \left(\frac{v_{\mathrm{M1}}}{v_{\mathrm{M}}}\right)^{R/c_v}$
q_{12}	$q_{12} = RT_1 \ln \left(\dfrac{v_{\mathrm{M2}}}{v_{\mathrm{M1}}}\right)$	$q_{12} = \dfrac{a}{v_1} - \dfrac{a}{v_2} + c_v(T_2 - T_1) + p_1(v_2 - v_1)$	$q_{12} = c_v(T_2 - T_1)$	$q_{12} = 0$
$w_{V,12}$	$w_{V,12} = RT_1 \ln \left(\dfrac{v_{\mathrm{M1}}}{v_{\mathrm{M2}}}\right) + \frac{a}{v_1} - \frac{a}{v_2}$	$w_{V,12} = -p_1 (v_2 - v_1)$	$w_{V,12} = 0$	$w_{V,12} = \frac{a}{v_1} - \frac{a}{v_2} + c_v(T_2 - T_1)$
$s_2 - s_1$	$s_2 - s_1 = R \ln \left(\dfrac{v_{\mathrm{M2}}}{v_{\mathrm{M1}}}\right)$	$s_2 - s_1 = c_v \ln \left(\frac{T_2}{T_1}\right) + R \ln \left(\frac{v_{\mathrm{M2}}}{v_{\mathrm{M1}}}\right)$	$s_2 - s_1 = c_v \ln \left(\frac{T_2}{T_1}\right)$	$s_2 - s_1 = 0$

Frage 3: Wie groß ist der thermische Wirkungsgrad einer Carnot-Maschine, die zwischen den beiden Temperaturen 1200 K und 300 K betrieben wird?

Frage 4: Die Carnot-Maschine aus Frage 3 wird nun reibungsbehaftet betrieben. Wie ändert sich der thermische Wirkungsgrad und warum?

Frage 5: Die Carnot-Maschine aus Frage 3 wird zwischen zwei Wärmebehältern $T_{HK} =$ 1200 K und $T_{KK} = 300$ K betrieben. Zwischen Wärmebehälter und Kreisprozess herrscht jeweils 50 K Temperaturdifferenz. Wie ändert sich der thermische Wirkungsgrad aus Frage 3?

Frage 6: Was ist leichter: Trockene Luft (Luft ohne Wasserdampf) oder feuchte Luft (Luft mit Wasserdampf)? Beide Komponenten (Luft und Wasserdampf) dürfen als ideales Gas behandelt werden.

Frage 7: Luft kann als ein Gemisch idealer Gase betrachtet werden. Das Gemisch setzt sich zusammen aus den Volumenanteilen 78 % Stickstoff ($M_{\mathrm{N}_2} = 28{,}013$ kg/kmol), 21 % Sauerstoff ($M_{\mathrm{O}_2} = 31{,}999$ kg/kmol) und rund 1 % Argon ($M_{\mathrm{Ar}} = 39{,}948$ kg/kmol). Berechnen Sie die Gaskonstante von Luft!

Frage 8: Betrachten Sie eine adiabate Drosselung in einem mit Gas durchströmten, horizontal liegenden Rohr! Das Gas strömt mit einer hohen Geschwindigkeit durch das Rohr. Wie lautet für diesen Fall der erste Hauptsatz für dieses offene System?

Frage 9: Wie sind der isenthalpe und der isotherme Drosselkoeffizient definiert? Was sagt der isenthalpe Drosselkoeffizient aus?

Frage 10: Was beschreibt die Joule-Thomson Inversionslinie?

Frage 11: Berechnen Sie formelmäßig für eine isenthalpe, adiabate Zustandsänderung im Nassdampfgebiet die umgesetzte spezifische Volumenänderungsarbeit!

Frage 12: Bei einer reversibel adiabaten Zustandsänderung im Nassdampfgebiet ist der Ausgangspunkt 1 vollständig bekannt (s_1, x_1, v_1, p, T). Vom Zustand 2 ist der Druck bekannt (und somit die Größen auf der Grenzkurve). Berechnen Sie den Dampfgehalt x_2!

Antworten auf die Verständnisfragen

Antwort zu Frage 1: Es bleiben die folgenden Zustandsgrößen bei den jeweiligen Zustandsänderungen des idealen Gases konstant:

- Isobare Zustandsänderung: $p =$ konst.
- Isotherme Zustandsänderung: $T =$ konst.
- Isochore Zustandsänderung: $v =$ konst.
- Isenthalpe Zustandsänderung: $h =$ konst.
- Rev. adiabate Zustandsänderung: $s =$ konst. und $pv^\kappa =$ konst.
- Polytrope Zustandsänderung: $pv^n =$ konst.

Antwort zu Frage 2: Bei den Zustandsänderungen des realen Stoffs im Nassdampfgebiet bleiben bei den jeweiligen Zustandsänderungen die folgenden Zustandsgrößen konstant:

- Isobare Zustandsänderung: p und $T =$ konst.
- Isotherme Zustandsänderung: T und $p =$ konst.
- Isochore Zustandsänderung: $v =$ konst.
- Isenthalpe Zustandsänderung: $h =$ konst.
- Rev. adiabate Zustandsänderung: $s =$ konst.

Antwort zu Frage 3: Der thermische Wirkungsgrad einer Carnot-Maschine berechnet sich nach Gl. (5.4) zu $\eta_{th} = 1 - T_3/T_1$. Für $T_3 = 300$ K und $T_1 = 1200$ K erhält man $\eta_{th} = 1 - 300/1200 = 0{,}75$.

Antwort zu Frage 4: Wird die Maschine reibungsbehaftet betrieben, so wird der thermische Wirkungsgrad geringer als der aus Frage 3, da die obere Prozesstemperatur geringer bzw. die untere Prozesstemperatur dann höher als die aus Frage 3 sind.

Antwort zu Frage 5: Damit gilt, dass $T_1 = 1150$ K und $T_3 = 350$ K sind. Damit erhält man $\eta_{th} = 1 - 350/1150 = 0{,}696$.

Antwort zu Frage 6: Feuchte Luft ist leichter, da die Molmasse von Wasser geringer ist als die von Luft. Man erkennt das z. B. auch daran, dass es in der Küche und im Bad immer an der Decke feucht wird und nicht am Boden.

Antwort zu Frage 7: Die Volumenanteile (Raumanteile) sind gegeben. Damit berechnet sich die Molmasse des Gemisches nach Gl. (5.39) zu

$$M_{Luft} = \sum_{k=1}^{K} \psi_k M_k = 0{,}78\, M_{\mathrm{N_2}} + 0{,}21\, M_{\mathrm{O_2}} + 0{,}01\, M_{\mathrm{Ar}} = 28{,}969\,\mathrm{kg/kmol}$$

Die Gaskonstante der Luft ergibt sich einfach aus

$$R_{Luft} = \frac{R_m}{M_{Luft}} = \frac{8314{,}3}{28{,}969} \frac{\mathrm{J}}{\mathrm{kg\,K}} = 287{,}01\ \mathrm{J/(kg\,K)}$$

Antwort zu Frage 8: Da wir hier die kinetische Energie nicht mehr vernachlässigen dürfen, ergibt sich aus Gl. (5.50)

$$h_1 + \frac{c_1^2}{2} = h_2 + \frac{c_2^2}{2},\ \text{d. h., dass die Totalenthalpie erhalten bleibt.}$$

Antwort zu Frage 9: Der isenthalpe Drosselkoeffizient δ_h und der isotherme Drosselkoeffizient δ_T sind definiert durch

$$\delta_h = \left(\frac{\partial T}{\partial p}\right)_h, \quad \delta_T = \left(\frac{\partial h}{\partial p}\right)_T$$

Der isenthalpe Drosselkoeffizient beschreibt hierbei die Temperaturänderung des Fluids aufgrund der Druckänderung für einen Prozess, bei dem die Enthalpie konstant ist.

Antwort zu Frage 10: Die Joule-Thomson Inversionslinie ist die Kurve, für die sich die Temperatur des Mediums beim adiabaten Drosseln nicht ändert.

Antwort zu Frage 11: Die Zustandsänderung ist isenthalp und adiabat. Aus dem ersten Hauptsatz nach Gl. (5.11) folgt

$$u_2 - u_1 = w_{V,12} + q_{12} \text{ mit } u_2 - u_1 = h_2 - h_1 - p_2v_2 + p_1v_1 = -p_2v_2 + p_1v_1$$

bzw. mit $q_{12} = 0$ folgt

$$w_{V,12} = -p_2v_2 + p_1v_1 = -p_2(v_2' + x_2(v_2'' - v_2')) + p_1(v_1' + x_1(v_1'' - v_1'))$$

Antwort zu Frage 12: Da die Zustandsänderung reversibel adiabat verlaufen soll, bleibt die Entropie konstant, d. h. $s_2 = s_2' + x_2(s_2'' - s_2') = s_1$. Hieraus lässt sich sofort der Dampfgehalt bestimmen.

5.3 Rechenaufgaben

Aufgabe 5.1 (XX) Es ist ein Carnot-Prozess mit einem van-der-Waals-Medium zu betrachten. Der Zustand 1 des Kreisprozesses ist durch die dimensionslosen Größen $\overline{T}_1 = 1{,}5$ und $\overline{v}_1 = 1$ gegeben. Im isothermen Entspannungsprozess expandiert das Volumen auf die doppelte Größe; der Zustand 3 liegt auf der kritischen Isothermen. Vom van-der-Waals-Medium sind die Konstanten in der thermischen Zustandsgleichung bekannt: $a = 615\ \mathrm{Jm^3/kg^2}, b = 2{,}2 \cdot 10^{-3}\mathrm{m^3/kg}$, außerdem die spezifische Gaskonstante und die spezifische Wärmekapazität bei konstantem Volumen: $R = 276{,}09\ \mathrm{J/(kg\,K)}, c_v = 3R$.

Hinweis: Es ist vorteilhaft, in den Aufgabenteilen b), c) und d) alle verwendeten Formeln in den dimensionslosen Variablen zu formulieren und dann erst Zahlenwerte einzusetzen.

a) Berechnen Sie die kritische Temperatur T_K, den kritischen Druck p_K und das kritische spezifische Volumen v_K des Gases! Skizzieren Sie in einem $\overline{p}, \overline{v}$ -Diagramm den Kreisprozess und das Nassdampfgebiet! Kennzeichnen Sie die abgegebene Arbeit als Fläche!
b) Legen Sie eine Tabelle mit den thermischen Variablen $\overline{p}_i, \overline{v}_i, \overline{T}_i$ in allen vier Eckpunkten des Kreisprozesses an und tragen Sie alle Größen ein, die Sie dem Aufgabentext direkt entnehmen können! Berechnen Sie die Drücke $\overline{p}_1$ und $\overline{p}_2$, und tragen Sie die Werte ebenfalls in die Tabelle ein!
c) Berechnen Sie die thermischen Zustandsgrößen in dimensionsloser Form für Zustand 3; ergänzen Sie die Tabelle!
d) Bestimmen Sie die Zustandsgrößen des Zustands 4, und vervollständigen Sie die Tabelle!
e) Berechnen Sie die spezifische Wärme q_{12} für die isotherme Entspannung!
f) Wie groß sind der thermische Wirkungsgrad und die abgegebene spezifische Arbeit des Kreisprozesses?

Lösung:

a) Die Größen im kritischen Punkt lassen sich aus Gl. (4.39) berechnen. Man erhält

$$v_K = 3b = 6,6 \cdot 10^{-3} \frac{\mathrm{m}^3}{\mathrm{kg}}, \; p_K = \frac{a}{27b^2} = 4,706 \cdot 10^6 \,\mathrm{Pa} = 47,06 \,\mathrm{bar},$$

$$T_K = \frac{8}{27} \frac{a}{b} \frac{1}{R} = 300 \,\mathrm{K}$$

Der Kreisprozess ist in Abb. 5.1 dargestellt.

b) In Tab. 5.3 sind die Daten für alle Eckpunkte des Kreisprozesses übersichtlich zusammengestellt. Die Daten werden in a)–d) berechnet

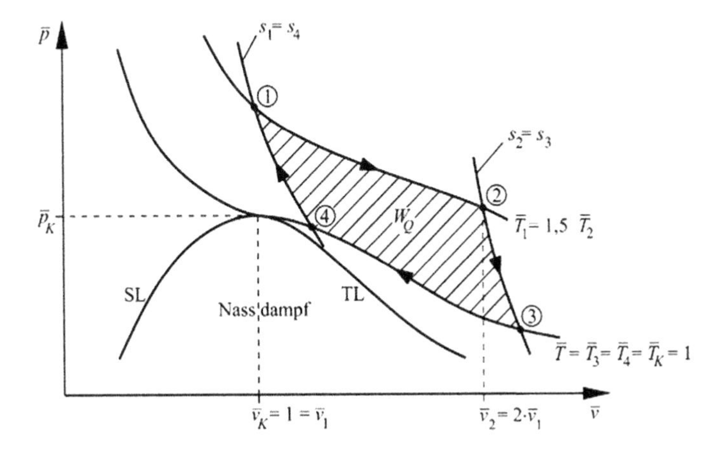

Abb. 5.1 Darstellung des betrachteten Kreisprozesses im $\overline{p}, \overline{v}$-Diagramm

Tab. 5.3 Daten in den Eckpunkten des Kreisprozesses (die fett gedruckten Werte sind gegeben)

Zustand	$\overline{p}$	$\overline{v}$	$\overline{T}$
1	3	**1**	**1,5**
2	1,65	**2**	**1,5**
3	0,3896	5,9583	**1**
4	0,7357	2,583	**1**

Die gesuchten Drücke ergeben sich aus der thermischen Zustandsgleichung für das van-der-Waals-Medium nach Gl. (4.41)

$$\left(\overline{p}+\frac{3}{\overline{v}^2}\right)(3\overline{v}-1)=8\overline{T},\ \overline{p}=\frac{8\overline{T}}{3\overline{v}-1}-\frac{3}{\overline{v}^2}\Rightarrow\overline{p}_1=3\text{ und }\overline{p}_2=1,65$$

c) Punkt 2 und Punkt 3 haben die gleiche Entropie, d. h. $s_2 = s_3$

Für $c_v =$ konst. folgt: $s_3 - s_2 = 0 = c_v \ln\left(\frac{T_3}{T_2}\right) + R\ln\left(\frac{v_3-b}{v_2-b}\right)$

Hieraus folgt $3R\ln\left(\frac{T_3}{T_2}\right) = -R\ln\left(\frac{v_3-b}{v_2-b}\right)$ bzw. $v_3 = \left(\frac{T_2}{T_3}\right)^3 (v_2-b)+b$

Diese Gleichung wird nun in reduzierte Variablen umgeformt

$$\overline{v}_3 v_K = \left(\frac{\overline{T}_2}{\overline{T}_3}\right)^3(\overline{v}_2 v_K - b)+b\ \text{ bzw. }\ \overline{v}_3 3b = \left(\frac{\overline{T}_2}{\overline{T}_3}\right)^3(\overline{v}_2 3b - b)+b,$$

$$\overline{v}_3 = \left(\frac{\overline{T}_2}{\overline{T}_3}\right)^3\left(\overline{v}_2-\frac{1}{3}\right)+\frac{1}{3},\ \overline{v}_3 = 5{,}9583,\ \overline{p}_3=\frac{8\overline{T}_3}{3\overline{v}_3-1}-\frac{3}{\overline{v}_3^2}=0{,}3896$$

d) Analog zu c)

$$\overline{v}_4 = \left(\frac{\overline{T}_1}{\overline{T}_4}\right)^3\left(\overline{v}_1-\frac{1}{3}\right)+\frac{1}{3}=2{,}583,\quad \overline{p}_4=0{,}7357$$

e) Die übertragene spezifische Wärme für den isothermen Prozess 1→2 können wir aus der Definition der Entropie nach Gl. (3.22) für den reversiblen Prozess berechnen.

$$ds=\frac{\delta q}{T},\quad \Delta s_{12}=\frac{q_{12}}{T},\quad q_{12}=T(s_2-s_1)$$

$$q_{12}=RT_1\left(3\ln\left(\frac{T_2}{T_1}\right)+\ln\left(\frac{v_2-b}{v_1-b}\right)\right),\ q_{12}=R\overline{T}_1T_K\left(3\ln\left(\frac{\overline{T}_2}{\overline{T}_1}\right)+\ln\left(\frac{v_K\overline{v}_2-b}{v_K\overline{v}_1-b}\right)\right)$$

Hieraus folgt $q_{12} = 113{,}84\ \frac{\text{kJ}}{\text{kg}}$

f) Der thermische Wirkungsgrad des Prozesses und die abgegebene spezifische Arbeit ergeben sich aus den Gl. (5.3, 5.4).

$$\eta_{th} = 1 - \frac{T_3}{T_1} = 1 - \frac{\overline{T}_3}{\overline{T}_1} = \frac{1}{3}$$

$\eta_{th} = \frac{|w|}{q_{12}}$. Hieraus folgt $|w| = \eta_{th}\, q_{12} = 37{,}95 \frac{\text{kJ}}{\text{kg}}$

Aufgabe 5.2 (X) Einem idealen Gas im Zustand 1 wird in drei verschiedenen Prozessen jeweils die spezifische Wärme $q = 200$ kJ/kg zugeführt. Gegeben sind $t_1 = 20$ °C, $p_1 = 1$ bar, $c_p = 1{,}005$ kJ/(kg K), $\kappa = 1{,}4$.

a) Berechnen Sie die spezifische Gaskonstante R, die molare Masse M und die spezifische Wärmekapazität c_v bei konstantem Volumen! Um welches Gas könnte es sich handeln?

b) Geben Sie den Endzustand 2 für den Fall an, dass die Wärme q_{12} isochor zugeführt wird! Gesucht sind T_2 und p_2.

c) Geben Sie den Endzustand 3 für den Fall an, dass die Wärme q_{13} isobar zugeführt wird! Gesucht sind T_3 und v_3.

d) Geben Sie den Endzustand 4 für den Fall an, dass die Wärme q_{14} isotherm zugeführt wird! Gesucht sind p_4 und v_4.

e) Stellen Sie die Prozesse maßstäblich im p,v-Diagramm, im T,v-Diagramm und im p,T-Diagramm dar!

Lösung:

a) Für das ideale Gas gilt nach Gl. (4.32)

$$c_p - c_v = R, \quad \frac{c_p}{c_v} = \kappa \quad \text{Hieraus folgt } R = c_p - \frac{c_p}{\kappa} = 287{,}14 \frac{\text{J}}{\text{kg K}}$$

$$R = \frac{R_m}{M}, \quad M = \frac{R_m}{R} = \frac{8{,}314 \frac{\text{J}}{\text{mol K}}}{287{,}14 \frac{\text{J}}{\text{kg K}}} = 28{,}954 \frac{\text{g}}{\text{mol}},$$

$c_v = \frac{c_p}{\kappa} = 0{,}718 \frac{\text{kJ}}{\text{kg K}}$ Es handelt sich bei dem Gas um Luft.

b) Der Prozessablauf ist isochor. Nach Tab. 5.1 findet man

$$v = \frac{RT}{p} = \text{konst.} \quad \frac{RT_1}{p_1} = \frac{RT_2}{p_2} \quad p_2 = \frac{T_2}{T_1} p_1$$

Die Temperatur nach der Zustandsänderung ergibt sich aus dem ersten Hauptsatz, z. B. nach Gl. (5.11) $u_2 - u_1 = q_{12} + w_{12}$

$$q_{12} = u_2 - u_1 = \int_1^2 c_v(T)dT = c_v(T_2 - T_1), \quad w_{12} = 0$$

$$T_2 = T_1 + \frac{q_{12}}{c_v} = 571{,}7\,\mathrm{K} = 298{,}55\,^\circ\mathrm{C}$$

Aus der thermischen Zustandsgleichung folgt $p_2 = 1{,}95$ bar.

c) Nun ist der Prozessablauf isobar. Es gilt $p = \dfrac{RT}{v} = \text{konst.}$

$$\text{Hieraus folgt } \frac{RT_1}{v_1} = \frac{RT_3}{v_3}, \text{ bzw. } v_3 = \frac{T_3}{T_1} v_1$$

Der erste Hauptsatz lautet in Enthalpieform, Gl. (3.14) $dh = dq + vdp$. Wir betrachten eine isobare Zustandsänderung, d. h. $dh = dq$. Damit erhält man

$$h_3 - h_1 = q_{13} = \int_1^3 c_p(T) dT = c_p(T_3 - T_1)$$

$$T_3 = T_1 + \frac{q_{13}}{c_p} = 492{,}15\,\mathrm{K} = 219{,}0\,^\circ\mathrm{C}$$

$$v_1 = \frac{RT_1}{p_1} = 0{,}842 \frac{\mathrm{m}^3}{\mathrm{kg}}, \qquad v_3 = 1{,}413 \frac{\mathrm{m}^3}{\mathrm{kg}}$$

d) Nun verläuft der Prozess isotherm, d. h. $T = \dfrac{vp}{R} = \text{konst.}$

$$\frac{v_1 p_1}{R} = \frac{v_4 p_4}{R} \qquad p_4 = \frac{v_1}{v_4} p_1$$

Der erste Hauptsatz nach Gl. (5.11) lautet $u_4 - u_1 = q_{14} + w_{14}$. Wir betrachten die isotherme Zustandsänderung mit Wärmezufuhr und Volumenänderungsarbeit. Für $u = u(T)$ folgt

$$q_{14} = -w_{14} = \int_1^4 p dv, \qquad p = \frac{RT}{v}$$

$$q_{14} = \int_1^4 \frac{RT}{v} dv = RT_1 \int_1^4 \frac{1}{v} dv = RT_1 \ln \frac{v_4}{v_1} = 200 \frac{\mathrm{kJ}}{\mathrm{kg}} \; v_4 = v_1 e^{\frac{q_{14}}{R \cdot T_1}} = 9{,}0614 \frac{\mathrm{m}^3}{\mathrm{kg}}$$

$$p_4 = 0{,}0929\,\mathrm{bar}$$

e) In Abb. 5.2 sind alle Prozesse in einem p,v-, T,v- und in einem p,T-Diagramm dargestellt.

Aufgabe 5.3 (X) Es sind vier Zustände 1, 2, 3 und 4 eines idealen Gases in einem geschlossenen System zu betrachten; der Isentropenexponent des idealen Gases ist $\kappa = 5/3$. Bekannt sind folgende Daten der Zustandsgrößen

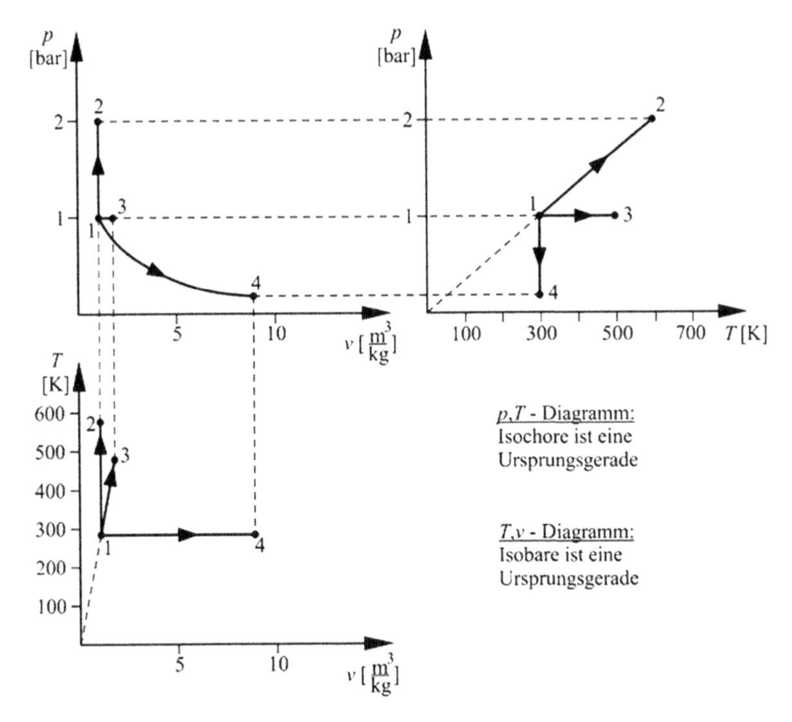

Abb. 5.2 Darstellung der betrachteten Prozesse in einem p,v-, T,v- und in einem p,T- Diagramm

$$p_1 = 32 \text{ bar}, \; p_2 = p_1, \quad p_3 = 1 \text{ bar}, \quad p_4 = p_3;$$
$$v_1 = 1 \text{ m}^3/\text{kg}, \quad v_2 = v_3, \quad s_3 = s_1, \quad v_4 = v_1.$$

a) Bestimmen Sie das spezifische Volumen v_3!

b) Skizzieren Sie die Lage der vier Zustandspunkte im p,v-Diagramm! Zeichnen Sie auch die Isentrope durch Zustand 1 ein!

c) Berechnen Sie im Zustand 1 die Steigung der Isentrope im p,v-Diagramm!

d Welche der folgenden Zustandsänderungen 1→2, 2→3, 3→4, 4→1 und 1→3 kann adiabat durchgeführt werden? Streichen Sie einfach in der Liste diejenigen Zustandsänderungen, die adiabat nicht möglich sind! Begründen Sie Ihre Antwort!

Lösung:

a) Da $s_3 = s_1$ ist (isentrope Zustandsänderung) folgt

$$p_1 v_1^\kappa = p_3 v_3^\kappa, \quad v_3 = \left(\frac{p_1}{p_3}\right)^{\frac{1}{\kappa}} v_1 = 8 v_1 = 8 \frac{\text{m}^3}{\text{kg}}, \quad v_2 = v_3$$

b) Abb. 5.3 zeigt eine Skizze der Zustandspunkte in einem p,v-Diagramm.

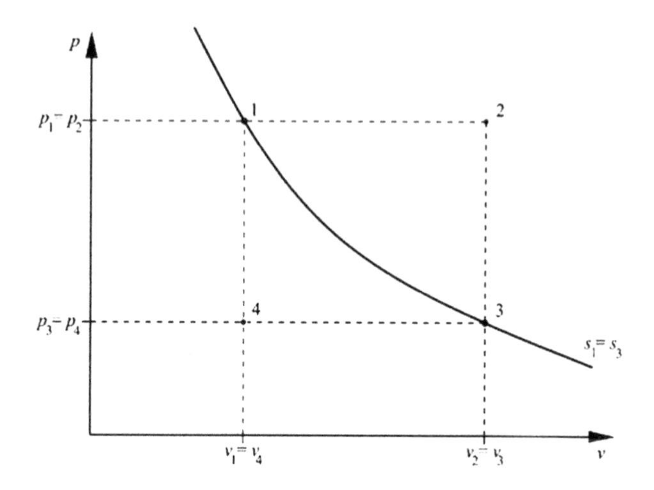

Abb. 5.3 Darstellung der betrachteten Zustandspunkte im p,v-Diagramm

c)

$$pv^\kappa = p_1 v_1^\kappa, \quad p = p_1 v_1^\kappa v^{-\kappa}$$

$$\left.\frac{\partial p}{\partial v}\right|_s = p_1 v_1^\kappa(-\kappa)v^{-\kappa-1} = -\kappa \underbrace{\frac{p_1 v_1^\kappa}{v^\kappa}}_{=p} \frac{1}{v} = -\kappa \frac{p}{v}$$

Eingesetzt für Zustand 1 ergibt sich: $\left.\frac{\partial p}{\partial v}\right|_{s,1} = -\frac{160}{3} \frac{\text{kg bar}}{\text{m}^3} = -53,33 \frac{\text{kg bar}}{\text{m}^3}$

e) In einem adiabaten System kann die Entropie nicht abnehmen, deshalb sind diejenigen Zustandsänderungen, bei denen die Entropie (formal) abnimmt, nicht möglich. Anders ausgedrückt, der Endzustand j eines Prozesses $i \to j$ kann also nur rechts von der Isentropen durch i liegen. Adiabat nicht möglich sind also: $2 \to 3$ und $3 \to 4$.

Aufgabe 5.4 (XX) Es soll ein rechtslaufender Carnot-Prozess untersucht werden, von dem bekannt ist:

das obere Temperaturniveau	$t_h = 500°\text{C}$,
das untere Temperaturniveau	$t_k = 100°\text{C}$
das größte Volumen	$V_{max} = 10,0$ Liter,
das kleinste Volumen	$V_{min} = 0,1$ Liter,
der niedrigste Druck	$p_{min} = 1$ bar.

Das Arbeitsmedium Helium soll als ideales Gas behandelt werden (mit $\kappa = 5/3$).

a) Skizzieren Sie den Carnot-Prozess im p,V-Diagramm!
b) Stellen Sie die Zustandsgrößen p, V, t, U, H der Prozesseckpunkte in einer Tabelle zusammen!
c) Stellen Sie eine Tabelle mit allen Prozessgrößen der Teilprozesse zusammen und bilden Sie die Summe dieser im Kreisprozess!

d) Geben Sie die reduzierten Wärmen der Teilprozesse an!
e) Geben Sie die Leistung des Kreisprozesses an, wenn angenommen wird, dass pro Minute 100 Umläufe erfolgen!
f) Berechnen Sie den Wirkungsgrad über Prozessgrößen und kontrollieren Sie das Ergebnis, indem Sie den Wirkungsgrad über Temperaturen berechnen!

Lösung:

a) Der Carnot-Prozess ist in Abb. 5.4 skizziert.
b) Als Arbeitsmedium wird ein ideales Gas verwendet. Die einzelnen Zustandsgrößen in Tab. 5.4 lassen sich wie folgt berechnen

$\frac{p_1 V_1}{T_1} = \frac{p_3 V_3}{T_3}$. Daraus folgt $p_1 = p_3 \frac{T_1}{T_3} \frac{V_3}{V_1} = 207{,}2\,\text{bar}$

$2 \rightarrow 3$: Reversibel adiabate Zustandsänderung

$\frac{p_2}{p_3} = \left(\frac{T_2}{T_3}\right)^{\frac{\kappa}{\kappa - 1}}$. Hieraus folgt $p_2 = 6{,}18\,\text{bar}$

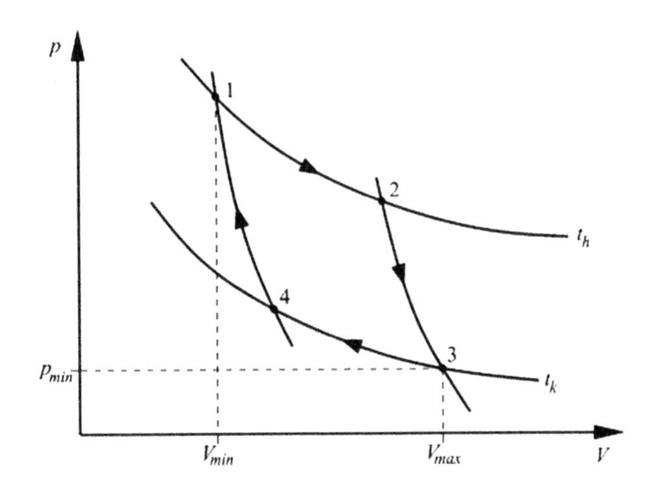

Abb. 5.4 Darstellung des Carnot-Prozesses im p,V-Diagramm

Tab. 5.4 Auflistung der Zustandsgrößen im Kreisprozess (die gegebenen Werte sind fett gedruckt)

	Zustand 1	Zustand 2	Zustand 3	Zustand 4
p/[bar]	207,20	6,18	**1,00**	33,53
V/[Liter]	**0,1**	3,35	**10,0**	0,298
t/[°C]	**500**	**500**	**100**	**100**
U/[J]	2009,9	2009,9	402,0	402,0
H/[J]	4081,9	4080,2	1402,0	1401,2

$\frac{p_2 V_2}{T_2} = \frac{p_3 V_3}{T_3}$. Man erhält $V_2 = V_3 \frac{T_2}{T_3} \frac{p_3}{p_2} = 3{,}35\,\text{Liter}$

$4 \to 1$: Reversibel adiabate Zustandsänderung

$\frac{p_4}{p_1} = \left(\frac{T_4}{T_1}\right)^{\frac{\kappa}{\kappa - 1}}$. Hieraus folgt $p_4 = 33{,}53\,\text{bar}$

$\frac{p_4 V_4}{T_4} = \frac{p_1 V_1}{T_1}$. Man erhält $V_4 = V_1 \frac{T_4}{T_1} \frac{p_1}{p_4} = 0{,}298\,\text{Liter}$

Zur Berechnung der inneren Energien und Enthalpien wählen wir für die innere Energie einen Nullpunkt, so dass $t_0 = 0\,°\text{C}$, es ist also $U(t_0) = 0$.

Allgemein gilt für das ideale Gas $u_j - u_i = \int_{T_i}^{T_j} c_v(T) dT$

Für ein ideales Gas mit $\kappa = \frac{5}{3}$ gilt: $c_v = \frac{3}{2} R$

Es ergibt sich somit $U_j - U_i = m(u_j - u_i) = m \frac{3}{2} R (T_j - T_i)$

Aus $pV = mRT$ folgt $mR = \frac{pV}{T} = \frac{p_3 V_3}{T_3}$

Für $t_0 = 0\,°\text{C}$ und $U(t_0) = 0$ folgt

$U_j = m \frac{3}{2} R t_j = \frac{3}{2} \frac{p_3 V_3}{T_3} t_j$ (hier: Temperatur in °C, da Nullpunkt bei 0 °C gewählt)

$$U_1 = \frac{3}{2} \frac{p_3 V_3}{T_3} t_1 = U_2 = 2009{,}9\ \text{J},\quad U_3 = \frac{3}{2} \frac{p_3 V_3}{T_3} t_3 = U_4 = 402{,}0\ \text{J},$$

Enthalpien: $H_j = U_j + p_j V_j$, siehe Tab. 5.4.

c) Die Prozessgrößen berechnen sich hierbei wie folgt (siehe auch Tab. 5.1). Sie sind in Tab. 5.5 übersichtlich zusammengestellt.

$$1 \to 2: \quad W_{12} = -p_1 V_1 \ln\left(\frac{V_2}{V_1}\right) \text{ und } Q_{12} = -W_{12} \text{ da } U_1 = U_2$$

$$2 \to 3: \quad Q_{23} = 0 \text{ (rev. adiabat)},\ W_{23} = U_3 - U_2$$

$$3 \to 4: \quad W_{34} = -p_3 V_3 \ln\left(\frac{V_4}{V_3}\right) \text{ und } Q_{34} = -W_{34} \text{ da } U_3 = U_4$$

$$4 \to 1: \quad Q_{41} = 0 \text{ (rev. adiabat)},\ W_{41} = U_1 - U_4$$

Tab. 5.5 Auflistung der Prozessgrößen im Kreisprozess

	1–2	2–3	3–4	4–1	$\sum$
Q_{ij}/[J]	7275,9	0	−3513,3	0	3762,6
W_{ij}/[J]	−7275,9	−1607,9	3513,3	1607,9	−3762,6

d) Für die reduzierten Wärmen gilt $Q_{ij}^{red} = \frac{Q_{ij}}{T_i} = \frac{Q_{ij}}{T_j}$

$$Q_{12}^{red} = 9{,}410\,\frac{\mathrm{J}}{\mathrm{K}}, \quad Q_{34}^{red} = -9{,}410\,\frac{\mathrm{J}}{\mathrm{K}},$$

Im Carnot-Prozess gilt $\frac{Q_{12}}{T_1} + \frac{Q_{34}}{T_3} = 0$

e) Die Leistung $\dot{W}_C = P_C$ berechnet sich wie folgt

$$\dot{W}_C = \frac{W_C}{\text{Zeiteinheit}} \text{ mit } W_c = \sum W_{ij},$$

$$\dot{W}_C = -3762{,}6 \cdot \frac{100}{60}\,\frac{\mathrm{J}}{\mathrm{s}} = -6{,}27\,\mathrm{kW}$$

f) Den thermischen Wirkungsgrad erhält man schließlich zu

$$\eta_{th} = -\frac{\sum W_{ij}}{Q_{12}} = 0{,}517, \quad \eta_{th} = 1 - \frac{T_k}{T_h} = 0{,}517$$

Aufgabe 5.5 (X) Ein Gemisch aus flüssigem Wasser und Wasserdampf (Dampfgehalt $x_1 = 0{,}25$) befindet sich im Zustand 1 bei $t_1 = 120{,}23\ °\mathrm{C}$ und wird isochor gerade vollständig verdampft (Zustand 2). Es schließt sich ein isothermer Prozess an, der bis genau auf die Siedelinie führt (Zustand 3). Zum Schluss wird das Gemisch wieder auf den Ausgangszustand 1 adiabat entspannt.

Es ist anzunehmen, dass die Teilprozesse $1 \rightarrow 2$ und $2 \rightarrow 3$ reversibel ablaufen. Verwenden Sie im Folgenden die im Anhang D von Thermodynamik *kompakt* gegebene Dampftafel für das Nassdampfgebiet!

a) Skizzieren Sie den Prozess im p,v-Diagramm! Stellen Sie sowohl die Siedelinie und Taulinie als auch die Isothermen, Isobaren, Isochoren und Isentropen in allen drei Zustandspunkten dar!
b) Geben Sie für alle drei Zustandspunkte den Druck p_i, das spezifische Volumen v_i, die Temperatur t_i und den Dampfgehalt x_i tabellarisch an!
c) Berechnen Sie die im Kreisprozess abgegebene Arbeit!

Lösung:

a) Abb. 5.5 zeigt den Prozess in einem p,v-Diagramm.
b) Tab. 5.6

$p_1 = 2{,}0$ bar direkt abzulesen aus Dampftafel bei $t = 120{,}23\,°\mathrm{C}$

$$v_1 = (v_1'' - v_1')x_1 + v_1' = 0{,}22367\,\frac{\mathrm{m}^3}{\mathrm{kg}}$$

$v_2 = v_1$ Isochorer Prozess von 1 nach 2.

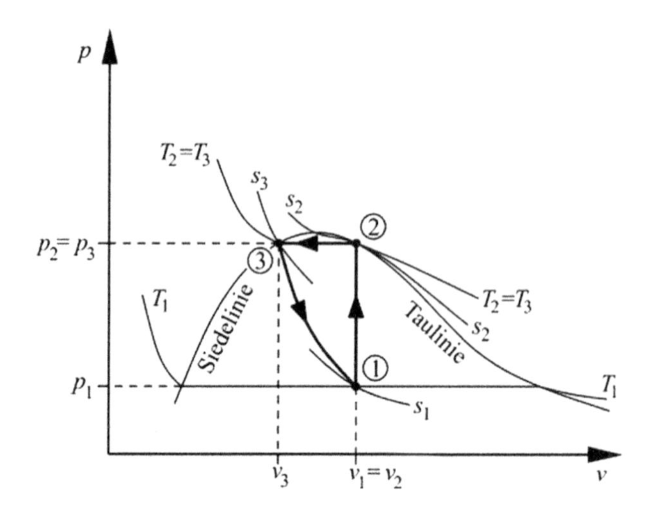

Abb. 5.5 Darstellung des Prozesses im p,v-Diagramm

Tab. 5.6 Auflistung der Größen für die Zustandspunkte

Zustand	p/[bar]	v/[m³/kg]	t/[°C]	x
1	2	0,22367	120,23	0,25
2	8,7375	0,22367	173,88	1
3	8,7375	1,11954 10^{-3}	173,88	0

Da der Zustand 2 auf der Taulinie ($x_2 = 1$) liegt, gilt $v_2'' = v_2 = v_1$
Daher kann man aus der Dampftafel zwischen $t = 170\,°C$ und $t = 180\,°C$ für den Druck und die Temperatur linear interpolieren. Man erhält

$$p_2 = 8{,}7375 \text{ bar} \qquad t_2 = 173{,}88\,°C$$

Zustand 3 liegt auf der Siedelinie ($x_3 = 0$) und da der Prozess isotherm verläuft (was im Nassdampfgebiet auch gleichzeitig isobar bedeutet), gilt

$$p_3 = 8{,}7375 \text{ bar} \qquad t_3 = 173{,}88\,°C$$

$$v_3 = v_2' = 1{,}11954 \cdot 10^{-3} \frac{\text{m}^3}{\text{kg}}$$

(Dies folgt aus linearer Interpolation zwischen $t = 170\,°C$ und $t = 180\,°C$ in der Dampftafel)

c) Für die spez. Volumenänderungsarbeit gilt nach Gl. (2.7)

$w_{V,12} = -\int_1^2 p dv$. Damit erhält man für die einzelnen Zustandsänderungen

$$1 \to 2: \quad w_{V,12} = 0$$

$$2 \to 3: \quad w_{V,23} = -p_2(v_3 - v_2) = 194{,}453\ \frac{\text{kJ}}{\text{kg}}$$

$$3 \to 1: \quad \text{Es gilt } u_1 - u_3 = \underbrace{q_{31}}_{=0,adiabat} + w_{V,31} \text{ und } u_1 - u_3 = h_1 - h_3 - v_1 p_1 + p_3 v_3.$$

Daraus folgt:

$$w_{V,31} = h_1 - h_3 - p_1 v_1 + p_3 v_3 = 274{,}679\ \frac{\text{kJ}}{\text{kg}}$$

mit $h_1 = (h_1'' - h_1')x_1 + h_1' = 1054{,}28\ \frac{\text{kJ}}{\text{kg}}$ und $h_3 = 736{,}172\ \frac{\text{kJ}}{\text{kg}}$

(interpoliert aus Dampftafel zwischen $t = 170\,°\text{C}$ und $t = 180\,°\text{C}$ bei h_3')

Aufgabe 5.6 (XXX) Der in Abb. 5.6 mit A bezeichnete Behälter enthält reinen Stickstoff mit der Masse $m_A = 7$ g und der Behälter B reines Helium mit der Masse $m_B = 3$ g. In beiden als adiabat anzusehenden Behältern herrscht die gleiche Temperatur von 300 K und der gleiche Druck von 1 bar. Die Verbindung zwischen den Behältern ist auch als adiabat anzusehen. Beide Gase sind als ideale Gase zu behandeln. Die Behälter werden durch Herausziehen des Schiebers miteinander verbunden. Dadurch läuft ein Mischungsprozess ab, der bis zum thermodynamischen Gleichgewicht führt.

a) Welche Masse des Gemisches enthält jeder Behälter nach der Vermischung und nach Erreichen des thermodynamischen Gleichgewichts?
b) Berechnen Sie die Entropieänderung vom Anfangszustand bis zum thermodynamischen Gleichgewicht!
c) Skizzieren Sie für den Mischungsprozess in einem Diagramm den Verlauf der Entropie über der Masse im Behälter B!
d) Skizzieren Sie in einem Diagramm den Verlauf der freien Energie über der Masse im Behälter B!

Abb. 5.6 Skizze des Aufbaus

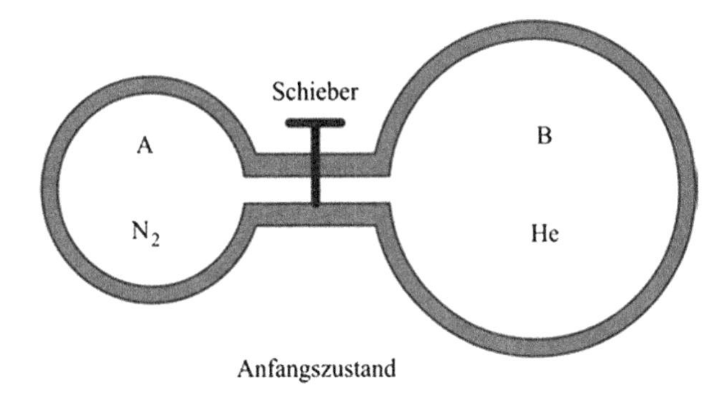

Lösung:

Vorbetrachtungen: Im Anfangszustand herrschen in beiden Behältern A und B derselbe Druck und dieselbe Temperatur

$$T_A^{(1)} = T_B^{(1)} = 300\,\text{K}, \qquad p_A^{(1)} = p_B^{(1)} = 1\ \text{bar}$$

Der Zustand nach Herausziehen des Schiebers und nachdem sich das thermodynamische Gleichgewicht eingestellt hat, sei mit Zustand 2 bezeichnet. Der Übergang 1 → 2 verläuft adiabat, es wird keine Arbeit abgegeben.

Nach dem ersten Hauptsatz hat sich die innere Energie nicht geändert. Nach Gl. (3.8) gilt

$$U_2 - U_1 = Q_{12} + W_{12} = 0$$

Für ein ideales Gas ändert sich damit auch die Temperatur nicht, da $U = U(T)$ ist. Da sich weiterhin das Volumen nicht ändert, ist auch der Druck konstant

$$\left.\begin{aligned} T &= 300\,\text{K} \\ p &= 1\ \text{bar} \end{aligned}\right\}\ \text{konst.}$$

a) Massen in jedem Behälter im thermodynamischen Gleichgewicht.
Aus der thermischen Zustandsgleichung

$$pV_i = m_i R_i T = \frac{m_i}{M_i} R_m T$$

folgt

$$\left.\begin{aligned} V_A &= \frac{m_{N_2}}{M_{N_2}} R_m \frac{T}{p} \\ V_B &= \frac{m_{He}}{M_{He}} R_m \frac{T}{p} \end{aligned}\right\}\ V = V_A + V_B$$

Die Dichte nach der Vermischung berechnet man mit

$$\rho^{(2)} = m/V$$

Damit folgen die Massen in den Behältern zu

$$m_A^{(2)} = \rho^{(2)} V_A = m\frac{V_A}{V} = m\frac{m_{N_2}/M_{N_2}}{m_{N_2}/M_{N_2} + m_{He}/M_{He}} = 2{,}5\ \text{g}$$

$$m_B^{(2)} = \rho^{(2)} V_B = m\frac{V_B}{V} = m\frac{m_{He}/M_{He}}{m_{N_2}/M_{N_2} + m_{He}/M_{He}} = 7{,}5\ \text{g}$$

b) Entropieänderung während des Mischungsvorgangs
Allgemein gilt nach Gl. (5.49)

$$S_2 - S_1 = R_m \left\{ n \ln n - \sum_i n_i \ln n_i \right\}$$

Für den hier vorliegenden Fall ergibt sich

$$S_2 - S_1 = R_m \{ n \ln n - n_{N_2} \ln n_{N_2} - n_{He} \ln n_{He} \}$$

mit
$n_{N_2} = m_{N_2} / M_{N_2} = \frac{1}{4}$ mol bzw. $n_{He} = m_{He} / M_{He} = \frac{3}{4}$ mol

und $n = n_{N_2} + n_{He} = 1$ mol

erhält man $S_2 - S_1 = 4{,}675 \frac{\text{kJ}}{\text{K}}$

c) Der Verlauf von $S = S(m_B)$ ist so, dass im thermodynamischen Gleichgewicht (Zustand 2) die Entropie ein Maximum hat (gilt für $V =$ konst. und $U =$ konst., was hier erfüllt ist) (Abb. 5.7)

d) Die freie Energie hat ein Minimum im thermodynamischen Gleichgewicht (gilt bei $T =$ konst. und $V =$ konst., was hier ebenfalls erfüllt ist) (Abb. 5.8)

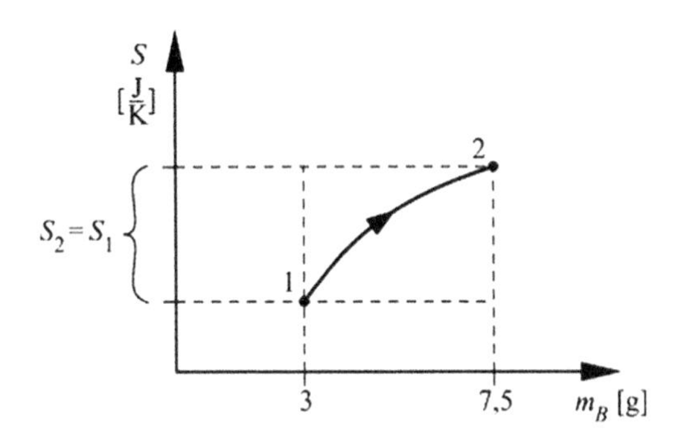

Abb. 5.7 Verlauf der Entropie als Funktion der Masse im Behälter B

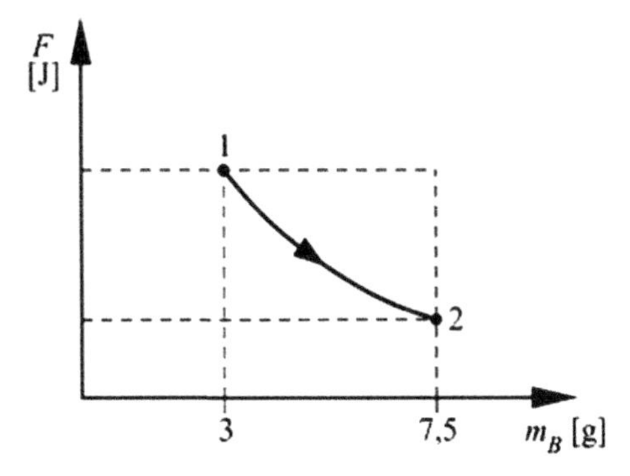

Abb. 5.8 Verlauf der freien Energie als Funktion der Masse im Behälter B

Aufgabe 5.7 (XXX) Ein zylindrischer Behälter von 80 cm Länge ist durch einen schmalen Kolben in zwei Kammern unterteilt, wobei der Kolben zu Beginn des Prozesses (Zustand 1) in einer Entfernung von 30 cm vom linken Ende befestigt ist (siehe Abb. 5.9). Die linke Kammer ist mit einem Mol Heliumgas bei einem Druck von 5 bar gefüllt. In der rechten Kammer befindet sich Argongas unter einem Druck von 1 bar. Die beiden Gase können als ideal angesehen werden. Der Zylinder ist in 1 Liter Wasser eingetaucht. Das ganze System ist isoliert (abgeschlossen!) und befindet sich anfangs auf einer einheitlichen Temperatur von $t_1 = 25\,°\mathrm{C}$. Die Wärmekapazitäten von Zylinder und Kolben sollen vernachlässigt werden. Wenn der Kolben losgelassen wird, stellt sich bald danach eine neue Gleichgewichtslage ein (Zustand 2), wobei sich der Kolben dann in einer anderen Stellung befindet.

a) Wie groß ist die Temperaturänderung des Wassers?
b) In welcher Entfernung vom linken Ende des Zylinders kommt der Kolben zur Ruhe?
c) Wie groß ist die Zunahme der Gesamtentropie des Systems?

Lösung:

a) Damit die verschiebbare Wand nach einer anfänglichen Beschleunigung und einer darauf folgenden Schwingung wieder einen ruhenden Gleichgewichtszustand erreichen kann, muss Dissipation auftreten. Wir benötigen allerdings keine genaue Kenntnis dieses Vorgangs, sondern können aus der Abgeschlossenheit des Systems nach außen folgern, dass $\Delta U_{ges} = 0$ sein muss.

   Es muss somit gelten:

$$\Delta U_{\mathrm{He}} + \Delta U_{\mathrm{Ar}} + \Delta U_{\mathrm{H_2O}} = 0$$

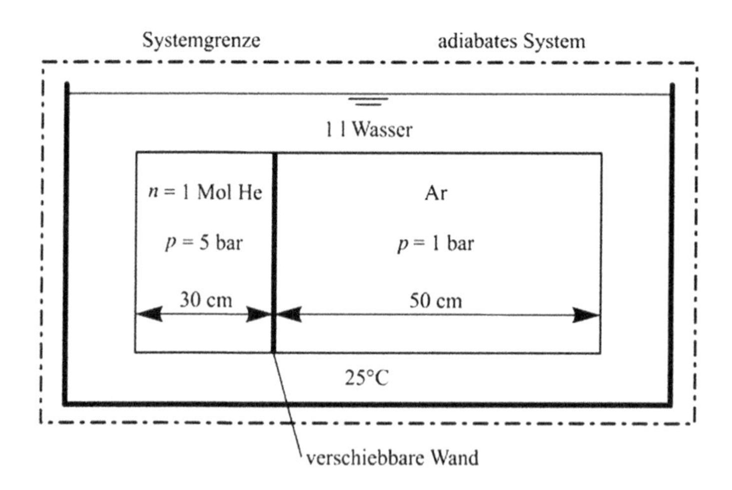

Abb. 5.9 Darstellung des betrachteten Systems

$$n_{\mathrm{He}} C_{v,m}(T_2 - T_1) + n_{\mathrm{Ar}} C_{v,m}(T_2 - T_1) + m_{\mathrm{H_2O}} c_v (T_2 - T_1)$$
$$= (n_{\mathrm{He}} C_{v,m} + n_{\mathrm{Ar}} C_{v,m} + m_{\mathrm{H_2O}} c_v)(T_2 - T_1) = 0$$

Die letzte Gleichung kann nur erfüllt werden, wenn $T_2 = T_1$ ist, sich die Temperatur des Systems nach Einstellung des Gleichgewichts also nicht geändert hat.

b) Das Verhältnis der Teilvolumina der beiden idealen Gase im Gleichgewichtszustand gibt das gesuchte Streckenverhältnis an. Es gilt

$$\frac{V_{\mathrm{He},2}}{V_{\mathrm{Ar},2}} = \frac{n_{\mathrm{He}}}{n_{\mathrm{Ar}}}$$

Die Molzahl des Heliums beträgt $n_{\mathrm{He}} = 1\,\mathrm{mol}$. Die Molmenge des Argons lässt sich mit Hilfe des Anfangszustandes 1 und der thermischen Zustandsgleichung für ein ideales Gas bestimmen

$$n_{\mathrm{Ar}} = \frac{p_{\mathrm{Ar},1} V_{\mathrm{Ar},1}}{R_m T_1}$$

Für das unbekannte Volumen des Argons im Zustand 1 $V_{\mathrm{Ar},1}$ gilt

$$V_{\mathrm{Ar},1} = \frac{5}{3} V_{\mathrm{He},1} = \frac{5}{3} \frac{n_{\mathrm{He}} R_m T_1}{p_{\mathrm{He},1}} = 8{,}26\,\text{Liter}\ (V_{\mathrm{He},1} = 4{,}96\,\text{Liter};\ V_{ges} = 13{,}22\,\text{Liter})$$

Somit ergibt sich für n_{Ar}

$$n_{\mathrm{Ar}} = \frac{p_{\mathrm{Ar},1} \frac{5}{3} \frac{n_{\mathrm{He}} R_m T_1}{p_{\mathrm{He},1}}}{R_m T_1} = \frac{5}{3} \frac{p_{\mathrm{Ar},1} n_{\mathrm{He}}}{p_{\mathrm{He},1}} = \frac{1}{3}\mathrm{mol} \quad \left(n_{ges} = \frac{4}{3}\mathrm{mol} \right)$$

Mit dieser Beziehung findet man für das Verhältnis der beiden Teilvolumina

$$\frac{V_{\mathrm{He},2}}{V_{\mathrm{Ar},2}} = \frac{n_{\mathrm{He}}}{\frac{5}{3} \frac{p_{\mathrm{Ar},1} n_{\mathrm{He}}}{p_{\mathrm{He},1}}} = \frac{3}{5} \frac{p_{\mathrm{He},1}}{p_{\mathrm{Ar},1}} = 3$$

Da die Gesamtlänge der Verschiebestrecke 80 cm beträgt, ist die Trennwand 60 cm von dem linken Behälterende entfernt.

c) Für die Änderung der Entropie eines idealen Gases gilt

$$S_2 - S_1 = n C_{p,m} \ln\left(\frac{T_2}{T_1}\right) - n R_m \ln\left(\frac{p_2}{p_1}\right)$$

Da bei dem Prozess keine Temperaturänderung stattfindet, fällt der erste Term aus obiger Gleichung heraus. Den Gleichgewichtsdruck kann man erneut mit der Zustandsgleichung für ideale Gase beispielsweise für Helium berechnen

$$p_{\mathrm{He},2} = p_{\mathrm{Ar},2} = p_2 = \frac{n_{\mathrm{He}} R_m T_2 (= T_1)}{V_{\mathrm{He},2}} = 249881\,\mathrm{Pa}$$

mit $V_{\mathrm{He},2} = 2\,V_{\mathrm{He},1}$, da der Kolben nun doppelt so weit vom linken Behälterrand entfernt ist als zuvor.

Somit ergibt sich für die Entropiedifferenz des Systems bei der Zustandsänderung von $1 \to 2$ (Gleichgewicht)

$$(S_2 - S_1)_{sys} = (S_2 - S_1)_{\mathrm{He}} + (S_2 - S_1)_{\mathrm{Ar}} = -n_{\mathrm{He}} R_m \ln \frac{p_2}{p_{\mathrm{He},1}} - n_{\mathrm{Ar}} R_m \ln \frac{p_2}{p_{\mathrm{Ar},1}}$$
$$= -1\,\mathrm{mol}\,8{,}3145 \frac{\mathrm{J}}{\mathrm{mol\,K}} \ln \frac{249881}{500000} - \frac{1}{3}\,\mathrm{mol}\,8{,}3145 \frac{\mathrm{J}}{\mathrm{mol\,K}} \ln \frac{249881}{100000} = 3{,}223 \frac{\mathrm{J}}{\mathrm{K}}$$

Aufgabe 5.8 (X) In einem Wärmetauscher tritt ein Kohlendioxidmassenstrom $\dot{m} = 0{,}05\,\mathrm{kg/s}$ mit der Temperatur $t_1 = 500\,°\mathrm{C}$ ein. Er wird im Wärmetauscher isobar auf $t_2 = 200\,°\mathrm{C}$ abgekühlt. Welcher Wärmestrom $\dot{Q}$ muss dem Kohlendioxidstrom entzogen werden?

Hinweis: Verwenden Sie die folgende Tabelle für die mittlere spezifische Wärmekapazität c_p in kJ/(kg K) von CO_2 als Funktion der Celsius-Temperatur (die Werte gelten für den Temperaturbereich von 0 °C bis zur jeweils angegebenen Temperatur)!

$t/[°\mathrm{C}]$	$c_p/\left[\mathrm{kJ/(kg\,K)}\right]$
100 °C	0,8677
200 °C	0,9122
300 °C	0,9509
400 °C	0,9850
500 °C	1,0152

Lösung:
Mittlere spezifische Wärmekapazität bei konstantem Druck für den Temperaturbereich zwischen t_1 und t_2

$$\left[c_p\right]_{t_1}^{t_2} = \frac{(t_2 - t_0)\left[c_p\right]_{t_0}^{t_2} - (t_1 - t_0)\left[c_p\right]_{t_0}^{t_1}}{t_2 - t_1}$$

Einsetzen von $t_1 = 500\,°\mathrm{C}$ und $t_2 = 200\,°\mathrm{C}$ sowie der Werte für $\left[c_p\right]_{0\,°\mathrm{C}}^{200\,°\mathrm{C}}$ und $\left[c_p\right]_{0\,°\mathrm{C}}^{500\,°\mathrm{C}}$ ergibt

$$\left[c_p\right]_{t_1}^{t_2} = \frac{200\,\mathrm{K}\,912{,}2\,\frac{\mathrm{J}}{\mathrm{kg\,K}} - 500\,\mathrm{K}\,1015{,}2\,\frac{\mathrm{J}}{\mathrm{kg\,K}}}{-300\mathrm{K}} = 1083{,}9\,\frac{\mathrm{J}}{\mathrm{kg\,K}}$$

Aus dem ersten Hauptsatz folgt für den vorliegenden Fall (keine technische Arbeit, stationärer Betrieb, keine Volumenänderung, Vernachlässigung von kinetischer und potenzieller Energieänderung) aus Gl. (3.4)

$$0 = \dot{m}\,(h_1 - h_2) + \dot{Q}$$
$$\dot{Q} = \dot{m}\,(h_2 - h_1) = \dot{m}\left[c_p\right]_{t_1}^{t_2}(t_2 - t_1)$$
$$= 0{,}05\,\frac{\text{kg}}{\text{s}}\,1083{,}9\,\frac{\text{J}}{\text{kgK}}\left(200\,^\circ\text{C} - 500\,^\circ\text{C}\right) = -16{,}258\,\text{kW}$$

Der Wärmestrom $\dot{Q}$ ist negativ, da er aus dem System hinausfließen muss.

Aufgabe 5.9 (X) In einem Dampfkessel $\left(V = 0{,}60\,\text{m}^3\right)$ befinden sich zum Zeitpunkt t_1 insgesamt m=300 kg Wasser bei einer Temperatur von $t_1 = 20\,^\circ\text{C}$. Neben dem Wasser befindet sich keine weitere Materie in dem Kessel. Das bedeutet, dass sich der Druck im Kessel vom Umgebungsdruck unterscheiden kann.

a) Welche Masse m' befindet sich dabei im Zustand der siedenden Flüssigkeit und welche Masse m'' im Zustand des gesättigten Dampfes?
b) Welche Wärme Q_{12} muss dem Kessel zugeführt werden, wenn das Wasser bei unverändertem Kesselvolumen den Druck $p_2 = 100\,\text{bar}$ erreichen soll?
c) Wie viel Wasser Δm verdampft während dieser Zustandsänderung?

Zustandsgrößen des Wassers im Phasengleichgewicht:

p/[bar]	t/[°C]	$v'/\left[\text{m}^3/\text{kg}\right]$	$v''/\left[\text{m}^3/\text{kg}\right]$	$h'/\left[\text{kJ}/\text{kg}\right]$	$h''/\left[\text{kJ}/\text{kg}\right]$
0,023	20	0,00100	57,84	83,9	2537,3
100	310,9	0,00145	0,018	1407,0	2725,6

Lösung:

a) Das Phasengleichgewicht zwischen Dampf und Flüssigkeit bei $t_1 = 20\,^\circ\text{C}$ bedeutet $p_1 = 0{,}023\,\text{bar} = 2300\,\text{Pa}$

$$v_1 = v_1' + x_1\left(v_1'' - v_1'\right) = \frac{V}{m}$$
$$x_1 = \frac{\frac{V}{m} - v_1'}{v_1'' - v_1'} = \frac{\frac{0{,}6\,\text{m}^3}{300\,\text{kg}} - 0{,}001\,\frac{\text{m}^3}{\text{kg}}}{57{,}839\,\frac{\text{m}^3}{\text{kg}}} = 1{,}729 \cdot 10^{-5}$$

Außerdem muss gelten

$$x_1 = \frac{m_1''}{m_1' + m_1''} = \frac{m_1''}{m}$$

Man findet somit

$$m_1'' = x_1 m = 5{,}187 \cdot 10^{-3}\text{kg},\; m_1' = (1 - x_1)m = 299{,}9948\,\text{kg}$$

b) Zur Bestimmung der zuzuführenden Wärme wird der erste Hauptsatz aufgestellt. Dabei wird von Anfang an berücksichtigt, dass die kinetische und potenzielle Energieänderung Null ist und der Dampfkessel ein geschlossenes System darstellt ($\Delta m = 0$). Aus Gl. (3.8) folgt

$$U_2 - U_1 = W_{V,12} + Q_{12}$$

wobei gilt

$$dV = 0 \text{ (isochorer Prozess) sowie } W_{V,12} = 0$$

Es folgt

$$Q_{12} = U_2 - U_1 = H_2 - p_2 V - H_1 + p_1 V = m\left[h_2 - h_1 - v\,(p_2 - p_1)\right]$$

Zur Berechnung von h_1 wird der bereits berechnete Dampfanteil x_1 benötigt

$$h_1 = h_1' + x_1\left(h_1'' - h_1'\right) = 83{,}942\,\frac{\text{kJ}}{\text{kg}}$$

Entsprechend ist x_2 zur Berechnung von h_2 notwendig

$$x_2 = \frac{\frac{V}{m} - v_2'}{v_2'' - v_2'} = 0{,}03323$$

Hieraus folgt $h_2 = h_2' + x_2\left(h_2'' - h_2'\right) = 1450{,}82\frac{\text{kJ}}{\text{kg}}$

Die zuzuführende Wärme berechnet sich dann (mit $v = \frac{V}{m}$)

$$Q_{12} = m\left[h_2 - h_1 - \frac{V}{m}(p_2 - p_1)\right]$$
$$= 300\,\text{kg}\left[1450{,}82\frac{\text{kJ}}{\text{kg}} - 83{,}942\frac{\text{kJ}}{\text{kg}} - 0{,}002\frac{\text{m}^3}{\text{kg}}(9997700\,\text{Pa})\right] = 404{,}065\,\text{MJ}$$

c) Es gilt

$$x_2 = \frac{m_2''}{m};\quad x_1 = \frac{m_1''}{m}$$

Somit folgt

$$\Delta m = m_2'' - m_1'' = m\,(x_2 - x_1) = 9{,}964\,\text{kg}$$

Aufgabe 5.10 (X) In einem reversibel adiabaten Prozess wird Methan ausgehend von Zustand 1 mit $v_1 = 0{,}006\,\text{m}^3/\text{kg}$ und $T_1 = 250\,\text{K}$ auf ein spezifisches Volumen $v_1 = 0,005\,\text{m}^3/\text{kg}$ verdichtet. Das Methan soll als van-der-Waals-Gas behandelt werden. Verwenden Sie für alle Berechnungen die folgenden Stoffwerte

$$M = 16{,}043\,\frac{\text{g}}{\text{mol}}, \quad c_v = 1{,}892\,\frac{\text{kJ}}{\text{kg K}}, \quad T_K = 190{,}56\,\text{K},$$

$$p_K = 4{,}5992\,\text{MPa}, \ \text{R}_m = 8{,}314\,\frac{\text{J}}{\text{mol K}}$$

a) Bestimmen Sie das kritische Volumen sowie die Gaskonstante von Methan!
b) Bestimmen Sie die van-der-Waals-Konstanten a und b für Methan!
c) Bestimmen Sie die fehlenden thermischen Zustandsgrößen für die Zustände 1 und 2!
d) Wie groß ist die bei dieser Zustandsänderung übertragene spezifische Volumenänderungsarbeit?

Anstelle eines reversibel adiabaten Prozesses von 1 $\rightarrow$ 2 soll die Zustandsänderung nun zunächst isotherm bis zu einem Punkt „ZP" und im Anschluss isochor bis auf Punkt 2 erfolgen.

e) Berechnen Sie den Druck p_{ZP} im Zustand „ZP"! Welche spezifischen Wärmen werden bei den beiden Teilprozessen übertragen?

Lösung:

a) Für das van-der-Waals-Gas gilt nach Gl. (4.39) im Lehrbuch

$$\frac{p_K v_K}{R T_K} = \frac{3}{8}$$

Hieraus folgt mit den angegebenen Werten

$$R = \frac{R_m}{M} = 518{,}2\,\frac{\text{J}}{\text{kgK}}, \qquad v_K = 8{,}052 \cdot 10^{-3}\,\frac{\text{m}^3}{\text{kg}}$$

b) Die Konstanten a, b für die van-der-Waals-Gleichung berechnet man nach Gl. (4.39) im Lehrbuch zu

$$a = 3 p_K v_K^2 = 894{,}6\,\frac{\text{m}^5}{\text{kg s}^2}, \qquad b = \frac{v_K}{3} = 2{,}684 \cdot 10^{-3}\,\frac{\text{m}^3}{\text{kg}}$$

c) Aus der thermischen Zustandsgleichung nach van-der-Waals folgt für den Zustandspunkt 1 folgt

$$p_1 = \frac{R T_1}{v_1 - b} - \frac{a}{v_1^2} = 14{,}22\,\text{MPa} = 142{,}2\,\text{bar}$$

Es liegt eine reversibel adiabate Zustandsänderung vor, also gilt:

$$\left(p + \frac{a}{v^2}\right)(v - b)^{\frac{c_v + R}{c_v}} = \text{konst. und } T_2 = T_1 \left(\frac{v_2 - b}{v_1 - b}\right)^{R/c_v} = 275{,}8\,\text{K}$$

$$p_2 = \frac{RT_2}{v_2 - b} - \frac{a}{v_2^2} = 25{,}93\,\text{MPa} = 259{,}3\,\text{bar}$$

d) Die spezifische Volumenänderungsarbeit für einen reversibel adiabaten Prozess berechnet sich zu

$$w_{V,12} = u_2 - u_1 = c_v(T_2 - T_1) - \frac{a}{v_2^2} + \frac{a}{v_1^2} = 18{,}99 \frac{\text{kJ}}{\text{kg}}$$

e) Der Alternativprozess ist 1→ZP→2: Zuerst also von 1→ZP isotherm, dann ZP→2 isochor

Es gilt also: $T_{ZP} = T_1 = 250\,\text{K}$ und $v_{ZP} = v_2 = 0{,}005\,\frac{\text{m}^3}{\text{kg}}$

Aus der thermischen Zustandsgleichung ergibt sich

$$p_{ZP} = \frac{RT_{ZP}}{v_{ZP} - b} - \frac{a}{v_{ZP}^2} = 20{,}15\,\text{MPa} = 201{,}5\,\text{bar}$$

Die übertragenen spezifischen Wärmen berechnen sich schließlich wie folgt

$$q_{1,ZP} = RT_1 \left(\frac{v_2 - b}{v_1 - b} \right) = -46{,}50\,\frac{\text{kJ}}{\text{kg}}$$

$$q_{ZP,2} = c_v(T_2 - T_{ZP}) = 48,81\,\frac{\text{kJ}}{\text{kg}}$$

Maximale Arbeit und Exergie

6

Das sechste Kapitel im Lehrbuch widmet sich der maximalen Arbeitsfähigkeit eines thermodynamischen Systems. In diesem Kapitel werden Aufgaben angegeben, die hierfür relevant sind. Die wichtigsten Formeln werden zusammengefasst, sowie Kurzfragen und Rechenaufgaben vorgestellt und ausführlich gelöst.

6.1 Die wichtigsten Definitionen und Formeln

Allgemeine Aussagen zur Arbeitsfähigkeit Ein System, das sich *nicht* im thermodynamischen Gleichgewicht mit seiner Umgebung befindet, ist in der Lage, so lange Arbeit zu leisten, bis es vollständig den Umgebungszustand angenommen hat. Die reversible Arbeit, die ein System in einem solchen Fall maximal leisten kann, wird **Exergie** genannt. Der Anteil der Energie, der nicht in nutzbare Arbeit umgewandelt werden kann, wird als **Anergie** bezeichnet. Bei festgelegtem Umgebungszustand ist die Exergie eine (extensive) Zustandsgröße. Nur bei reversibler Prozessführung bleibt die Exergie konstant und kann entsprechend bilanziert werden. Bei allen irreversiblen Prozessen wird Exergie unwiederbringlich in Anergie umgewandelt. Es ist unmöglich, Anergie in Exergie umzuwandeln.

Die Definition der Exergie Die Exergie ist der Anteil der Energie, der sich in einer gegebenen Umgebung durch eine reversible Prozessführung vollständig in nutzbare Arbeit umwandeln lässt. Anergie ist der Anteil der Energie, der sich unter keinen Umständen in nutzbare Arbeit umwandeln lässt. Die Energie eines Systems ist die Summe aus Exergie und Anergie.

B. Weigand et al., *Thermodynamik kompakt – Formeln und Aufgaben*,
DOI 10.1007/978-3-662-49701-2_6

$$-\dot{W}_{ex} = (-\dot{W}_t)_{rev} = -\frac{d}{dt}\left\{U + m\left(\frac{c^2}{2} + gz\right) + p_u V - T_u S\right\}_{System} + \sum_{j=1}^{K}\left[\dot{m}_j\left(h + \frac{c^2}{2} + gz - T_u s\right)_j\right]_{über\ SG} + \sum_{l=1}^{N}\left(1 - \frac{T_u}{T_{\text{Wärmeb}\ l}}\right)\dot{Q}_{\text{Wärmeb.}\ l} \tag{6.4}$$

Die Exergie der Enthalpie Von besonderer technischer Relevanz ist ein reversibles **offenes, stationäres System** mit nur einem ein- und einem austretenden Massenstrom. Der Massenstrom besitzt am Eintritt den Zustand 1 und verlässt das System in dem Zustand u, der sich im Gleichgewicht mit der Umgebung befindet. Außer mit der Umgebung wird keine Wärme ausgetauscht und Änderungen von kinetischer und potenzieller Energie können vernachlässigt werden.

$$-\dot{W}_{ex,1u} = \dot{m}[h_1 - h_u - T_u(s_1 - s_u)] \tag{6.5}$$

Die Exergie der inneren Energie Für ein reversibles **geschlossenes, instationäres System**, das nur mit seiner Umgebung Wärme austauscht und für das zudem die Änderungen von kinetischer und potenzieller Energie vernachlässigt werden können, gilt

$$-\dot{W}_{ex} = -\frac{d}{dt}\{U + p_u V - T_u S\}_{System} \tag{6.6}$$

$$-W_{ex,1u} = U_1 - U_u + p_u(V_1 - V_u) - T_u(S_1 - S_u) \tag{6.7}$$

Dies ist die maximale Arbeit, die ein geschlossenes System dann leistet, wenn es durch einen *einmaligen* Prozess von einem Anfangszustand 1 reversibel ins Gleichgewicht mit seiner Umgebung (d. h. in den Zustand u) gebracht wird.

Die Exergie der Wärme Wird bei einem **geschlossenen, stationären System** neben der Wärmeübertragung mit der Umgebung nur mit einem weiteren Wärmebehälter der Wärmestrom $\dot{Q}_1$ (bei konstanter Temperatur T_1) übertragen, so ergibt sich

$$-\dot{W}_{ex} = \left(1 - \frac{T_u}{T_1}\right)\dot{Q}_1 = \eta_{th,C}\,\dot{Q}_1 \tag{6.9}$$

bzw. integriert über ein Zeitintervall.

$$-W_{ex} = \left(1 - \frac{T_u}{T_1}\right)Q_1 = \eta_{th,C}\,Q_1 \tag{6.10}$$

Arbeitsverlust durch Irreversibilitäten Wird zwischen einem System und seiner Umgebung infolge einer Zustandsänderung Arbeit ausgetauscht, so ist die Differenz zwischen der tatsächlich ausgetauschten Arbeit und der Exergieänderung des Systems bei der entsprechenden Zustandsänderung die unwiederbringlich verlorene Arbeitsfähigkeit, die als **Arbeitsverlust durch Irreversibilitäten**, W_{Virrev}, bezeichnet wird.

$$\dot{W}_{Virrev} = \left(-\dot{W}_{ex}\right) - \left(-\dot{W}_t\right)_{irrev} = T_u\left(\dot{S}_{prod}\right)_{im\ System} \tag{6.11}$$

$$W_{Virrev,12} = \left(-W_{ex,12}\right) - \left(-W_{t,12}\right)_{irrev} = T_u\left(S_{prod,12}\right)_{im\ System} \tag{6.12}$$

6.2 Verständnisfragen

Frage 1: Was versteht man unter den Begriffen Exergie und Anergie?

Frage 2: Warum besteht unsere reale Umgebung nicht nur aus Anergie?

Frage 3: Stellen Sie die Nutzarbeit, die einmalig aus einem sehr kalten Gas, das bei Umgebungsdruck vorliegt, bestenfalls gewonnen werden kann, als Fläche in einem p,V-Diagramm dar!

Frage 4: Wie unterscheiden sich Wärmekraftmaschine, Wärmepumpe und Kältemaschine hinsichtlich des jeweils auftretenden Exergiestromes?

Frage 5: Welcher Fall ist ungünstiger, wenn Reibungsverluste bei 100 K oder bei 1000 K auftreten und warum?

Frage 6: Einem Kühlschrank fließt durch Wandwärmeübertragung ein gewisser Energiestrom zu. Wird die Exergie des Kühlraums durch die so gewonnene Energie vergrößert oder verkleinert?

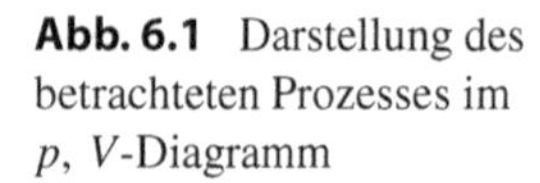

Abb. 6.1 Darstellung des betrachteten Prozesses im p, V-Diagramm

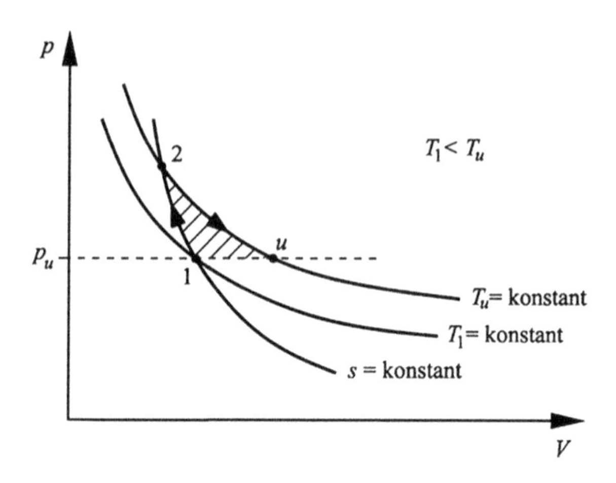

Antworten auf die Verständnisfragen

Antwort zu Frage 1: Die Exergie ist der Anteil der Energie, der sich in einer gegebenen Umgebung durch eine reversible Prozessführung vollständig in nutzbare Arbeit umwandeln lässt. Anergie ist der Anteil der Energie, der sich unter keinen Umständen in nutzbare Arbeit umwandeln lässt. Die Energie eines Systems ist die Summe aus Exergie und Anergie.

Antwort zu Frage 2: Der Zustand unserer realen Umgebung ist nicht konstant und unveränderlich. Es treten immer wieder Veränderungen (Differenzen bzw. Gradienten) auf, wie z. B. räumliche oder zeitliche Temperaturänderungen, Tagesgänge, Wind, Gezeiten, etc., die zur Arbeitsgewinnung genutzt werden können.

Antwort zu Frage 3: Vom Zustand 1 ($T_1 < T_u$ und $p_1 = p_u$) wird das Gas im ersten Schritt unter Arbeitsaufwand reversibel adiabat soweit verdichtet, bis im Zustand 2 die Umgebungstemperatur erreicht wird. Dann leistet das Gas in einem zweiten Schritt Arbeit, indem es isotherm expandiert. Dabei wird Wärme von der Umgebung zugeführt, bis sich im Zustand u der Druck wieder auf den Umgebungsdruck abgesenkt hat (Abb. 6.1).

Die insgesamt bestenfalls gewinnbare Arbeit lässt sich daher als die schraffierte Fläche in dem p, V-Diagramm einzeichnen, die die Summe der drei erwähnten Arbeiten darstellt.

Antwort zu Frage 4: Die Wärmekraftmaschine gibt Exergie ab, indem sie mechanische Arbeit (pro Zeit) leistet. Dieser Exergiestrom wird ihr als Teil eines Wärmestromes zugeführt. Der Wärmepumpe und der Kältemaschine wird reine Exergie in Form von mechanischer oder elektrischer Antriebsenergie zugeführt. In Verbindung mit einer Wärmeübertragung wird diese Exergie im Fall der Wärmepumpe auf (im Vergleich zur Umgebungstemperatur) hohem Temperaturniveau zum Heizen oder im Fall der Kältemaschine auf tiefem Temperaturniveau zum Kühlen wieder abgegeben.

Antwort zu Frage 5: Bei einer angenommenen Umgebungstemperatur von etwa 300 K ist die Dissipation bei 100 K der ungünstigere Fall, da die Exergie der Wärme, die man bei einer Dissipation auf einem Temperaturniveau von 1000 K (wieder) in Nutzarbeit umwandeln könnte, höher ist als die der gleichen Wärmemenge, die bei 100 K genutzt (zurückgewonnen) werden könnte.

Antwort zu Frage 6: Dem Kühlraum eines Kühlschranks wird von der Umgebung infolge von Wandwärmeverlusten Wärme zugeführt, welche die Exergie, die dem Kühlraum durch die Kältemaschine zugeführt wird, in einem irreversiblen Prozess (unwiederbringlich) vernichtet. Die Exergie wird in Anergie überführt und damit verringert.

6.3 Rechenaufgaben

Aufgabe 6.1 (XX) Ein Wärmetransformator hat die Aufgabe einen Abwärmestrom $\dot{Q}_2 = 1\,\text{kW}$, der bei $T_2 = 600\,\text{K}$ zur Verfügung steht, auf eine höhere Temperatur $T_1 = 900\,\text{K}$ ohne Austausch von technischer Arbeit anzuheben. Dazu wird Anergie aus dem Wärmestrom abgetrennt und als Wärmestrom $\dot{Q}_u$ in die Umgebung mit $T_u = 300\,\text{K}$ abgeführt. Welcher Wärmestrom $\dot{Q}_1$ steht bei $T_1 = 900\,\text{K}$ maximal zur Verfügung?

Lösung:
Die Exergie der Wärme lautet nach Gl. (6.9)

$$-\dot{W}_{ex} = \left(1 - \frac{T_u}{T_j}\right)\dot{Q}_j \quad j = 1, 2, u \tag{6.9}$$

Eine Energiebilanz mit Gl. (6.11) mit $\dot{W}_{Virrev} = 0$, da der Wärmestrom maximal sein soll, ergibt

$$\underbrace{\left(1 - \frac{T_u}{T_u}\right)}_{=0}\dot{Q}_u + \left(1 - \frac{T_u}{T_2}\right)\dot{Q}_2 + \left(1 - \frac{T_u}{T_1}\right)\dot{Q}_1 = \dot{W}_{V,irrev} = 0$$

Hieraus folgt

$$\frac{\dot{Q}_1}{\dot{Q}_2} = -\left(1 - \frac{T_u}{T_2}\right) / \left(1 - \frac{T_u}{T_1}\right)$$

Zahlenbeispiel

$$\frac{\dot{Q}_1}{\dot{Q}_2} = -\left(1 - \frac{300\,\text{K}}{600\,\text{K}}\right) / \left(1 - \frac{300\,\text{K}}{900\,\text{K}}\right) = -0{,}75$$

Es gilt somit für $\dot{Q}_2 = 1\,\text{kW}$ wird $\dot{Q}_1 = -0{,}75\,\text{kW}$ aus dem Wärmetransformator abgeführt.
Die Energiebilanz liefert

$$\dot{Q}_u = -\dot{Q}_1 - \dot{Q}_2 = 0{,}75\,\text{kW} - 1\,\text{kW} = -0{,}25\,\text{kW}$$

Aufgabe 6.2 (XX) Luft soll von dem Zustand 1 ($p_1 = 10\,\text{bar}$, $t_1 = 30\,°\text{C}$, $V_1 = 10\,\text{Liter}$) so in den Zustand 2 ($p_2 = 2\,\text{bar}$, $t_2 = 0\,°\text{C}$) überführt werden, dass dabei die maximale

Arbeit geleistet werden kann. Die Zustandsänderung wird in einer Umgebung mit $p_0 = 1$ bar, $t_0 = 20\,°C$ durchgeführt.

Hinweis: Zur Lösung der Aufgabe soll die Luft als ideales Gas mit c_v = konst. vorausgesetzt werden. Dann gelten folgende vereinfachenden Zusammenhänge

$$\kappa = 1{,}4, \quad pv^\kappa = konst., \quad pv = RT$$

a) Wie muss der Prozess geführt werden, damit die abgegebene Arbeit maximal wird und welches physikalische Postulat steht hinter dieser Aussage?
b) Nennen Sie die beiden Ursachen, die dazu führen, dass der Prozess 1 → 2 nicht die maximal mögliche Arbeit abgibt!
c) Welche Temperatur T_2^* stellt sich ein, wenn die Luft reversibel adiabat auf den Druck p_2 entspannt wird? Kann der Zustand 2 noch reversibel erreicht werden?
d) Mit Hilfe welcher Zustandsänderungen (Prozesse) kann man demnach die Luft vom Zustand 1 in den Zustand 2 so überführen, dass die maximal mögliche Arbeit gewonnen wird?
e) Skizzieren Sie die Prozessführung von d) in einem p,V- und einem T,S-Diagramm! Muss bei der Zustandsänderung 1 → 2 die Wärme Q_{12} zu- oder abgeführt werden?
f) Zeichnen Sie die maximal gewinnbare Arbeit $W_{max,12}$ in das p,V-Diagramm und die ausgetauschte Wärme Q_{12} in das T,S-Diagramm ein!

Lösung:

a) Nach dem zweiten Hauptsatz muss ein Prozess reversibel geführt werden, damit er die maximal mögliche Arbeit liefern kann. Andernfalls ist der Entropieproduktionsterm S_{prod} ungleich Null, so dass ein Teil der Energie unwiederbringlich als Anergie an die Umgebung abgegeben wird.
b) Die beiden Möglichkeiten innerhalb des obigen Prozesses, die zu Irreversibilitäten führen werden, sind zum einen die Reibungsverluste, wie sie beim Verschieben eines Kolbens zur Druckänderung auftreten und Wärmeübergänge, die mit endlichen Temperaturdifferenzen ablaufen.
c) Für die Temperatur bei reversibel adiabater Entspannung gilt

$$T_2^* = T_1\left(\frac{p_2}{p_1}\right)^{\frac{\kappa-1}{\kappa}} = 303{,}15\,\text{K}\left(\frac{2}{10}\right)^{\frac{1,4-1}{1,4}} = 191{,}4\,\text{K} < T_2$$

Da die Temperatur T_2^* kleiner als T_2 ist, muss Wärme von der Umgebung bei einer endlichen Temperaturdifferenz zugeführt werden. Der Prozess ist somit nicht mehr reversibel.
d) Die Luft muss zunächst soweit adiabat/reibungsfrei bzw. reversibel adiabat entspannt werden, dass sie genau die Umgebungstemperatur erreicht (Prozess: 1 → A). Nun kann reversibel Wärme übertragen werden, bis das System die Isentrope erreicht, die durch den Zustand 2 verläuft (Prozess: A → B). Nun kann der Endzustand durch erneute reversibel adiabate Prozessführung erreicht werden (Prozess: B → 2).
e) In Abb. 6.2 ist die Prozessführung in einem p,V- und in einem T,S-Diagramm dargestellt. Hierbei wird die Wärme Q_{12} zugeführt.

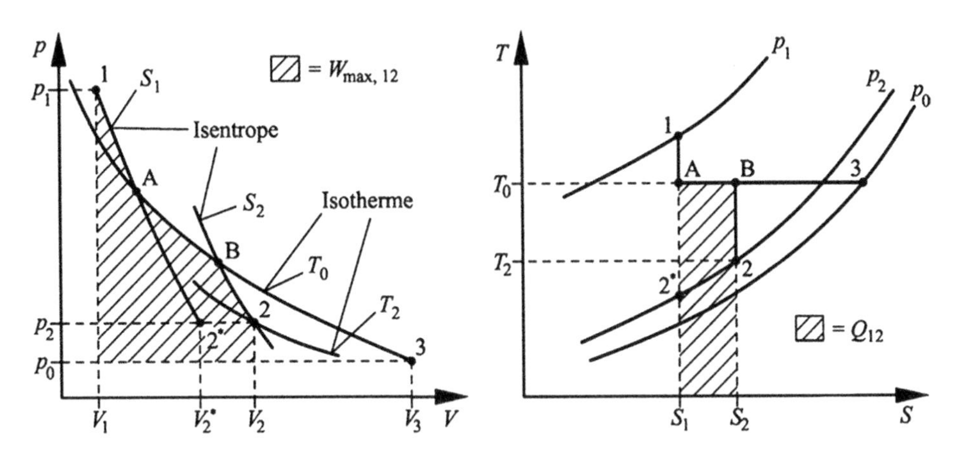

Abb. 6.2 Darstellung des betrachteten Prozesses im p,V- und T,S-Diagramm

f) In Abb. 6.2 sind noch die maximale Arbeit in einem p,V- und die ausgetauschte Wärme in einem T,S-Diagramm als Flächen mit dargestellt.

Aufgabe 6.3 (X) In der Pressluftkammer eines Luftgewehrs befindet sich komprimierte Luft vom Zustand 1 ($p_1 = 12\,\text{bar}, T_1 = T_u = 290\,\text{K}$ und $m_1 = 0{,}15\,\text{g}$).

Welche maximale Fluggeschwindigkeit c_{Kugel} kann eine Kugel der Masse $m_{Kugel} = 1\,\text{g}$ erreichen, wenn die im Luftgewehr komprimierte Luft durch einen einmaligen Expansionsprozess die Kugel beschleunigt und dabei auf den Umgebungszustand $T_u = 290\,\text{K}$ und $p_u = 1\,\text{bar}$ expandiert wird?

Es gelten folgende konstanten Stoffwerte für Luft: $c_v = 0{,}713\,\text{kJ/(kg K)}$, $R = 0{,}287\,\text{kJ/(kg K)}$

Lösung:
Die komprimierte Luft besitzt eine bestimmte Exergie. Um die maximale Geschwindigkeit für die Luftgewehrkugel zu erhalten, muss diese Exergie (einmalig) vollständig in die kinetische Energie der Kugel überführt werden.

Die Exergie der komprimierten Luft wird mit Hilfe von Gl. (6.7) bestimmt.

$$-W_{ex,1u} = m_1\left[u_1 - u_u + p_u(v_1 - v_u) - T_u(s_1 - s_u)\right]$$

$$-W_{ex,1u} = 0{,}15 \cdot 10^{-3}\,\text{kg}\left[\begin{array}{l} 0{,}713\dfrac{\text{kJ}}{\text{kg K}}(290\,\text{K} - 290\,\text{K}) + \\ 0{,}287\dfrac{\text{kJ}}{\text{kg K}}\left(290\,\text{K}\dfrac{1\,\text{bar}}{12\,\text{bar}} - 290\,\text{K}\right) \\ -290\,\text{K}\left(1\dfrac{\text{kJ}}{\text{kg K}}\ln\left(\dfrac{290\,\text{K}}{290\,\text{K}}\right) - 0{,}287\dfrac{\text{kJ}}{\text{kg K}}\ln\left(\dfrac{12\,\text{bar}}{1\,\text{bar}}\right)\right)\end{array}\right]$$

$$-W_{ex,1u} = 0{,}01958\,\text{kJ}$$

Diese Exergie muss vollständig in die kinetische Energie der Luftgewehrkugel $E_{kin,Kugel}$ überführt werden, d. h.

$$E_{kin,Kugel} = m_{Kugel} \frac{c_{Kugel}^2}{2} = -W_{ex,1u}$$

Daraus ergibt sich die gesuchte maximale Geschwindigkeit für die Luftgewehrkugel

$$c_{Kugel} = \sqrt{\frac{2\left(-W_{ex,1u}\right)}{m_{Kugel}}} = \sqrt{\frac{2 \cdot 19{,}58\,\text{Nm}}{1 \cdot 10^{-3}\,\text{kg}}} = \sqrt{39160\,\frac{\text{kg}\,\text{m}^2}{\text{kg}\,\text{s}^2}} = 198\,\frac{\text{m}}{\text{s}}$$

Aufgabe 6.4 (XX) In einer Unterdruckkammer $\left(V = 2\,m^3\right)$ befindet sich Luft vom Zustand $p_1 = p_u = 1\,\text{bar}$, $T_1 = T_u = 300\,\text{K}$. Zum Zeitpunkt t_1 wird eine Vakuumpumpe eingeschaltet, die mit einer konstanten Antriebsleistung $\dot{W}_t = 100\,\text{W}$ die Luft aus der Kammer absaugt und in die Umgebung fördert.

Es gelten folgende konstanten Stoffwerte für Luft: $c_v = 0{,}713\,\text{kJ}/(\text{kg K})$, $R = 0{,}287\,\text{kJ}/(\text{kg K})$

a) Wie groß ist die Exergie $-W_{ex,1u}(p_1, T_1)$ der Luft im Behälter?
b) Welche Luftmenge $\Delta m = m_2 - m_1$ muss aus der Kammer entfernt werden, damit dort zum Zeitpunkt t_2 ein Zustand $T_2 = 300\,\text{K}$, $p_2 = 100\,\text{mbar}$ besteht?
c) Wie groß ist die Exergie $-W_{ex,2u}(p_2, T_2)$ der Luft im Unterdruckbehälter zum Zeitpunkt t_2?
d) Nach welcher Zeit $\Delta t = t_2 - t_1$ kann dieser Zustand bestenfalls erreicht werden?

Lösung:
Die Exergie eines geschlossenen Systems (Exergie der inneren Energie) ist durch Gl. (6.7) gegeben

$$-W_{ex,1u} = U_1 - U_u + p_u(V_1 - V_u) - T_u(S_1 - S_u) \tag{6.7}$$

a) Da die Luft im Zustand 1 unter Umgebungsbedingungen vorliegt, erhält man

$$-W_{ex,1u}(p_1, T_1) = 0, \text{da } p_1 = p_u \text{ und } T_1 = T_u$$

b) Für die aus der Kammer entfernte Luftmenge berechnet man

$$m_1 = \frac{p_1 V_1}{RT_1};\, m_2 = \frac{p_2 V_2}{RT_2} \text{mit } V_1 = V_2 = 2\text{m}^3 \text{ und } T_1 = T_2 = 300\,\text{K}$$

$$\begin{aligned}\Delta m = m_2 - m_1 &= \frac{V_1}{RT_1}(p_2 - p_1)\\ &= \frac{2\text{m}^3}{0{,}287\frac{\text{kJ}}{\text{kg K}}300\,\text{K}}(0{,}1 - 1)\text{bar}\frac{10^5\,\frac{\text{N}}{\text{m}^2}}{\text{bar}}\frac{\text{J}}{\text{Nm}}\frac{\text{kJ}}{10^3\text{J}} = -2{,}091\,\text{kg}\end{aligned}$$

c) Die Exergie der Luft im Zustand 2 berechnet man wieder mit Hilfe der Gl. (6.7)

$$-W_{ex,2u}(p_2, T_2) = U_2 - U_u + p_u(V_2 - V_u) - T_u(S_2 - S_u)$$

Hierbei lassen sich die einzelnen Terme in dieser Gleichung wie folgt berechnen

$$U_2 - U_u = m_2(u_2 - u_u) = 0$$

Die innere Energie des idealen Gases hängt nur von der Temperatur ab, die hier konstant bleibt.

$$\begin{aligned} p_u(V_2 - V_u) &= p_u m_2(v_2 - v_u) = p_u m_2\left(\frac{RT_2}{p_2} - \frac{RT_u}{p_u}\right) \\ &= \frac{p_u p_2 V_2}{p_2} - \frac{p_u p_2 V_2}{p_u} = p_2 V_2\left(\frac{p_u}{p_2} - 1\right) \end{aligned}$$

$$0{,}1\,\text{bar}\,2\text{m}^3\left(\frac{1\,\text{bar}}{0{,}1\,\text{bar}} - 1\right) = 1{,}8\,\text{bar}\,\text{m}^3\,\frac{10^5\,\frac{\text{N}}{\text{m}^2}\,\text{J}\,\text{kJ}}{10^3\,\text{bar}\,\text{Nm}\,\text{J}} = 180\,\text{kJ}$$

$$m_2 = \frac{p_2V_2}{RT_2} = \frac{0{,}1\,\text{bar}\cdot 10^5\,\frac{\text{N/m}^2}{\text{bar}}\,2\,\text{m}^3}{287\,\frac{\text{J}}{\text{kg}\,\text{K}}\,300\,\text{K}} = 0{,}2323\,\text{kg}$$

Mit Gl. (4.36), $s_2 - s_u = c_p \ln(T_2/T_u) - R\ln(p_2/p_u)$ ergibt sich

$$\begin{aligned} T_u m_2(s_2 - s_u) &= 300\,\text{K}\cdot 0{,}2323\,\text{kg}\left[1\frac{\text{kJ}}{\text{kg}\,\text{K}}\ln\left(\frac{300\,\text{K}}{300\,\text{K}}\right) - 0{,}287\frac{\text{kJ}}{\text{kg}\,\text{K}}\ln\left(\frac{0{,}1\,\text{bar}}{1\,\text{bar}}\right)\right] \\ &= 46{,}05\,\text{kJ} \end{aligned}$$

$$\Rightarrow -W_{ex,2u}(p_2, T_2) = 180\,\text{kJ} - 46{,}05\,\text{kJ} = 133{,}95\,\text{kJ}$$

d) Bestenfalls ist gleichbedeutend mit einer reversiblen Prozessführung. Das bedeutet

$$-W_{ex,2u}(p_2, T_2) = -W_t|_{rev} = -\dot{W}_t\,\Delta t$$

$$\Rightarrow \Delta t = \frac{133{,}95\,\text{kJ}}{100\,\text{W}}\,\frac{\text{W}\,10^3\,\text{J}}{\frac{\text{J}}{\text{s}}\,\text{kJ}}\,\frac{\text{min}}{60\,\text{s}} = 22{,}33\,\text{min}$$

Aufgabe 6.5 (X) Ein Volumen von 300 Litern Heliumgas im Umgebungszustand ($p_0 = 1$ bar, $T_0 = 300$ K) soll einmalig unter minimalem Arbeitsaufwand in den Zustand 2 ($p_2 = p_0$, $T_2 = 200$ K) überführt werden. Als Wärmereservoir steht lediglich die Umgebung zur Verfügung.

a) Zeichnen Sie die für den Prozess notwendigen Zustandsänderungen qualitativ richtig in ein p,V- und ein T,S-Diagramm ein und beschriften Sie alle Zustandsänderungen und Zustandspunkte!
b) Kennzeichnen Sie die minimal aufzuwendende Arbeit W_{min} im p,V-Diagramm und die übertragene Wärmemenge Q_{02} im T,S-Diagramm als Flächen!
c) Berechnen Sie W_{min}!

Hinweis: Die Molmasse von Helium ist $M_{\mathrm{He}} = 4\,\mathrm{g/mol}$

Lösung:

a) Abbildung 6.3 zeigt den Prozess jeweils in einem p,V- und in einem T,S-Diagramm.
b) In den Diagrammen in Abb. 6.3 sind auch die gefragte minimale Arbeit und die Wärmemenge als Flächen gekennzeichnet.
c) Es gilt für die minimal aufzuwendende Arbeit (Exergie der inneren Energie) nach Gl. (6.7)

$$W_{min} = m\left[u_2 - u_u - T_u(s_2 - s_u) + p_u(v_2 - v_u)\right]$$

Mit

$$m = \frac{M_{\mathrm{He}}\, p_0 V_0}{R_m T_0} = \frac{0{,}004\frac{\mathrm{kg}}{\mathrm{mol}}\, 10^5\,\mathrm{Pa}\; 0{,}3\,\mathrm{m}^3}{8{,}3143\frac{\mathrm{J}}{\mathrm{mol\,K}} 300\,\mathrm{K}} = 4{,}811 \cdot 10^{-2}\,\mathrm{kg}$$

Die spezifischen molaren Wärmen $C_{V,m}$, $C_{p,m}$ berechnen sich nach Anhang B im Lehrbuch zu $C_{V,m} = 3/2 R_m$, $C_{p,m} = 5/2 R_m$. Damit ergibt sich

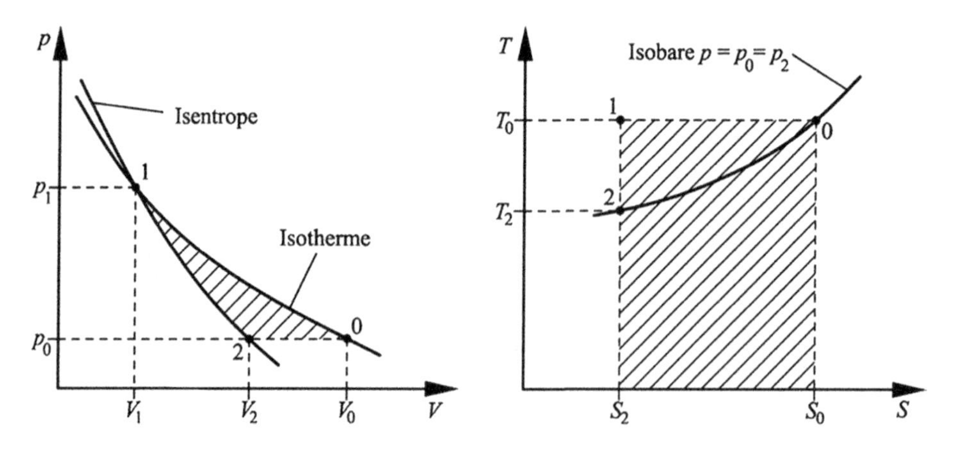

Abb. 6.3 Darstellung des Prozesses in einem p,V- und einem T,S-Diagramm

$$u_2 - u_u = c_v(T_2 - T_u) = \frac{C_{V,m}}{M}(T_2 - T_u) = \frac{\frac{3}{2}R_m}{M}(T_2 - T_u)$$

$$= \frac{1{,}5 \cdot 8{,}3143\,\frac{\mathrm{J}}{\mathrm{mol\,K}}}{0{,}004\,\frac{\mathrm{kg}}{\mathrm{mol}}}(-100\,\mathrm{K}) = -311{,}79\,\frac{\mathrm{kJ}}{\mathrm{kg}}$$

$$-T_u(s_2 - s_u) = -T_u\left(c_p \ln\frac{T_2}{T_u} - R_i \ln\underbrace{\frac{p_2}{p_u}}_{=0}\right) = -T_u\frac{C_{p,m}}{M}\ln\frac{T_2}{T_u} = -T_0\frac{\frac{5}{2}R_m}{M}\ln\frac{T_2}{T_u}$$

$$= -300\,\mathrm{K}\,\frac{\frac{5}{2}8{,}3143\,\frac{\mathrm{J}}{\mathrm{mol\,K}}}{0{,}004\,\frac{\mathrm{kg}}{\mathrm{mol}}}\ln\frac{200\,\mathrm{K}}{300\,\mathrm{K}} = +632{,}09\,\frac{\mathrm{kJ}}{\mathrm{kg}}$$

und

$$p_u(v_2 - v_u) = p_u\frac{R_m}{M}\left(\frac{T_2}{p_2} - \frac{T_u}{p_u}\right) = 10^5\,\frac{8{,}3143\,\frac{\mathrm{J}}{\mathrm{mol\,K}}}{0{,}004\,\frac{\mathrm{kg}}{\mathrm{mol}}}\left(\frac{200\,\mathrm{K}}{10^5\,\mathrm{Pa}} - \frac{300\,\mathrm{K}}{10^5\,\mathrm{Pa}}\right)$$

$$= -207{,}86\,\frac{\mathrm{kJ}}{\mathrm{kg}}$$

$$W_{min} = 4{,}811 \cdot 10^{-2}\,\mathrm{kg}\left(-311{,}79\,\frac{\mathrm{kJ}}{\mathrm{kg}} + 632{,}09\,\frac{\mathrm{kJ}}{\mathrm{kg}} - 207{,}86\,\frac{\mathrm{kJ}}{\mathrm{kg}}\right) = 5{,}41\,\mathrm{kJ}$$

Aufgabe 6.6 (XX) Eine antike Dampflokomotive der Brockenbahn im Harz stellt gleichmäßig eine Leistung von 500 kW zur Verfügung. Zu diesem Zweck wird dem Kessel Dampf entnommen, der in geeigneten Maschinen auf den Druck und die Temperatur der Umgebung entspannt wird ($p_u = 1$ bar, $t_u = 15\,°\mathrm{C}$). Im Kessel der Lokomotive herrscht Phasengleichgewicht bei einem Kesseldruck von $p = 14$ bar. Durch einen Wärmestrom $\dot{Q}$ werden Druck und Temperatur konstant gehalten.

a) Welche Temperatur t_1 herrscht im Kessel?
b) Berechnen Sie die Exergie, die in 1kg Dampf (bei einer einmaligen Zustandsänderung auf Umgebungszustand) erhalten ist.
c) Welcher Dampfstrom $\dot{m}$ muss dem Kessel kontinuierlich mindestens entnommen werden?
d) Welcher Wärmestrom $\dot{Q}_1$ muss dem Kessel mindestens zugeführt werden, wenn das verdampfte Wasser nicht ersetzt wird?
   Welcher Wärmestrom $\dot{Q}_2$ ist nötig, wenn die verdampfte Wassermenge durch Wasser vom Umgebungszustand ersetzt wird?
e) Berechnen Sie den Wirkungsgrad $\eta_{\mathrm{max}} = \frac{\dot{W}_t}{\dot{Q}_2}$!

Hinweis: Bei Teilaufgabe b) müssen Größen für Wasser im Umgebungszustand berechnet werden. Nehmen Sie dabei an, dass die spezifische Entropie und Enthalpie im Umgebungszustand (unterkühlte Flüssigkeit) näherungsweise genauso groß ist wie die von siedendem Wasser bei Umgebungstemperatur (und natürlich geringem Druck)!

Lösung:

a) Da im Kessel ein Gleichgewicht zwischen zwei Phasen herrscht, ist die Kesseltemperatur t_1 entsprechend dem Kesseldruck $p_1 = 14\,\text{bar}$ aus der Dampftafel (siehe Anhang A) durch lineare Interpolation zu bestimmen

$$t_1 = t_s(14\,\text{bar}) = 192,88\,°\text{C}$$

b) Die Exergie von m kg Dampf berechnet sich nach Gl. (6.7) zu

$$\begin{aligned} -W_{ex,1u} &= U_1 - U_u + p_u(V_1 - V_u) - T_u(S_1 - S_u) \\ &= H_1 - p_1V_1 - H_u + p_uV_u + p_u(V_1 - V_u) - T_u(S_1 - S_u) \\ &= H_1 - (p_1 - p_u)V_1 - H_u - T_u(S_1 - S_u) \end{aligned}$$

Dabei bezeichnet der Index u den Zustand, den der Dampf im Gleichgewicht mit der Umgebung (d. h. insbesondere, dass er zu flüssigem Wasser kondensiert wurde) besitzt (für $m = 1\,\text{kg}$)

$$\begin{aligned} H_1 &= mh_1'' = 2786{,}5\,\text{kJ} \\ V_1 &= mv_1'' = 0{,}1565\,\text{m}^3 \\ S_1 &= ms_1'' = 6{,}4875\,\frac{\text{kJ}}{\text{K}} \end{aligned}$$

Die spezifische Entropie und die Enthalpie im Umgebungszustand entsprechen den Größen für siedendes Wasser bei $t_u = 15\,°\text{C}$ und sind aus der Dampftafel (siehe Anhang A) abzulesen:

$S_u = ms_u = ms'(15°\text{C}) = 0{,}2244\frac{\text{kJ}}{\text{K}}$ und $H_u = mh_u = mh'(15\,°\text{C}) = 63{,}0\,\text{kJ}$

Damit erhält man

$$-W_{ex,1u} = H_1 - (p_1 - p_u)V_1 - H_u - T_u(S_1 - S_u) = 715{,}34\,\text{kJ für } m = 1\,\text{kg}$$

c) Nun soll die Exergie berechnet werden, die der kontinuierliche Dampfstrom aus dem Kessel transportiert: Also die Exergie der Enthalpie.

$$-w_{ex,1u} = h_1 - h_u - T_u(s_1 - s_u)$$

Die benötigten Werte sind aus Aufgabenteil b) bereits bekannt:

$$h_1 = 2786{,}5\,\frac{\text{kJ}}{\text{kg}}$$

$$s_1 = 6{,}4875\,\frac{\text{kJ}}{\text{kg K}}$$

$$h_u = 63{,}0\,\frac{\text{kJ}}{\text{kg}}$$

$$s_u = 0{,}2244\,\frac{\text{kJ}}{\text{kg K}}$$

$$t_u = 288{,}15\,\text{K}$$

Somit ergibt sich für die spezifische Exergie

$$-w_{ex,1u} = 918{,}79\,\frac{\text{kJ}}{\text{kg}}$$

d) Der Dampfstrom, der zur Entwicklung von 500 kW Leistung erforderlich ist, beträgt:

$$\dot{m}_{min} = \frac{\dot{W}_t}{w_{ex,1u}} = \frac{500\,\text{kW}}{918{,}79\,\frac{\text{kJ}}{\text{kg}}} = 0{,}544\,\frac{\text{kg}}{\text{s}}$$

e) Zur Bereitstellung dieses Dampfstromes muss dem Kessel im ersten Fall ein Wärmestrom zugeführt werden, der der Verdampfungsenthalpie entspricht. Um diese zu berechnen, wird zunächst h' aus der Dampftafel (siehe Anhang A) bestimmt.

$$h_1' = 820{,}5\,\frac{\text{kJ}}{\text{kg}}$$

Es gilt

$$\dot{Q}_1 = \dot{m}\,(h'' - h') = 1069{,}5\,\text{kW}$$

Im zweiten Fall muss die Enthalpiedifferenz zwischen dem Umgebungszustand und dem Nassdampf durch den Wärmestrom bereitgestellt werden, so dass gilt

$$\dot{Q}_2 = \dot{m}\,(h'' - h_u) = 1903{,}6\,\text{kW}$$

f) Es gilt

$$\eta_{max} = \frac{\dot{W}_t}{\dot{Q}_2} = 0{,}337$$

Tatsächlich erreichen Dampflokomotiven nur einen Wirkungsgrad von etwa 0,08.

Aufgabe 6.7 (X) In einer Flasche mit einem Volumen von $V = 0{,}2\,m^3$ befindet sich Luft mit einer Temperatur von $t_1 = 300\,°\text{C}$ und einem Druck von $p_1 = 2\,\text{bar}$. Die Umgebung hat einen Druck von $p_U = 1\,bar$ und eine Temperatur von $t_U = 13{,}4\,°C$. Die Luft verhalte sich wie ein ideales Gas mit den konstanten Wärmekapazitäten $c_p = 1{,}006\,\frac{kJ}{kg\,K}$ und $c_v = 0{,}718\,\frac{kJ}{kg\,K}$.

a) Wie lange kann maximal – unter Verwendung einer geeigneten, idealen Maschine – mit der Luft aus der Flasche ein Wärmestrom von $\dot{Q}_2 = 100\,W$ bei einer Temperatur von $t_2 = 50\,°C$ bereitgestellt werden?
b) Beschreiben Sie knapp, wie man vorgehen müsste, um die unter a) ermittelte maximale Zeit zu erreichen (Welche Prozesse? Welche Maschinen?)

Lösung:

a) Die Exergie des Gases in der Flasche muss genauso groß sein, wie das Produkt aus Exergiestrom, der mit dem Wärmestrom transportiert wird, mal der Zeit, die er fließen kann. Die Exergie des Gases in der Flasche lässt sich berechnen über

$$-W_{ex,Flasche} = U_1 - U_u + p_u(V_1 - V_u) - T_u(S_1 - S_u)$$

$$u_1 - u_u = 205778\,J/kg$$

lässt sich über $\Delta u = c_v \Delta T$ berechnen.

$$v_1 - v_u = v_1\left(1 - \frac{T_u}{T_1} \cdot \frac{p_1}{p_u}\right) = v_1\left(1 - \frac{286{,}55\,K}{573{,}15\,K} \cdot \frac{2\,bar}{1\,bar}\right) = v_1(1-1) = 0$$

lässt sich über die thermische Zustandsgleichung idealer Gase bestimmen und die spezifische Entropiedifferenz über

$$s_1 - s_U = c_p \ln\left(\frac{T_1}{T_u}\right) - R \cdot \ln\left(\frac{p_1}{p_u}\right) = 497{,}7\,\frac{J}{kg\,K}$$

Daraus ergibt sich $-W_{ex,Flasche} = 15360\,J$

Der Exergiestrom des Wärmestroms berechnet sich zu

$$-\dot{W}_{ex} = \dot{Q}_2\left(1 - \frac{T_u}{T}\right) = 100W \cdot \left(1 - \frac{286{,}55\,K}{323{,}15\,K}\right) = 11{,}33\,W$$

Es ergibt sich somit eine maximale Zeit von $t = \frac{-W_{ex,Flasche}}{-\dot{W}_{ex}} = 1356\,s$

b) Um diesen maximalen Wärmestrom bereitzustellen, müsste die Luft in der Flasche durch eine adiabat isentrope (bis aus Umgebungstemperatur) und danach isotherme Zustandsänderung dazu gebracht werden, ihre Exergie vollständig als Arbeit abzugeben. Mit dieser Arbeit müsste eine ideale Wärmepumpe (mit Carnot-Wirkungsgrad) betrieben werden, um den gewünschten Wärmestrom bereitzustellen.

Technische Anwendungen 7

Im siebten Kapitel von Thermodynamik *kompakt* wird das zuvor Gelernte zusammengeführt, indem technisch relevante Anwendungen für den, in den vorherigen Kapiteln dargestellten Stoff, präsentiert werden. Neben der Betrachtung von Verdichtungsprozessen und rechts- und linkslaufenden Kreisprozessen werden eindimensionale Strömungsvorgänge, Gas-Dampf Gemische am Beispiel der feuchten Luft und chemische Reaktionen besprochen. In diesem Kapitel werden hierzu die wichtigsten Definitionen und Formeln, Fragen und Antworten sowie Rechenaufgaben mit ihren Lösungen in dieser Reihenfolge angegeben. Dazu werden zunächst die Formeln für alle Abschnitte gemeinsam zusammengefasst und danach die Kurzfragen und Rechenaufgaben vorgestellt und ausführlich gelöst.

7.1 Die wichtigsten Definitionen und Formeln

Um in einer Anwendung kontinuierlich technische Arbeit zu gewinnen oder Kälteleistung bereitzustellen, muss das Arbeitsmedium nach dem Durchlaufen der einzelnen Zustandsänderungen (Teilprozesse) wieder in den Anfangszustand zurückkehren, so dass wir einen **Kreisprozess** erhalten. Hierzu werden **Arbeits- und Kraftmaschinen** in einer Anlage integriert.

Kraftmaschinen werden zur Umwandlung von Wärme (z. B. durch Verbrennung, Nuklearreaktion, Solar- und Geothermie) und/oder kinetischer Energie (z. B. Wind, Wasser) in Arbeit eingesetzt, d. h. Arbeit wird vom System nach außen abgegeben. Bei **Arbeitsmaschinen** wird dem System von außen Arbeit zugeführt, um daraus einen veränderten thermodynamischen Zustand des Arbeitsmediums zu erhalten (z. B. Pumpen, Verdichter).

Die Originalversion des Kapitels wurde revidiert: Ausführliche Informationen finden Sie im Erratum. Ein Erratum zu diesem Kapitel ist verfügbar unter DOI 10.1007/978-3-662-49701-2_8

B. Weigand et al., *Thermodynamik kompakt – Formeln und Aufgaben*,
DOI 10.1007/978-3-662-49701-2_7

Tab. 7.1 Technische Arbeit und ausgetauschte Wärme bei Verdichtungsprozessen mit einem idealen Gas

	Technische Arbeit	Wärme
allgemein adiabat $c_p = konst.$	$W_{t,12} = mc_p(T_2 - T_1) = \frac{\kappa}{\kappa-1}(p_2V_2 - p_1V_1)$	$Q_{12} = 0$
reversibel adiabat $\kappa = konst.$	$W_{t,12} = \frac{\kappa}{\kappa-1}(p_1V_1)\left\{\left(\frac{p_2}{p_1}\right)^{\frac{\kappa-1}{\kappa}} - 1\right\}$	$Q_{12} = 0$
irreversibel adiabat als Polytrope mit $n > \kappa;\ n,\kappa = konst.$	$W_{t,12} = \frac{\kappa}{\kappa-1}(p_1V_1)\left\{\left(\frac{p_2}{p_1}\right)^{\frac{n-1}{n}} - 1\right\}$	$Q_{12} = 0$
reversibel polytrop $n,\kappa = konst.$	$W_{t,12} = \frac{n}{n-1}(p_2V_2 - p_1V_1) = \frac{n}{n-1}mR(T_2 - T_1)$ $= \frac{n}{n-1}(p_1V_1)\left\{\left(\frac{p_2}{p_1}\right)^{\frac{n-1}{n}} - 1\right\}$	$Q_{12} = mc_n(T_2 - T_1)$ $= \frac{n-\kappa}{(n-1)(\kappa-1)}(p_1V_1)\left\{\left(\frac{p_2}{p_1}\right)^{\frac{n-1}{n}} - 1\right\}$ $c_n = \frac{n-\kappa}{n-1}cv$
isotherm	$W_{t,12} = (p_1V_1)\ln\left(\frac{p_2}{p_1}\right)$	$Q_{12} = -W_{t,12}$

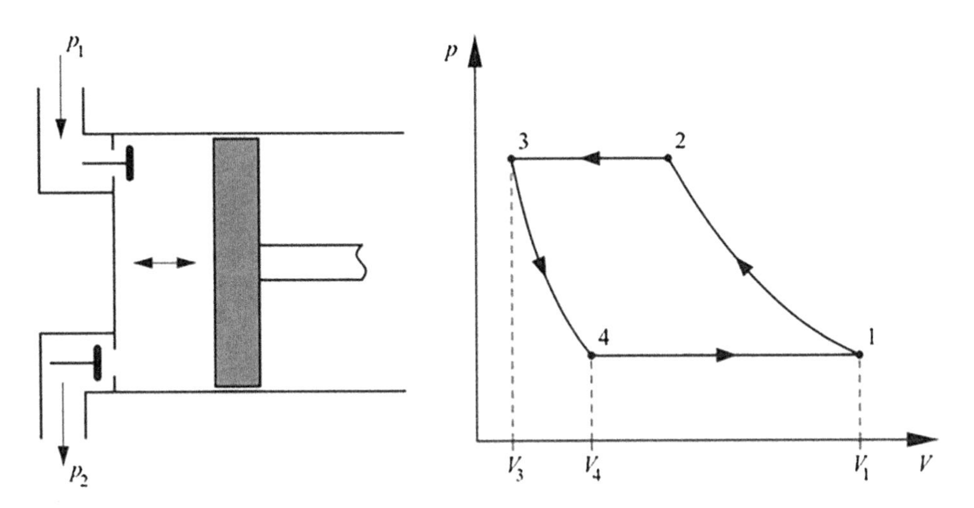

Abb. 7.1 Schematische Darstellung eines Kolbenverdichters und Arbeitsweise im p,V-Indikatordiagramm für einen Kolbenverdichter mit schädlichem Raum

Verdichter Die zugeführte technische Arbeit bei der Verdichtung des Ansaugvolumens V_1 von p_1 auf p_2 ergibt sich bei Vernachlässigung der Dissipationsarbeit und vernachlässigbarer Änderungen von kinetischer und potenzieller Energie zu

$$W_{t,12} = \int_1^2 Vdp = p_2V_2 - p_1V_1 - \int_1^2 pdV \tag{3.21}$$

Je nach betrachteter Zustandsänderung für die Verdichtung erhalten wir, die, in Tab. 7.1 angegeben Beziehungen für die technische Arbeit und die ausgetauschte Wärme.

Bei einem Kolbenverdichter mit schädlichem Raum ($V_3 > 0$), wie in Abb. 7.1 gezeigt, wird das darin eingeschlossene verdichtete Gas beim Zurückgehen des Kolbens zunächst expandieren, bevor frisches Gas angesaugt werden kann. Es gilt für eine polytrope Zustandsänderung für die Verdichtung von p_1 auf p_2 und eine polytrope Zustandsänderung (mit gleichem Polytropenexponenten) für die Entspannung von $p_3 = p_2$ auf $p_4 = p_1$ mit

$$W_t = W_{t,12} + W_{t,34} = W_{t,12} - \left|W_{t,34}\right| \tag{7.2}$$

$$W_t = \frac{n}{n-1}(p_1V_1 - p_4V_4)\left[\left(\frac{p_2}{p_1}\right)^{\frac{n-1}{n}} - 1\right] = \frac{n}{n-1}p_1(V_1 - V_4)\left[\left(\frac{p_2}{p_1}\right)^{\frac{n-1}{n}} - 1\right] \tag{7.3}$$

Das geförderte Volumen (Ansaugvolumen $V_1 - V_4$) ist infolge des schädlichen Raumes gegenüber einem idealisierten Kolbenverdichter ohne schädlichen Raum um V_4 verringert. Das Hubvolumen ist hier $V_1 - V_3$. Führen wir als dimensionslose Größen den Füllungsgrad μ und eine Größe ε_s zur Charakterisierung des schädlichen Volumens ein

$$\mu = \frac{V_1 - V_4}{V_1 - V_3}, \qquad \varepsilon_S = \frac{V_3}{V_1 - V_3} \tag{7.4}$$

erhalten wir als Zusammenhang zwischen diesen Größen

$$\mu = 1 - \varepsilon_S \left[\left(\frac{p_2}{p_1} \right)^{\frac{1}{n}} - 1 \right] \tag{7.5}$$

Bei den Vorgängen in Turboverdichtern handelt es sich um einen offenen Fließprozess, so dass im Allgemeinen spezifische Größen zur Beschreibung verwendet werden. Die Effizienz der Energieumwandlung wird anhand isentroper Wirkungsgrade bewertet.

Isentroper Verdichterwirkungsgrad

$$\eta_{sV} = \frac{w_{t,12,rev}}{w_{t,12}} = \frac{h_{2,rev} - h_1}{h_2 - h_1} \tag{7.6}$$

Isentroper Turbinenwirkungsgrad

$$\eta_{sT} = \frac{w_{t,12}}{w_{t,12,rev}} = \frac{h_1 - h_2}{h_1 - h_{2,rev}} \tag{7.10}$$

Kreisprozesse Zur Berechnung des Prozessablaufes in technischen Anlagen verwenden wir sogenannte **Vergleichsprozesse** als idealisierte Kreisprozesse, bei denen alle Zustandsänderungen des Arbeitsmittels in den Teilprozessen als reversibel angesehen werden. Die Kreisprozesse werden in **rechts- und linkslaufende Prozesse** (auch Rechts- und Linksprozesse, siehe Abb. 7.2) unterschieden. Diese Bezeichnung erfolgt anhand der Abfolgerichtung der einzelnen Zustandsänderungen im p,v- oder T,s-Diagramm.

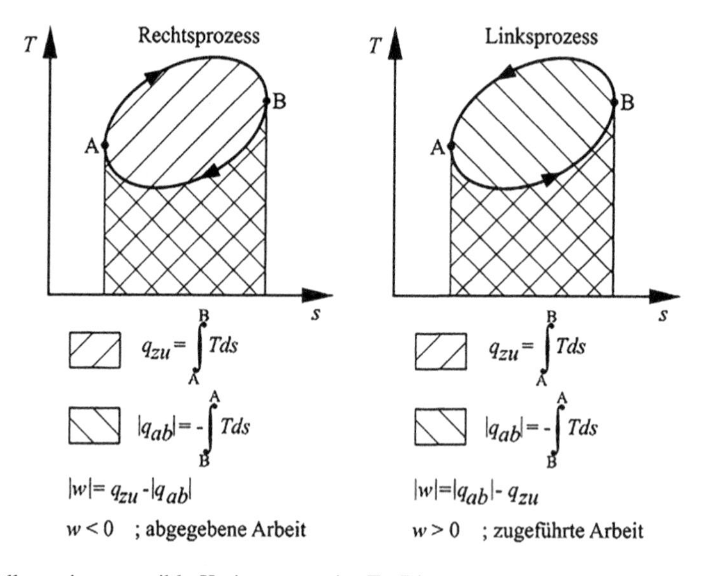

Abb. 7.2 Allgemeine reversible Kreisprozesse im T,s-Diagramm

Die **spezifische Kreisprozessarbeit** w stellt die bei einem Rechtsprozess abgegebene ($w < 0$) bzw. einem Linksprozess zuzuführende ($w > 0$) spezifische Arbeit des Kreisprozesses dar und kann ganz allgemein in zwei Beiträge aufgeteilt werden, wobei ein Beitrag durch die gesamte im Kreisprozess zugeführte spezifische Wärme ($q_{zu} > 0$) und der andere Beitrag durch die gesamte abgeführte spezifische Wärme ($q_{ab} < 0$) bewirkt wird. Mit dem ersten Hauptsatz ergibt sich

$$-w = q_{zu} + q_{ab} = q_{zu} - |q_{ab}| \tag{7.14}$$

Für die Bewertung der Qualität eines Kreisprozesses betrachten wir das Verhältnis von Nutzen zu Aufwand.

Rechtsprozesse (Wärmekraftprozesse) – **thermischer Wirkungsgrad** (<1)

$$\eta_{th} = \frac{-w}{q_{zu}} = \frac{|w|}{q_{zu}} = \frac{q_{zu} + q_{ab}}{q_{zu}} = \frac{q_{zu} - |q_{ab}|}{q_{zu}} = 1 - \frac{|q_{ab}|}{q_{zu}} \tag{7.19}$$

Linksprozesse (Kältemaschinenprozesse) – **Leistungszahl** (kann und wird in der Regel >1 sein)

$$\varepsilon_K = \frac{q_{zu}}{w} \tag{7.20}$$

Linksprozesse (Wärmepumpenprozesse) – **Leistungs- oder Wärmezahl** (kann und wird in der Regel >1 sein)

$$\varepsilon_{WP} = \frac{|q_{ab}|}{w} \tag{7.21}$$

Wärmekraftprozesse mit idealen Gasen als Arbeitsmedium Für die Vorgänge in Verbrennungsmotoren, Triebwerken und Gasturbinen können wir das Arbeitsmedium als Gas betrachten und für die thermodynamische Analyse vereinfacht als ideales Gas analysieren. Damit ergeben sich für die einzelnen Zustandsänderungen der verschiedenen Kreisprozesse einfache Zusammenhänge und Beziehungen für den thermischen Wirkungsgrad. Diese sind in Tab. 7.2 grafisch für die einzelnen Zustandsänderungen der technisch relevanten Vergleichsprozesse und formelmäßig für den thermischen Wirkungsgrad zusammengestellt.

Hierbei werden die Zustandsänderungen der Verdichtung und der Wärmezufuhr durch folgende dimensionslose Kenngrößen charakterisiert

$$\text{Verdichtungsverhältnis:} \quad \varepsilon = v_1 / v_2 \tag{7.22}$$

$$\text{Drucksteigerungsverhältnis:} \quad \psi = p_3 / p_2 \tag{7.23}$$

$$\text{Einspritzverhältnis:} \quad \varphi = v_4 / v_3 \tag{7.24}$$

Tab. 7.2 Wärmekraftprozesse mit idealen Gasen als Arbeitsmedium

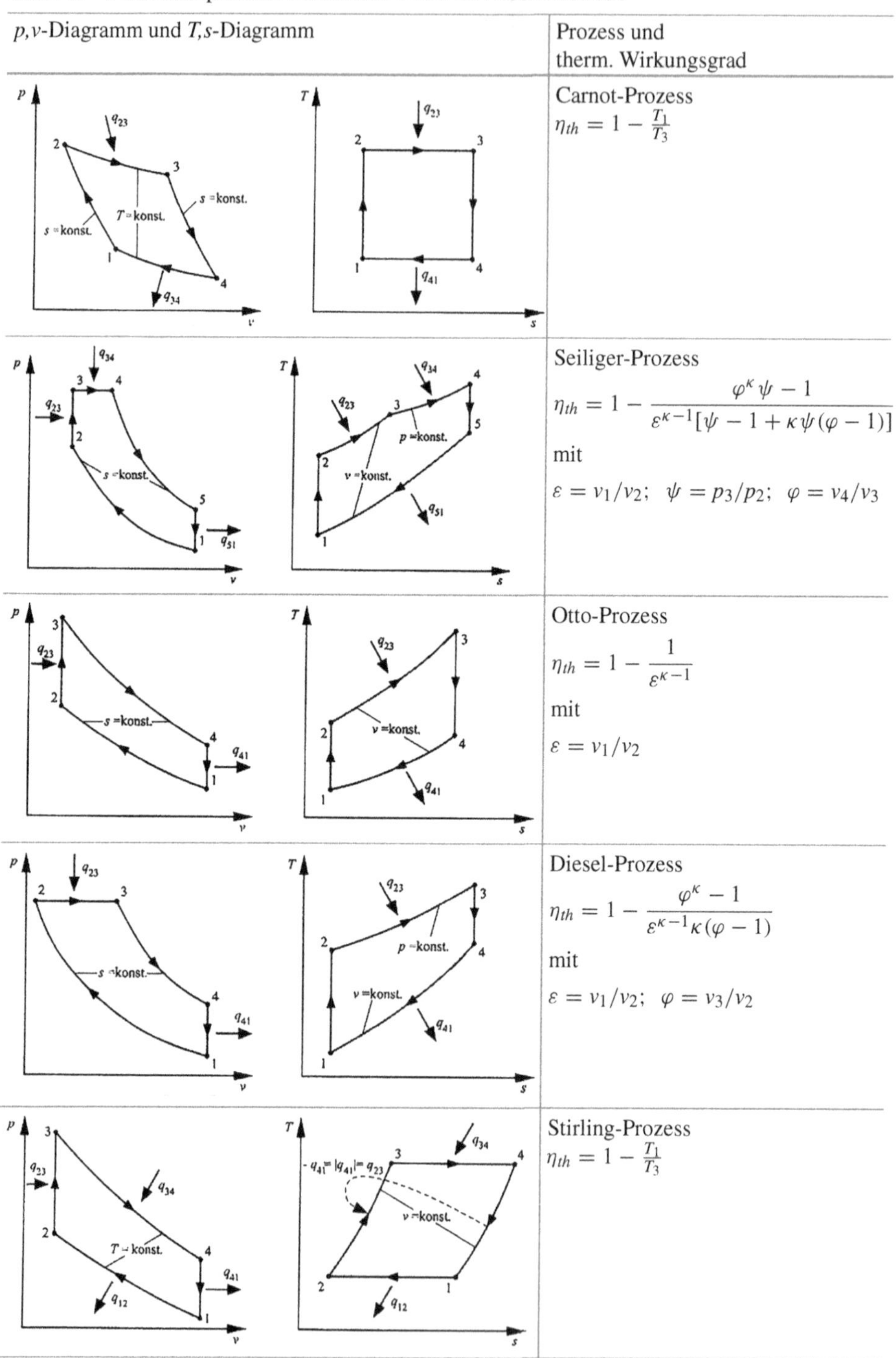

p,v-Diagramm und T,s-Diagramm	Prozess und therm. Wirkungsgrad
	Carnot-Prozess $\eta_{th} = 1 - \frac{T_1}{T_3}$
	Seiliger-Prozess $\eta_{th} = 1 - \dfrac{\varphi^{\kappa}\psi - 1}{\varepsilon^{\kappa-1}[\psi - 1 + \kappa\psi(\varphi - 1)]}$ mit $\varepsilon = v_1/v_2;\quad \psi = p_3/p_2;\quad \varphi = v_4/v_3$
	Otto-Prozess $\eta_{th} = 1 - \dfrac{1}{\varepsilon^{\kappa-1}}$ mit $\varepsilon = v_1/v_2$
	Diesel-Prozess $\eta_{th} = 1 - \dfrac{\varphi^{\kappa} - 1}{\varepsilon^{\kappa-1}\kappa(\varphi - 1)}$ mit $\varepsilon = v_1/v_2;\quad \varphi = v_3/v_2$
	Stirling-Prozess $\eta_{th} = 1 - \frac{T_1}{T_3}$

(Fortsetzung)

Tab. 7.2 (Fortsetzung)

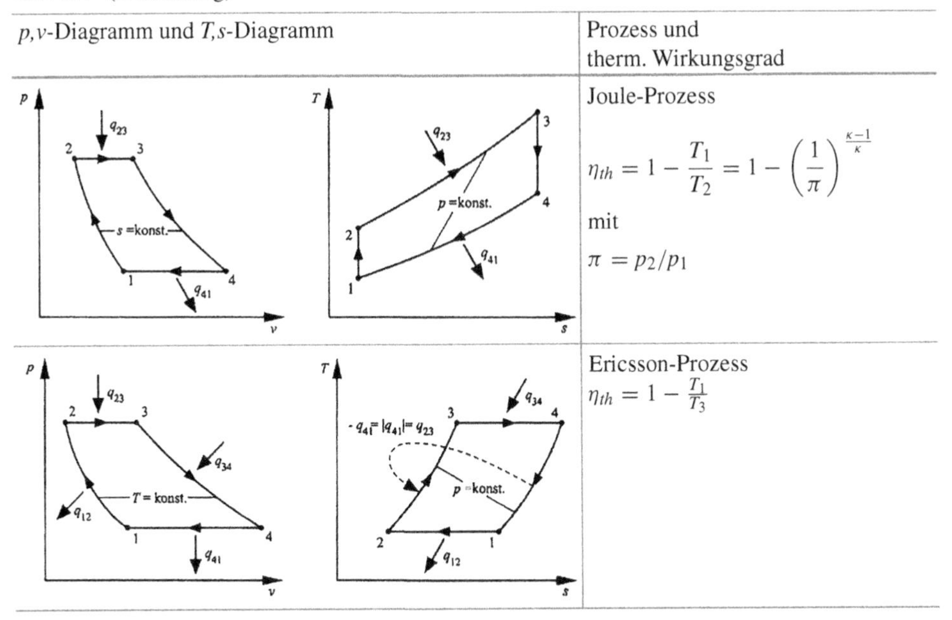

p,v-Diagramm und *T,s*-Diagramm	Prozess und therm. Wirkungsgrad
	Joule-Prozess $\eta_{th} = 1 - \frac{T_1}{T_2} = 1 - \left(\frac{1}{\pi}\right)^{\frac{\kappa-1}{\kappa}}$ mit $\pi = p_2/p_1$
	Ericsson-Prozess $\eta_{th} = 1 - \frac{T_1}{T_3}$

Für den Joule-Prozess (Gasturbinenprozess) ergibt sich für die maximale spezifische Kreisprozessarbeit der optimale Zusammenhang zwischen Verdichtungsdruckverhältnis $\pi = p_2/p_1$ und Temperaturverhältnis $\tau = T_3/T_1$ zu

$$\pi_{opt} = \tau^{\frac{\kappa}{2(\kappa-1)}} \tag{7.39}$$

Dampfkraftprozesse Bei Dampfkraftprozessen als Wärmekraftprozesse unterliegt das Arbeitsmedium innerhalb des Kreisprozesses zwei Phasenwechseln (Verdampfen und Kondensieren im Nassdampfgebiet). Hier müssen das Arbeitsmedium als realer Stoff beschrieben und die Stoffeigenschaften (z. B. über Tabellen) ermittelt werden.

Für eine Dampfkraftanlage (Abb. 7.3), für welche der thermodynamische Vergleichsprozess durch den Clausius-Rankine-Prozess gegeben ist, berechnet sich der thermische Wirkungsgrad nach Ermittlung der Zustandsgrößen inner- und außerhalb des Nassdampfgebietes aus

$$\eta_{th} = 1 - \frac{|q_{61}|}{q_{23} + q_{34} + q_{45}} = 1 - \frac{h_6 - h_1}{h_5 - h_2} \tag{7.46}$$

Kälteprozesse Die Energieeffizienz von Kälteprozessen wird basierend auf Gl. (7.20) durch die **Leistungszahl ε_K** beschrieben. Sie ist definiert als das Verhältnis der Kälteleistung $\dot{Q}_{zu} = \dot{Q}_0$ zur aufzuwendenden Leistung $P = \dot{W}$.

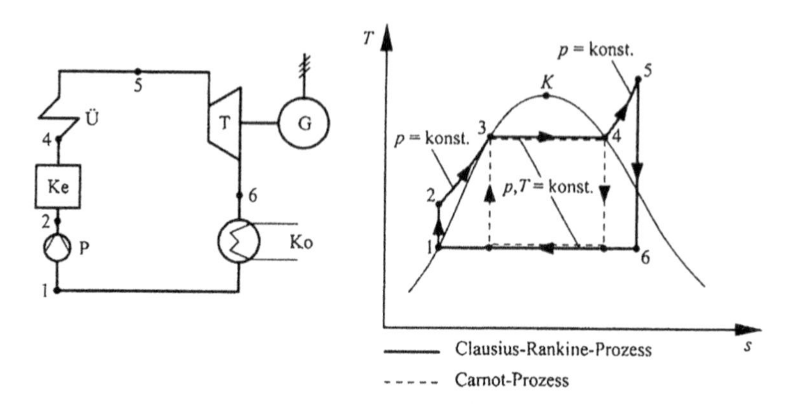

Abb. 7.3 Schematische Darstellung einer Dampfkraftanlage und des Clausius-Rankine-Heißdampf-Prozesses im *T,s*-Diagramm mit „eingeschlossenem" Carnot-Prozess

$$\varepsilon_K = \frac{\dot{Q}_0}{P} \tag{7.49}$$

Beide übertragenen Leistungen werden dem Kälteprozess zugeführt.

Kaltluftprozess Die Leistungszahl für den Kaltluftprozess ergibt sich zu

$$\varepsilon_{K,Kaltluft} = \frac{1}{\left(\frac{p}{p_0}\right)^{\frac{\kappa-1}{\kappa}} - 1} \tag{7.55}$$

Man sieht, dass mit größer werdendem Druckverhältnis (Hochdruck p zu Niederdruck p_0) die Leistungszahl abnimmt.

Kaltdampfprozess Bedingt durch die irreversible Drosselung ist der Kaltdampfprozess grundsätzlich immer irreversibel. Die Leistungszahl für diesen Prozess ergibt sich zu

$$\varepsilon_{K,Kaltdampf} = \frac{q_0}{|q| - q_0} = \frac{q_0}{w_t} = \frac{h_{\text{Verdampfer Aus}} - h_{\text{Verdampfer Ein}}}{h_{\text{Verdichter Aus}} - h_{\text{Verdichter Ein}}} = \frac{h_1 - h_6}{h_2 - h_1} \tag{7.56}$$

Wärmepumpe Bezüglich der Irreversibilitäten gilt für die Kaltdampf-Wärmepumpe das Gleiche wie für den Kaltdampf-Kälteprozess. Bei der Wärmepumpe wird jedoch die Leistungszahl mit der Heizwärme (Nutzen) des Verflüssigers gebildet und wird Wärmezahl genannt

$$\varepsilon_{WP} = \frac{|q|}{|q| - q_0} = \frac{|q|}{w_t} = \frac{h_{\text{Verflüssiger Ein}} - h_{\text{Verflüssiger Aus}}}{h_{\text{Verdichter Aus}} - h_{\text{Verdichter Ein}}} = \frac{h_2 - h_5}{h_2 - h_1} = 1 + \varepsilon_K \tag{7.58}$$

Luftverflüssigung nach Linde Durch eine innere Wärmeübertragung wird bei der Luftverflüssigung nach Linde trotz sehr großer Temperaturdifferenzen zwischen Wärmequelle und Wärmesenke eine verhältnismäßig gute Energieeffizienz erreicht. Hier ist der sogenannte Flüssigkeitsanteil bzw. die Ausbeute $(1 - x)$ an flüssiger Luft bezogen auf die angesaugte Umgebungsluft von Bedeutung.

$$(1 - x) = \frac{h_{\text{gasförmige Luft Aus}} - h_{\text{Verdichter Aus}}}{h_{\text{gasförmige Luft Aus}} - h_{\text{flüssige Luft Aus}}} = \frac{h_5 - h_2}{h_5 - h_{4'}} \quad \left[\frac{\text{kg Flüssigkeit}}{\text{kg Ansaugluft}}\right] \tag{7.61}$$

Eindimensionale Strömungsprozesse Die **Schallgeschwindigkeit** ist allgemein definiert als

$$c_S{}^2 = \left(\frac{\partial p}{\partial \rho}\right)_s \quad \text{bzw.} \quad c_S = \sqrt{\left(\frac{\partial p}{\partial \rho}\right)_s} \tag{7.71}$$

Für ein van-der-Waals – Gas ergibt sich daraus

$$c_S^2 = \left(\frac{R}{c_v} + 1\right)\left(v^2 \frac{RT}{(v - b)^2}\right) - \frac{2a}{v} \tag{7.77}$$

und für ein ideales Gas

$$c_S^2 = \kappa RT \quad \text{bzw.} \quad c_S = \sqrt{\kappa RT} \tag{7.78}$$

Zur Charakterisierung der Strömungsbedingungen wird als dimensionslose Kennzahl die Machzahl verwendet.

$$Ma = \frac{c}{c_S} = \frac{\text{Strömungsgeschwindigkeit}}{\text{Schallgeschwindigkeit}} \tag{7.80}$$

Für eine eindimensionale, reibungsfreie und adiabate Fadenströmung erhält man den Zusammenhang zwischen der relativen Geschwindigkeitsänderung und der relativen Änderung der Strömungsquerschnittsfläche aus

$$\left(Ma^2 - 1\right)\frac{dc}{c} = \frac{dA}{A} \tag{7.82}$$

Im Unterschallbereich ($Ma < 1$) bewirkt eine Querschnittsverengung ($dA < 0$) eine Strömungsbeschleunigung ($dc > 0$). Im Überschallbereich ($Ma > 1$) muss bei einer Strömungsbeschleunigung ($dc > 0$) der Querschnitt erweitert werden ($dA > 0$). Eine Überschallströmung lässt sich somit in einem konvergent-divergenten Kanal erzeugen, welcher als **Lavaldüse** bezeichnet wird.

Aus dem ersten Hauptsatz der Thermodynamik für eindimensionale, stationäre Fließprozesse erhalten wir für eine reibungsfreie adiabate Strömung ohne Änderungen der potenziellen Energie entlang eines Stromfadens

$$h_1 + \frac{{c_1}^2}{2} = h_2 + \frac{{c_2}^2}{2} = \text{konstant} \tag{7.83}$$

Daraus ergeben sich Beziehungen zwischen den lokalen Strömungsgrößen und den sogenannten Ruhe- oder Totalgrößen (Index „0"). Diese Größen beziehen sich auf einen Ruhezustand (Geschwindigkeit gleich 0), wie er in einem sehr großen Kessel auftritt. Daher werden sie mitunter auch als „Kesselgrößen" bezeichnet. Betrachten wir dies für ein ideales Gas, so erhalten wir aus Gl. (7.83)

$$\frac{T_0}{T} = 1 + \frac{\kappa - 1}{2}\frac{c^2}{\kappa RT} = 1 + \frac{\kappa - 1}{2}Ma^2 \tag{7.88}$$

und mit der Isentropenbeziehung für ein ideales Gas

$$\frac{p_0}{p} = \left(\frac{T_0}{T}\right)^{\frac{\kappa}{\kappa-1}} = \left(1 + \frac{\kappa - 1}{2}Ma^2\right)^{\frac{\kappa}{\kappa-1}} \tag{7.89}$$

$$\frac{\rho_0}{\rho} = \left(\frac{T_0}{T}\right)^{\frac{1}{\kappa-1}} = \left(1 + \frac{\kappa - 1}{2}Ma^2\right)^{\frac{1}{\kappa-1}} \tag{7.90}$$

Der Zusammenhang zwischen dem lokalen Querschnittsflächenverlauf in Bezug zum „kritischen Querschnitt" A^* (hier gilt $Ma = 1$) und der lokalen Machzahl ist

$$\left(\frac{A}{A^*}\right)^2 = \frac{1}{Ma^2}\left\{\frac{2}{\kappa + 1}\left(1 + \frac{\kappa - 1}{2}Ma^2\right)\right\}^{\frac{\kappa+1}{\kappa-1}} \tag{7.95}$$

In einer Überschallströmung kann ein **Verdichtungsstoß** auftreten, bei dem sich die Entropie erhöht. Die **Hugoniot-Gleichung** (7.97) gibt die Beziehung für die thermodynamischen Zustandsgrößen vor (1) und nach dem Verdichtungsstoß (2) an

$$h_2 - h_1 = \frac{1}{2}(p_2 - p_1)\left(\frac{1}{\rho_1} + \frac{1}{\rho_2}\right) = (p_2 - p_1)\frac{1}{2}(v_1 + v_2) \tag{7.97}$$

Für ein ideales Gas ergeben sich für einen senkrechten Stoß daraus die **Stoßbeziehungen**

$$\frac{p_2}{p_1} = \frac{2\kappa Ma_1^2 - (\kappa - 1)}{\kappa + 1} \tag{7.100}$$

$$\frac{\rho_2}{\rho_1} = \frac{(\kappa + 1)Ma_1^2}{2 + (\kappa - 1)Ma_1^2} \tag{7.101}$$

$$\frac{T_2}{T_1} = \frac{\left[2\kappa Ma_1^2 - (\kappa - 1)\right]\left[2 + (\kappa - 1)Ma_1^2\right]}{(\kappa + 1)^2 Ma_1^2} \tag{7.102}$$

$$Ma_2^2 = \frac{(\kappa - 1)\left(Ma_1^2 - 1\right) + (\kappa + 1)}{2\kappa\left(Ma_1^2 - 1\right) + (\kappa + 1)} \tag{7.103}$$

und die Änderung der spezifischen Entropie über den senkrechten Verdichtungsstoß nach

$$s_2 - s_1 = c_v \ln\left(\frac{T_2}{T_1}\right) + R\ln\left(\frac{v_2}{v_1}\right), \quad s_2 - s_1 = c_p \ln\left(\frac{T_2}{T_1}\right) - R\ln\left(\frac{p_2}{p_1}\right) \tag{4.35}$$

Der thermodynamische Vorgang über den senkrechten Stoß wird als adiabate Zustandsänderung betrachtet ($h_{01} = h_{02}$). Daher bleibt für ein ideales Gas die Totaltemperatur über den Stoß konstant ($T_{01} = T_{02}$). Der Stoßvorgang ist jedoch irreversibel, so dass ein Totaldruckverlust auftritt ($p_{02} < p_{01}$).

Gas-Dampf-Gemische: Feuchte Luft Ein **Gas-Dampf-Gemisch** ist ein Gemisch aus mindestens einem idealen Gas und mindestens einem realen Stoff, der alle Aggregatzustände (fest, flüssig und dampfförmig) annehmen und die entsprechenden Phasenänderungen durchlaufen kann. Der technisch wohl wichtigste Vertreter der Gas-Dampf-Gemische ist das Gemisch aus dem idealen Gas *trockene Luft* und der realen Komponente H_2O mit den möglichen Aggregatzuständen fest (Eis), flüssig (Wasser) und gasförmig (Dampf).

Relevante Konzentrationsmaße Der **Wassergehalt** x ist definiert als das Massenverhältnis von H_2O in allen Aggregatzuständen zu trockener Luft

$$x = \frac{m_{H_2O}}{m_L} \text{ mit der Dimension } \left[\frac{\text{kg } H_2O}{\text{kg trockene Luft}}\right] \tag{7.106}$$

Es gilt also: $x = 0$ für trockene Luft und $x \to \infty$ für reines Wasser. Da H_2O im System die drei Aggregatzustände fest (Index E für Schnee oder Eis), flüssig (Index W für flüssiges Wasser) und dampfförmig (Index D für Dampf) annehmen kann, setzt sich der Wassergehalt aus drei Summanden zusammen

$$x = x_D + x_W + x_E \tag{7.107}$$

Die **relative Feuchte** φ ist definiert als das Verhältnis von Partialdruck des Dampfs p_D zum Dampfdruck von Wasser p_s bei der herrschenden Temperatur, der in diesem Zusammenhang auch Sättigungspartialdruck genannt wird

$$\varphi = \frac{p_D}{p_s} \tag{7.108}$$

Für *ungesättigte* Luft ergibt sich der Wassergehalt zu

$$x = x_D = \frac{m_D}{m_L} = \frac{R_L}{R_D}\frac{p_D}{p_L} = \frac{R_L}{R_D}\frac{p_D}{p - p_D} = 0{,}622\frac{p_D}{p - p_D} \tag{7.110}$$

Für *gesättigte* Luft ($\varphi = 1$) gilt eine entsprechende Relation

$$x_s = \frac{m_{D,\max}}{m_L} = 0{,}622\frac{p_s}{p - p_s} \tag{7.111}$$

Dichte der feuchten Luft

$$\rho = \frac{p}{R_{ges}T} = \frac{1+x}{R_L + xR_D}\frac{p}{T} \quad \text{mit}\, R_{ges} = \frac{R_L + xR_D}{1+x} \tag{7.114}$$

Enthalpie der feuchten Luft Die Enthalpie ist eine extensive Zustandsgröße und wird aus der Summe der massengewichteten Einzelbeiträge von trockener Luft und Wasser in allen drei Aggregatzuständen berechnet. Der **Enthalpie-Nullpunkt** für trockene Luft und flüssiges Wasser wird dabei willkürlich bei 0 °C festgelegt.

$$h = c_{pL}t + x_D\left(c_{pD}t + r_D\right) + x_W c_W t + x_E(c_E t - r_E) \tag{7.116}$$

Grafisch kann diese Relation durch das *h,x*-Diagramm für feuchte Luft nach Mollier, welches im Anhang B gegeben ist, dargestellt werden. Damit können die wichtigsten Zustandsänderungen feuchter Luft analysiert werden.

Rechnerisch lassen sich alle Zustandsänderungen feuchter Luft durch Anwendung der Bilanzgleichungen

- Energiebilanz (erster Hauptsatz)
- Massenbilanz für trockene Luft
- Massenbilanz für Wasser

bestimmen.

Chemische Reaktionen Für ein System aus verschiedenen Gasen, welche miteinander reagieren und somit eine neue Verbindung bilden können, betrachten wir das **chemische Gleichgewicht**. Dort sind die Reaktionsgeschwindigkeiten der Hinreaktion (Ausgangsstoffe (**Edukte**) bilden Endstoffe (**Produkte**)) und der Rückreaktion (Endstoffe (**Produkte**) zerfallen in Ausgangsstoffe (**Edukte**)) gleich. Für jede Globalreaktion kann dies mathematisch über die verallgemeinerte **stöchiometrische Beziehung**

$$\nu_1 B_1 + \nu_2 B_2 + \ldots + \nu_i B_i + \ldots + \nu_K B_K = \sum_{k=1}^{K} \nu_k B_k = 0 \tag{7.130}$$

dargestellt werden. Hierin beschreiben die B_i den jeweiligen Stoff und die ν_i die Anzahl der Mole dieses Stoffes innerhalb der Reaktion. Die ν_i werden als **stöchiometrische Koeffizienten** bezeichnet. Diese können hinsichtlich ihres Vorzeichens so vereinbart sein, dass sie für die Produkte ein positives und für die Edukte ein negatives Vorzeichen aufweisen.

Für ein geschlossenes System muss der Umsatz einer Komponente immer einen äquivalenten Umsatz der anderen Komponenten erfordern. Die Gleichheit der Änderungen der jeweiligen Molzahlen bezogen auf die stöchiometrischen Koeffizienten definiert die **Reaktionslaufzahl** λ.

$$\frac{dn_1}{\nu_1} = \frac{dn_2}{\nu_2} = \ldots = \frac{dn_i}{\nu_i} = \frac{dn_K}{\nu_K} = \text{konstant} = d\lambda \tag{7.131}$$

Diese kann normiert werden (z. B. $\alpha = \lambda/\text{Normierungsgröße in mol}$), so dass man den Wert „0“ erhält, wenn nur Ausgangsstoffe vorliegen und den Wert „1“, wenn die Ausgangsstoffe vollständig umgesetzt wurden.

Im Zustand des chemischen Gleichgewichtes gilt

$$\sum_{k=1}^{K} \mu_k dn_k = \sum_{k=1}^{K} \mu_k (\nu_k d\lambda) = \sum_{k=1}^{K} \mu_k \nu_k = 0 \tag{7.134}$$

mit dem chemischen Potenzial

$$\mu_i = \left(\frac{\partial U}{\partial n_i}\right)_{\substack{S,V,\\ n_j \neq n_i}} = \left(\frac{\partial H}{\partial n_i}\right)_{\substack{S,p,\\ n_j \neq n_i}} = \left(\frac{\partial F}{\partial n_i}\right)_{\substack{T,V,\\ n_j \neq n_i}} = \left(\frac{\partial G}{\partial n_i}\right)_{\substack{T,p,\\ n_j \neq n_i}} \tag{7.132}$$

Für ein ideales Gas kann die Druckabhängigkeit des chemischen Potenziales in Bezug zum Standarddruck ($p^+ = 1$ atm $= 1{,}01325$ bar) mit $\mu\ (p^+,T)$ als **Standardpotenzial** angegeben werden.

$$\mu(p,T) = \mu\left(p^+,T\right) + R_m T \ln\left(\frac{p}{p^+}\right) \tag{7.137}$$

Mit diesen beiden Bedingungen kann der Zustand des chemischen Gleichgewichtes über das **Massenwirkungsgesetz** analysiert werden.

$$\prod_{k=1}^{K} \psi_k^{\nu_k} = \exp\left\{-\frac{1}{R_m T}\sum_{k=1}^{K} \nu_k \mu_{0k}(p,T)\right\} = \exp\left\{-\frac{1}{R_m T}\sum_{k=1}^{K} \nu_k G_{m,k}(p,T)\right\} \tag{7.144}$$

Die rechte Seite von Gl. (7.144) ist nur eine Funktion des Druckes und der Temperatur. Diesen Ausdruck bezeichnen wir als **Gleichgewichtskonstante** $K(p,T)$ des **Massenwirkungsgesetzes**

$$K(p,T) = \prod_{k=1}^{K} \psi_k^{\nu_k} \tag{7.145}$$

Das Massenwirkungsgesetz beschreibt die Lage des Gleichgewichtes und den dann vorliegenden Zusammenhang zwischen den äußeren Variablen (p, T) und der Zusammensetzung (ψ_i) für die jeweilige chemische Reaktion.

Je größer die Gleichgewichtskonstante ist, umso mehr überwiegen im Gleichgewichtszustand die Produkte und je kleiner die Gleichgewichtskonstante ist, umso mehr überwiegen im Gleichgewichtszustand die Edukte.

Nach dem **Prinzip des kleinsten Zwanges** (Prinzip von Le Chatelier und Braun) kann die Verschiebung der Lage des chemischen Gleichgewichtes aufgrund von Zustandsgrößenänderungen bewertet werden. Für eine Druckänderung von p_1 auf p_2 gilt

$$K(p_2, T) = K(p_1, T)\left(\frac{p_1}{p_2}\right)^{\sum \nu_k} \tag{7.152}$$

Für eine Temperaturänderung gilt für konstantes ΔH_R im betrachteten Temperaturintervall

$$\ln\left(\frac{K(p, T_2)}{K(p, T_1)}\right) = \frac{\Delta H_R}{R_m}\left(\frac{1}{T_1} - \frac{1}{T_2}\right) = \frac{\Delta H_R}{R_m}\frac{T_2 - T_1}{T_1 T_2} \tag{7.155}$$

mit

$$\Delta H_R = \sum_{k=1}^{K} \nu_k H_{m,k}$$

für die an der Reaktion beteiligten Komponenten K. ΔH_R gibt hier die Enthalpieänderung des Systems für einen Umsatz von ν_i Mol der i-ten Komponente an und entspricht für ein isobares System der, bei der Reaktion pro Mol, übertragenen Wärme (**Reaktionsenthalpie**). Diese entspricht dem negativen Wert der an die Umgebung pro Mol freigesetzten **Reaktionswärme** eines idealen Gasgemisches. Eine Reaktion, bei der Wärme abgegeben wird ($\Delta H_R < 0$), bezeichnen wir als **exotherm**. Eine Reaktion, bei der Wärme zur Aufrechterhaltung der Reaktion zugeführt werden muss ($\Delta H_R > 0$), bezeichnen wir als **endotherm**.

7.2 Verständnisfragen

Verdichter

Frage 1: Bestimmen Sie die allgemeine Beziehung für die bei einer reversibel polytropen Verdichtung von p_1, T_1 auf p_2 abgegebene Wärme für ein ideales Gas unter Verwendung des ersten Hauptsatzes!

Frage 2: Was versteht man unter dem „schädlichen Raum" bei einem Kolbenverdichter?

Frage 3: Wie kann man bei Großverdichtern den geförderten Volumenstrom bei konstanter Drehzahl des Antriebsmotors regeln?

Frage 4: Wie ist der isentrope Verdichterwirkungsgrad definiert?

Frage 5: Wie ist der isentrope Turbinenwirkungsgrad definiert? Veranschaulichen Sie diesen in einem h,s-Diagramm!

Kreisprozesse

Frage 1: Nennen Sie Beispiele für Arbeitsmaschinen und für Kraftmaschinen! Wie unterscheiden wir diese?

Frage 2: Unter welchen Annahmen können geschlossene und offene Prozesse in gleicher Weise als Kreisprozesse behandelt werden? Was kennzeichnet einen Vergleichsprozess?

Frage 3: Vergleichen Sie den thermischen Wirkungsgrad des Otto- und des Diesel-Prozesses bei gleichem Verdichtungsverhältnis ε und skizzieren Sie diesen Vergleich in einem T,s-Diagramm! Die Zustandspunkte 1 und 4 seien identisch für beide Prozesse. Vergleichen Sie anschließend beide Prozesse unter der Bedingung gleicher Maximaltemperatur T_3! Welche Aussage ergibt sich für diesen Fall?

Frage 4: Zeigen Sie, dass bei einem idealen Joule-Prozess, der bei optimalem Druckverhältnis (Maximum der Kreisprozessarbeit) betrieben wird, die Temperaturen nach der Verdichtung T_2 und nach der Entspannung T_4 gleich sind!

Frage 5: Wieso entsprechen die thermischen Wirkungsgrade des Stirling- und des Ericsson-Prozesses dem Wirkungsgrad des Carnot-Prozesses?

Frage 6: Welche Maßnahme reduziert bei Dampfkraftprozessen die Erosion der Turbinenbeschaufelung?

Frage 7: Welche fünf verschiedenen Arten von Kälteprozessen kennen Sie, die sich insbesondere durch die unterschiedlichen Formen der zugeführten Antriebsenergie unterscheiden?

Frage 8: In welchem Bereich liegen die typischen Kühlraumtemperaturen für Kaltluft- und Kaltdampfprozesse?

Frage 9: Welcher Prozess bei den Wärmekraftmaschinen entspricht dem Kaltdampfprozess bei den Kälteanlagen?

Eindimensionale Strömungsprozesse

Frage 1: Welche der angegebenen Gleichungen im Abschnitt zu eindimensionalen Strömungsprozessen sind nicht nur für ideale Gase, sondern auch für reale Gase gültig?

Frage 2: Zeigen Sie, dass die Beziehung für die Schallgeschwindigkeit eines van-der-Waals-Gases (Gl. (7.77)) für $a = b = 0$ in die Beziehung für ein ideales Gas (Gl. (7.78)) übergeht!

Frage 3: Anhand welcher Kennzahl lassen sich Unter- und Überschallströmungen unterscheiden?

Frage 4: Warum wird bei einer Lavaldüse sowohl der konvergente Kanalteil als auch der divergente Kanalteil als Düse bezeichnet?

Frage 5: Unter welcher Voraussetzung kann in einer Lavaldüse eine Überschallströmung erreicht werden? Wie groß ist dann die Geschwindigkeit an der engsten Stelle der Lavaldüse?

Frage 6: Zeigen Sie, dass für den Grenzfall $\rho_2/\rho_1 \to 1$ die Funktionswerte p_2/p_1 und die erste Ableitung der Hugoniotkurve für ein ideales Gas und der Isentropen identisch sind!

Frage 7: Wie ist der Totaldruckverlust beim Stoßvorgang mit der Entropiezunahme über den senkrechten Verdichtungsstoß verknüpft?

Gas-Dampf-Gemische: Feuchte Luft
Frage 1: Warum steigt feuchte Luft nach oben?

Frage 2: Wie ändert sich das h,x-Diagramm infolge einer Druckänderung und warum?

Frage 3: Warum werden beschlagene Fensterscheiben im Auto ganz schnell frei von ihrem Beschlag, wenn man die Autoklimaanlage einschaltet?

Frage 4: Was versteht man unter der Kühlgrenztemperatur?

Frage 5: Wo funktioniert ein Verdunstungskühler besser in Phoenix, Arizona, oder in Miami, Florida, und warum?

Chemische Reaktionen
Frage 1: Geben Sie die stöchiometrischen Koeffizienten der Reaktion von Wasserstoff und Sauerstoff zu Wasser an!

Frage 2: In einem Reaktionsgefäß ist im Anfangszustand 10 kmol Gemisch aus Stickstoff N_2 und Wasserstoff H_2 enthalten. Das Gemisch ist nach dem Reaktionsmechanismus der Ammoniaksynthese (NH_3-Bildung) reaktionsfähig. Wie viele Mole N_2 und wie viele Mole H_2 sind im Anfangszustand enthalten, wenn das Gemisch in stöchiometrischer Zusammensetzung vorliegt? Wie viele Mole wären von jeder der drei Reaktionskomponenten vorhanden, wenn die Reaktion vollständig abgelaufen gedacht ist?

Frage 3: Was versteht man unter einer exothermen und was unter einer endothermen Reaktion?

Frage 4: Was besagt das Prinzip des kleinsten Zwanges für die Reaktion $2CO - 2C - O_2 = 0$ bei einer Änderung des Systemdrucks?

Antworten auf die Verständnisfragen

Verdichter

Antwort zu Frage 1: Für ein offenes System gilt nach dem ersten Hauptsatz bei Vernachlässigung der Dissipationsarbeit

$$Q_{12} = H_2 - H_1 - W_{t,12}$$

und für ein ideales Gas gilt

$$c_p = \text{konst.} = \frac{\kappa}{\kappa - 1} R; \; pV = mRT; \; H_2 - H_1 = mc_p (T_2 - T_1)$$

Für die Arbeit bei der reversibel polytropen Verdichtung gilt nach Tab. 7.1

$$W_{t,12} = \frac{n}{n-1}(p_2 V_2 - p_1 V_1) = \frac{n}{n-1} mR(T_2 - T_1)$$

und damit folgt aus dem ersten Hauptsatz

$$Q_{12} = mc_p R\,(T_2 - T_1) - m\frac{n}{n-1} R\,(T_2 - T_1) = m\frac{\kappa}{\kappa - 1} R\,(T_2 - T_1) - m\frac{n}{n-1} R\,(T_2 - T_1)$$

$$Q_{12} = m\frac{n - \kappa}{(n-1)(\kappa - 1)} R\,(T_2 - T_1) = mc_n\,(T_2 - T_1)$$

mit c_n als polytrope spezifische Wärmekapazität.

Antwort zu Frage 2: Der schädliche Raum ist das Volumen im Zylinder einer Kolbenmaschine zwischen Zylinderdeckel und Kolben, wenn sich der Kolben in der oberen Totpunktlage befindet. In diesem Raum wird sich immer Gas befinden, so dass das verdichtete Gas in diesem Raum zunächst expandieren muss, bevor frisches Gas angesaugt werden kann.

Antwort zu Frage 3: Durch Vergrößern oder Verringern des schädlichen Raumes über Ventile können der Füllungsgrad (Gl. (7.4) und (7.5)) und damit die Fördermenge bei gleichen Betriebsparametern und konstanter Drehzahl geregelt werden.

Antwort zu Frage 4: Der isentrope Verdichterwirkungsgrad (Gl. (7.6)) bezieht die spezifische Enthalpiedifferenz einer adiabat reversibel ablaufenden Verdichtung auf die spezifische Enthalpiedifferenz des realen Verdichtungsprozesses vom gleichen Ausgangszustand (p_1, T_1) auf den gleichen Enddruck p_2. Er gibt damit das Verhältnis von minimal notwendig aufzuwendender spezifischer technischer Arbeit für eine ideal ablaufende Verdichtung zur real notwendig aufzuwendenden spezifischen technischen Arbeit bei gleichen Randbedingungen an.

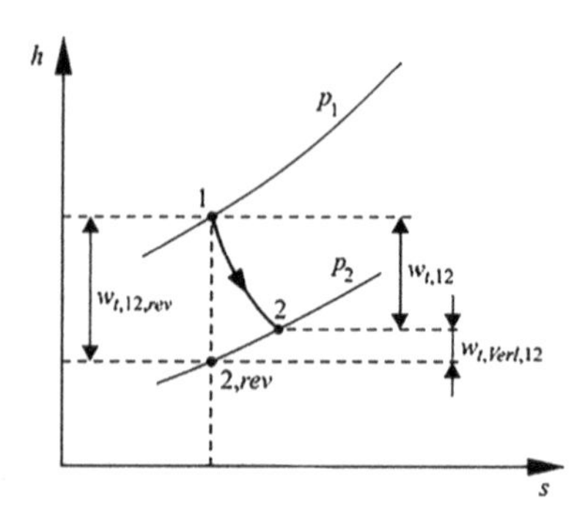

Abb. 7.4 Veranschaulichung zur Definition des isentropen Turbinenwirkungsgrades

Antwort zu Frage 5: Der isentrope Turbinenwirkungsgrad (Gl. (7.10)) bezieht die spezifische Enthalpiedifferenz des realen Entspannungsprozesses auf die spezifische Enthalpiedifferenz einer adiabat reversibel ablaufenden Entspannung vom gleichen Ausgangsszustand (p_1, T_1) auf den gleichen Enddruck p_2. Er gibt damit das Verhältnis von real zu gewinnender spezifischer technischer Arbeit zur maximal gewinnbaren spezifischen technischen Arbeit für eine ideal ablaufende Entspannung bei gleichen Randbedingungen an, wie in Abb. 7.4 veranschaulicht ist.

Kreisprozesse

Antwort zu Frage 1: Bei Arbeitsmaschinen wird Arbeit zugeführt und dadurch der thermodynamische Zustand des Arbeitsmediums geändert. Beispiele dafür sind Verdichter oder Pumpen. Bei Kraftmaschinen wird aus dem thermodynamischen Zustand des Arbeitsmediums Arbeit gewonnen. Beispiele dafür sind Turbinen oder Dampfmaschinen.

Antwort zu Frage 2: Wenn das Arbeitsmedium nach dem Durchlaufen der einzelnen Teilprozesse wieder in den Ausgangszustand zurückkehrt, erhalten wir einen Kreisprozess. Dies ist für geschlossene Systeme, die stationär arbeiten sollen, direkt gegeben. Wenn bei offenen Systemen der Eintrittszustand des Arbeitsmediums dem Austrittszustand entspricht (z. B. Umgebung bei offenen Gasturbinenanlagen), können diese in gleicher Weise behandelt werden. Werden die einzelnen Teilprozesse durch reversible Zustandsänderungen idealisiert, sprechen wir von einem Vergleichsprozess. Man bezeichnet diese Prozesse deshalb auch als innerlich reversibel.

Antwort zu Frage 3: Bei gleichem Verdichtungsverhältnis folgt aus Tab. 7.2 mit

$$\eta_{th,Otto} = 1 - \frac{1}{\varepsilon^{\kappa-1}} \text{ und } \eta_{th,Diesel} = 1 - \frac{\varphi^{\kappa} - 1}{\varepsilon^{\kappa-1}\kappa(\varphi - 1)} : \eta_{th,Diesel} \leq \eta_{th,Otto}$$

da $\varphi \geq 1$ ist. Dies erkennt man sehr schön im *T,s*-Diagramm, da die Isochore bei der Wärmezufuhr des Otto-Prozesses steiler verläuft als die Isobare des Diesel-Prozesses (Abb. 7.5, links). Damit weist der Otto-Prozess eine höhere mittlere Temperatur bei der Wärmezufuhr auf und bei gleicher Wärmeabgabe für beide Prozesse ergibt sich ein

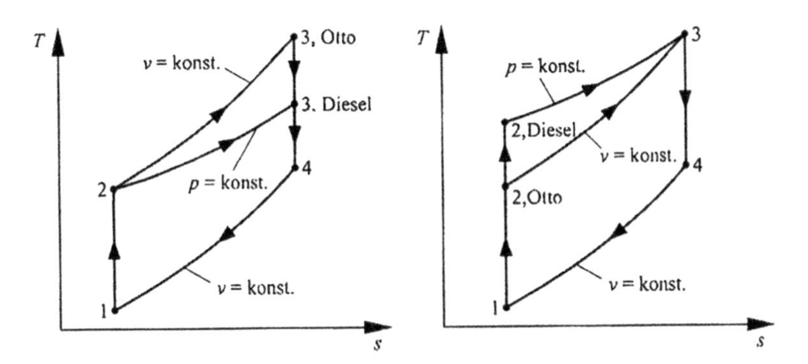

Abb. 7.5 Vergleich bei gleichem Verdichtungsverhältnis (*links*) und Vergleich bei gleicher Maximaltemperatur (*rechts*)

höherer Wirkungsgrad (größere spezifische Kreisprozessarbeit bei gleicher spezifischer Wärmeabgabe) gegenüber dem Diesel-Prozess. Allerdings ist dann auch die Maximaltemperatur (thermische Belastung) beim Otto-Prozess höher.

Der Otto-Prozess ist durch die Gefahr der Selbstzündung in dem möglichen Verdichtungsverhältnis gegenüber dem Diesel-Prozess eingeschränkt. Vergleichen wir nun beide Prozesse bei gleichen maximalen Temperatur- und Druckbedingungen, so ergibt sich für den Diesel-Prozess ein höheres Verdichtungsverhältnis und ein entgegengesetztes Verhalten (Abb. 7.5, rechts). Die Wärmezufuhr des Diesel-Prozesses findet jetzt bei höherer mittlerer Temperatur statt und bei wiederum gleicher Wärmeabgabe für beide Prozesse ergibt sich ein höherer thermischer Wirkungsgrad für den Diesel-Prozess. In der Praxis weisen daher Dieselmotoren größere thermische Wirkungsgrade auf, da hier das Verdichtungsverhältnis deutlich höher als bei Ottomotoren gewählt werden kann.

Antwort zu Frage 4: Beim Joule-Prozess gilt für das Maximum der Kreisprozessarbeit nach Gl. (7.39) $\pi_{opt} = \tau^{\frac{\kappa}{2(\kappa-1)}}$ mit $\pi = p_2/p_1$ und $\tau = T_3/T_1$. Für die isobaren Zustandsänderungen gilt $p_2 = p_3$ und $p_4 = p_1$ und mit der Bedingung für die reversibel adiabaten Zustandsänderungen $Tp^{(1-\kappa)/\kappa} =$ konst. folgt $T_4/T_1 = T_3/T_2$ bzw.

$$T_3 = \frac{T_2 T_4}{T_1}$$

Nach Gl. (7.39) gilt

$$\frac{p_2}{p_1} = \left(\frac{T_3}{T_1}\right)^{\frac{\kappa}{2(\kappa-1)}}$$

und mit der reversible adiabaten Zustandsänderung bei der Verdichtung

$$\frac{p_2}{p_1} = \left(\frac{T_2}{T_1}\right)^{\frac{\kappa}{\kappa-1}}$$

erhält man

$$\frac{p_2}{p_1} = \left(\frac{T_2}{T_1}\right)^{\frac{\kappa}{\kappa-1}} = \left(\frac{T_3}{T_1}\right)^{\frac{\kappa}{2(\kappa-1)}} \text{ und daraus: } \left(\frac{T_2}{T_1}\right)^2 = \left(\frac{T_3}{T_1}\right) = \left(\frac{T_2 T_4}{T_1^2}\right), \text{ so dass sich } T_2 = T_4$$

ergibt.

Antwort zu Frage 5: Bei beiden Prozessen (Stirling und Ericsson) erfolgen die Wärmezufuhr und die Wärmeabfuhr isotherm. Durch den inneren regenerativen Wärmeaustausch wird in der Summe in den anderen beiden Teilprozessen keine Wärme mit der Umgebung ausgetauscht, so dass diese reversiblen Teilprozesse summarisch reversibel adiabat sind. Dies entspricht dem Carnot-Prozess.

Antwort zu Frage 6: Durch Zwischenüberhitzung kann bei Dampfkraftprozessen bei gleicher Maximaltemperatur der Zustandspunkt nach der gesamten Entspannung in den Turbinen zu höheren Dampfgehalten im Nassdampfgebiet oder sogar aus dem Nassdampfgebiet heraus verschoben werden. Dadurch werden mögliche Wassertropfen in ihrer Größe reduziert bzw. verhindert, was zu geringeren Erosionseffekten bei der Beaufschlagung der Turbinenschaufeln führt.

Antwort zu Frage 7: Es können die folgenden fünf verschiedenen Arten von Kälteprozessen unterschieden werden:

1. Kompressionsprozess, dem mechanische Arbeit zum Antrieb eines Verdichters zugeführt wird.
2. Sorptionsprozess, dem thermische Energie zugeführt wird.
3. Thermoelektrischer Prozess, bei dem ein aufgeprägter elektrischer Strom eine Temperaturdifferenz entstehen lässt.
4. Thermoakustischer Prozess, bei dem durch einen Lautsprecher eine stehende Schallwelle erzeugt wird.
5. Thermomagnetischer Prozess, bei dem ein magnetisierbarer Stoff einem zu- und abschaltbaren Magnetfeld ausgesetzt wird.

Antwort zu Frage 8: Liegen die Temperaturen des zu kühlenden Raumes oberhalb von ca. −40 °C, werden oft Kaltdampfprozesse eingesetzt, da diese im Vergleich zu Kaltluftprozessen in diesem Temperaturbereich normalerweise günstigere Leistungszahlen erreichen. Im Temperaturbereich zwischen −40 °C und −80 °C sind die Leistungszahlen von Kaltdampf- und Kaltluftprozess etwa ähnlich. Bedingt durch eine innere Wärmeübertragung ist die Leistungszahl des Kaltluftprozesses relativ konstant und unabhängig von der Temperatur des zu kühlenden Raumes, während die des Kaltdampfprozesses mit der Temperatur stark absinkt. Daher wird bei noch tieferen Kühlraumtemperaturen üblicherweise der Kaltluftprozess verwendet.

Antwort zu Frage 9: Der Kaltdampfprozess besteht aus einer Verdichtung und einer Expansion, die beide reibungsbehaftet verlaufen. Zwei isobare Wärmeübertragungen mit Phasenwechsel, eine Verflüssigung und eine Verdampfung, vervollständigen den

Kältekreisprozess. Der Clausius-Rankine-Prozess besteht grundsätzlich aus ähnlichen Zustandsänderungen, sodass er am ehesten dem Evans-Perkins-Kaltdampfprozess bei den Wärmekraftprozessen entspricht.

Eindimensionale Strömungsprozesse

Antwort zu Frage 1: Neben den allgemeinen Erhaltungsgleichungen für Masse, Impuls und Energie in eindimensionaler Form sind die Beziehungen für die Schallgeschwindigkeit (Gl. (7.71), (7.73), (7.76))

$$c_S^2 = \left(\frac{\partial p}{\partial \rho}\right)_s = -v^2\left(\frac{\partial p}{\partial v}\right)_s = v^2\left[\left(\frac{\partial p}{\partial T}\right)_v^2 \frac{T}{c_v} - \left(\frac{\partial p}{\partial v}\right)_T\right]$$

der erste Hauptsatz unter Berücksichtigung der getroffenen Annahmen (Gl. (7.83))

$$h_1 + \frac{{c_1}^2}{2} = h_2 + \frac{{c_2}^2}{2} = \text{konstant}$$

sowie die Hugoniot-Gleichung

$$h_2 - h_1 = \frac{1}{2}(p_2 - p_1)\left(\frac{1}{\rho_1} + \frac{1}{\rho_2}\right) = (p_2 - p_1)\frac{1}{2}(v_1 + v_2) \tag{7.97}$$

allgemein und damit auch für reale Gase gültig.

Antwort zu Frage 2: Aus Gl. (7.77) folgt für $a = b = 0$ und mit $\frac{R}{c_v} = \kappa - 1$ für ein ideales Gas

$$c_S{}^2 = \left(\frac{R}{c_v} + 1\right)\left(v^2 \frac{RT}{(v-b)^2}\right) - \frac{2a}{v} = \left(\frac{R}{c_v} + 1\right)(RT) = \kappa RT$$

Antwort zu Frage 3: Unter- und Überschallströmungen werden anhand der Machzahl $Ma = c/c_S$ unterschieden. Bei Unterschallströmungen ist $Ma < 1$ und bei Überschallströmungen $Ma > 1$.

Antwort zu Frage 4: Als Düse bezeichnen wir eine Kanalform, in der eine Strömung beschleunigt wird. Bei einer Lavaldüse wird die Strömung zunächst im Unterschallbereich durch eine konvergente Kanalform beschleunigt und nach dem Schalldurchgang ($Ma = 1$) im engsten Querschnitt der Düse im Überschallbereich durch eine divergente Kanalform weiter beschleunigt.

Antwort zu Frage 5: Wird eine Strömung in einer Lavaldüse zunächst im Unterschallbereich beschleunigt und erreicht im engsten Querschnitt eine Geschwindigkeit, die der dort vorliegenden Schallgeschwindigkeit entspricht, so kann die Strömung weiter beschleunigen und Überschallbedingungen erreichen. Dazu muss der Druck am Austritt der Lavaldüse gegenüber dem Kesseldruck klein genug sein, sodass ein möglicher Verdichtungsstoß nicht den engsten Querschnitt erreicht.

Antwort zu Frage 6: Für die Isentrope gilt mit $y = p_2/p_1$ und $x = \rho_2/\rho_1$ die Beziehung $y = x^\kappa$. Für ein ideales Gas ist dann die Hugoniot-Gleichung (7.99) mit $a = \kappa + 1$ und $b = \kappa - 1$ und $c = a/b$ gegeben durch $y = \frac{cx-1}{c-x}$. Für $\lim_{x\to 1} y$ gilt dann für die Isentrope $\lim_{x\to 1} x^\kappa = 1$ und für die Hugoniot-Gleichung $\lim_{x\to 1} \frac{cx-1}{c-x} = 1$.

Für die erste Ableitung der Isentropen gilt $y' = \kappa x^{\kappa-1}$ und für den Grenzwert $\lim_{x\to 1} \kappa x^{\kappa-1} = \kappa$.

Für die erste Ableitung der Hugoniot-Gleichung gilt

$$y' = \frac{c(c-x) + (cx-1)}{(c-x)^2}$$

und für

$$\lim_{x\to 1} y' = \frac{c(c-1) + (c-1)}{(c-1)^2} = \frac{(c+1)}{(c-1)} = \frac{a/b+1}{a/b-1} = \frac{a+b}{a-b} = \frac{2\kappa}{2} = \kappa$$

Dies zeigt, dass sich der Stoßvorgang für schwache Stoßwellen der reversiblen Zustandsänderung annähert (Tangente und Funktionswert) und die Entropieänderung für $x \to 1$ verschwindet.

Antwort zu Frage 7: Für ein ideales Gas gilt nach Gl. (4.35) und Gl. (4.36)

$$s_2 - s_1 = c_v \ln\left(\frac{T_2}{T_1}\right) + R\ln\left(\frac{v_2}{v_1}\right), \quad s_2 - s_1 = c_p \ln\left(\frac{T_2}{T_1}\right) - R\ln\left(\frac{p_2}{p_1}\right)$$

Betrachten wir die Differenz der spezifischen Entropie über Kesselzustände vor und nach dem Stoß, wobei die Strömung vor und nach dem Stoß als reversibel und adiabat angesehen wird ($s_2 = s_{02}$, $s_1 = s_{01}$) und den irreversiblen Stoßvorgang als adiabat ($h_{01} = h_{02}$), folgt daraus für ein ideales Gas $T_{01} = T_{02}$ und somit

$$s_2 - s_1 = s_{02} - s_{01} = c_p \ln\left(\frac{T_{02}}{T_{01}}\right) - R\ln\left(\frac{p_{02}}{p_{01}}\right) = -R\ln\left(\frac{p_{02}}{p_{01}}\right) \quad (7.105)$$

Diese Beziehung zeigt den Zusammenhang zwischen Entropiezunahme bei dem irreversiblen Stoßvorgang und dem Totaldruckverlust ($p_{02} < p_{01}$).

Gas-Dampf Gemische: Feuchte Luft

Antwort zu Frage 1: Infolge des kleineren Molekulargewichts von Wasser gegenüber Luft hat Wasserdampf eine geringere Dichte als trockene Luft. Demzufolge hat auch feuchte Luft als Gemisch aus Wasserdampf und trockener Luft eine geringere Dichte als reine trockene Luft und steigt nach oben. Dies erkennt man auch schön an Gl. (7.114) für steigende Wassergehalte.

Antwort zu Frage 2: Die Enthalpie von idealen Gasen ist nicht druckabhängig, so dass die Isothermen im ungesättigten Gebiet des h,x-Diagramms bei einer Druckänderung unverändert bleiben. Ebenso ändert sich auch die Steigung der Isothermen im Nebelgebiet nicht. Allerdings ist der Partialdruck des Wasserdampfes und damit (bei gleichbleibendem Sättigungsdruck) die relative Feuchte direkt vom Gesamtdruck abhängig. Für das *h,x*-Diagramm bedeutet das, dass sich die Linien konstanter relativer Feuchte mit steigendem Druck nach links verschieben und das Nebelgebiet größer wird.

Antwort zu Frage 3: In einer Fahrzeugklimaanlage wird zuerst die Luft entfeuchtet, bevor sie im anschließenden Heizungswärmeübertrager wieder erwärmt wird. Im Vergleich zur reinen Frischluft-Lüftung wird die Frontscheibe im Klimabetrieb also mit wesentlich trockener Luft angeblasen, was normalerweise zu einem deutlich schnelleren Verschwinden des Scheibenbelags führt.

Antwort zu Frage 4: Die Kühlgrenztemperatur ist die Gleichgewichts-Endtemperatur einer endlichen Wassermenge, die sich durch Wechselwirkung (infolge eines Verdunstungsprozesses) mit einem über das Wasser hinwegströmenden ungesättigten feuchten Luftstrom einstellt.

Antwort zu Frage 5: Durch einen Verdunstungsvorgang wird sowohl die spezifische Enthalpie als auch der Wassergehalt der feuchten Luft erhöht. Allerdings wird infolge des Phasenwechsels des flüssigen Wassers zu Wasserdampf bei diesem Prozess die Lufttemperatur sinken, und zwar so lange, bis der Sättigungszustand erreicht wird (dann kann kein weiteres Wasser mehr verdunsten). Folglich kann die Lufttemperatur durch einen Verdunstungsvorgang umso tiefer abgesenkt werden, je trockener und wärmer die Luft im Ausgangszustand ist. Aus diesem Grund wirkt ein Verdunstungskühler in einem heißen trockenen Wüstenklima, wie es in Phoenix, Arizona herrscht, besser als in einem warmen sehr feuchten subtropischen Klima, wie es in Miami, Florida vorzufinden ist.

Chemische Reaktionen

Antwort zu Frage 1: Betrachten wir für diese Reaktion Wasser als Produkt und als Edukte Wasserstoff und Sauerstoff: $2H_2O - O_2 - 2H_2 = 0$, so sind die stöchiometrischen Koeffizienten: $\nu_{H_2O} = 2$; $\nu_{O_2} = -1$; $\nu_{H_2} = -2$.

Antwort zu Frage 2: Die stöchiometrischen Koeffizienten für die betrachtete Reaktion $2NH_3 - N_2 - 3H_2 = 0$ sind $\nu_{NH_3} = 2$; $\nu_{N_2} = -1$; $\nu_{H_2} = -3$.

Für den stöchiometrischen Anfangszustand (0) gilt

$$n_{N_2}^{(0)} \Big/ n_{H_2}^{(0)} = \nu_{N_2}^{(0)} \Big/ \nu_{H_2}^{(0)} = 1/3 \text{ und } n_{N_2}^{(0)} + n_{H_2}^{(0)} = 10\,\text{kmol}.$$

Daraus folgt $n_{N_2}^{(0)} = 2{,}5\,\text{kmol}$; $n_{H_2}^{(0)} = 7{,}5\,\text{kmol}$; $n_{H_3}^{(0)} = 0\,\text{kmol}$

Wenn die Reaktion vollständig abgelaufen ist (Endzustand entspricht einer dimensionslosen Reaktionslaufzahl von 1), gilt für die Reaktionskomponenten $n_{N_2}^{(1)} = n_{H_2}^{(1)} = 0$ und da aus 1 kmol N_2 bei vollständiger Reaktion 2 kmol NH_3 werden, $n_{NH_3}^{(1)} = 5\,\text{kmol}$.

Antwort zu Frage 3: Bei einer exothermen Reaktion wird Wärme abgegeben, d. h. die Reaktionsenthalpie ist negativ ($\Delta H_R < 0$). Bei einer endothermen Reaktion muss Wärme zugeführt werden (positive Reaktionsenthalpie: $\Delta H_R > 0$), um die Reaktion aufrecht zu erhalten.

Antwort zu Frage 4: Für die Reaktion $2CO - 2C - O_2 = 0$ sind die stöchiometrischen Koeffizienten $\nu_{CO} = 2$; $\nu_C = -2$; $\nu_{O_2} = -1$ und deren Summe ist gleich –1. Damit bewirkt eine Druckerhöhung nach dem Prinzip des kleinsten Zwanges eine Verschiebung des chemischen Gleichgewichtszustandes in Richtung der Produkte (Endstoffe – hier Kohlenstoffmonoxid) und eine Druckabsenkung verringert den Anteil des Kohlenstoffmonoxids.

7.3 Rechenaufgaben

Aufgabe 7.1 (X) Der Quotient aus der technischen Leistung und dem Wärmestrom ist für einen einstufigen Verdichter gleich –8. Die dimensionslose technische Leistung $\dot{W}_t/(\dot{m}RT_1)$ ist gleich 2. Das Arbeitsmedium Argon ist als ideales Gas zu behandeln. Berechnen Sie das Druckverhältnis, wenn eine polytrope Verdichtung angenommen wird!

Lösung:
Aus den Beziehungen in Tab. 7.1 erhalten wir

$$\dot{W}_t = \frac{n}{n-1}\dot{m}RT_1\left[\left(\frac{p_2}{p_1}\right)^{\frac{n-1}{n}} - 1\right] \quad \text{und} \quad \dot{Q} = \dot{m}RT_1\frac{n-\kappa}{(n-1)(\kappa-1)}\left[\left(\frac{p_2}{p_1}\right)^{\frac{n-1}{n}} - 1\right]$$

und somit

$$\frac{\dot{W}_t}{\dot{Q}} = \frac{n(\kappa-1)}{n-\kappa} = -8$$

Mit dem Isentropenexponenten für Argon als einatomiges ideales Gas ($\kappa = 5/3$) ergibt sich daraus für den Polytropenexponenten

$$n = \frac{8\kappa}{\kappa+7} = \frac{20}{13}$$

Für das Druckverhältnis erhalten wir mit

$$\frac{\dot{W}_t}{\dot{m}RT_1} = \frac{n}{n-1}\left[\left(\frac{p_2}{p_1}\right)^{\frac{n-1}{n}} - 1\right] = 2 \text{ den Wert } \frac{p_2}{p_1} = 4{,}554$$

Aufgabe 7.2 (XX) In einem Kolbenverdichter soll Luft (als ideales Gas) bei Umgebungsbedingungen $p_1 = 1\,\text{bar}$ und $T_1 = 300\,\text{K}$ kontinuierlich auf den Druck $p_2 = 6\,\text{bar}$

verdichtet werden. Der Durchsatz soll $\dot{m} = 0{,}4\,\text{kg/s}$ betragen. Gegeben sind außerdem für die Luft $\kappa = 1{,}4$ und $R = 287\,\text{J}/(\text{kg K})$. Wie groß sind die aufzubringenden technischen Leistungen, die übertragenen Wärmeströme und die Temperaturen der verdichteten Luft, wenn der Verdichtungsvorgang als

a) isentrop (reversibel adiabat)
b) polytrop mit $n = 1{,}2$
c) isotherm

betrachtet wird?

Lösung:
Die kontinuierlich aufzubringende Leistung ergibt sich aus der pro Zeiteinheit aufzuwendenden Arbeit nach Tab. 7.1 für eine polytrope Zustandsänderung zu

$$P = \frac{dW_t}{dt} = \dot{W}_t = \frac{n}{n-1} p_1 \frac{dV_1}{dt}\left[\left(\frac{p_2}{p_1}\right)^{\frac{n-1}{n}} - 1\right] = \frac{n}{n-1} p_1 \dot{V}_1 \left[\left(\frac{p_2}{p_1}\right)^{\frac{n-1}{n}} - 1\right]$$

Aus der thermischen Zustandsgleichung für ein ideales Gas erhalten wir pro Zeitzyklus

$$p\dot{V} = \dot{m}RT$$

und daraus

$$P = \dot{W}_t = \frac{n}{n-1}\dot{m}RT_1\left[\left(\frac{p_2}{p_1}\right)^{\frac{n-1}{n}} - 1\right]$$

Für die Endtemperatur und den Wärmestrom gelten bei einer polytropen Zustandsänderung nach Tab. 7.1 für ein ideales Gas

$$\frac{T_2}{T_1} = \left(\frac{p_2}{p_1}\right)^{\frac{n-1}{n}} \text{ und } \dot{Q} = \dot{m}c_v \frac{n-\kappa}{n-1}(T_2 - T_1) \text{ mit } c_v = \frac{R}{\kappa - 1}$$

a) Es gilt $n = \kappa$ und damit ergibt sich

$$P_{rev.ad.} = \frac{1{,}4}{1{,}4-1} 0{,}4\,\frac{\text{kg}}{s} 287\frac{\text{J}}{\text{kg K}} 300\,\text{K}\left[\left(\frac{6}{1}\right)^{\frac{1{,}4-1}{1{,}4}} - 1\right] = 80{,}58\,\text{kW}$$

sowie

$$T_2 = 300\,\text{K}\left(\tfrac{6}{1}\right)^{\frac{1{,}4-1}{1{,}4}} = 500{,}6\,\text{K} \text{ und natürlich } \dot{Q}_{rev.ad.} = 0\,\text{W}$$

b) Es ergibt sich

$$P_{pol.} = \frac{1{,}2}{1{,}2-1} 0{,}4 \frac{\text{kg}}{\text{s}} 287 \frac{\text{J}}{\text{kg K}} 300\,\text{K} \left[\left(\frac{6}{1} \right)^{\frac{1{,}2-1}{1{,}2}} - 1 \right] = 71{,}91\,\text{kW}$$

sowie

$$T_2 = 300\,\text{K} \left(\frac{6}{1} \right)^{\frac{1{,}2-1}{1{,}2}} = 404{,}4\,\text{K}$$

und

$$\dot{Q}_{pol.} = 0{,}4 \frac{\text{kg}}{\text{s}} \frac{287}{1{,}4-1} \frac{\text{J}}{\text{kg K}} \frac{1{,}2-1{,}4}{1{,}2-1} (404{,}4 - 300)\,\text{K} = -30\,\text{kW}$$

c) Mit $n = 1$ gilt nach Tab. 7.1

$$\begin{aligned} P_{isoth.} = \dot{W}_{t,isoth.} &= p_1 \dot{V}_1 \ln\left(\frac{p_2}{p_1} \right) = \dot{m} R T_1 \ln\left(\frac{p_2}{p_1} \right) \\ &= 0,4 \frac{\text{kg}}{\text{s}} 287 \frac{\text{J}}{\text{kg K}} 300\,\text{K} \ln\left(\frac{6}{1} \right) = 61{,}7\,\text{kW} \end{aligned}$$

sowie

$$T_2 = T_1 = 300\,\text{K}$$

Für ein ideales Gas folgt daraus $H_2 - H_1 = 0$ und aus Tab. 7.1

$$\dot{Q}_{isoth.} = -P_{isoth.} = -61{,}7\,\text{kW}$$

Man erkennt hier sehr schön, dass die aufzubringende Leistung bei der isothermen Verdichtung am geringsten ist. Da die Verdichtungsendtemperatur hier der Ansaugtemperatur entspricht, müsste der Verdichter ideal gekühlt werden, was technisch nicht zu realisieren ist. Die höchste Endtemperatur wird im betrachteten Beispiel bei der reversibel adiabaten Verdichtung erreicht, wobei aufgrund der höheren Temperaturen auch die aufzubringende Leistung am größten ist. Bei der betrachteten polytropen Verdichtung muss ein Wärmestrom von 30 kW an die Umgebung abgeführt werden.

Aufgabe 7.3 (X) In einem Ottomotor soll nach der isentropen Verdichtung eine Temperatur von $t_2 = 490\,°\text{C}$ bei einer Anfangstemperatur von $t_1 = 30\,°\text{C}$ erreicht werden. Bei einer höheren Temperatur droht die Selbstzündung des Brennstoffgemisches. Das Arbeitsmittel soll als ideales Gas mit konstanter spezifischer Wärmekapazität und $\kappa = 1,4$ angesehen werden. Welches Verdichtungsverhältnis ε muss gewählt werden?

Lösung:
Für eine reversibel adiabate Verdichtung gilt mit Gl. (5.26) und (7.22)

$$\frac{T_2}{T_1} = \left(\frac{v_1}{v_2}\right)^{\kappa-1} = \varepsilon^{\kappa-1} = \varepsilon^{0,4}$$

Somit folgt

$$\varepsilon = \left(\frac{T_2}{T_1}\right)^{2,5} = \left(\frac{763{,}15\mathrm{K}}{303{,}15\mathrm{K}}\right)^{2,5} = 10{,}055$$

Aufgabe 7.4 (XXX) Ein Diesel-Prozess soll pro Umlauf die gleiche Arbeit abgeben wie ein Otto-Prozess. Folgende Größen sind bei beiden Prozessen gleich:

Hubvolumen $V_H = 1500\,\mathrm{cm}^3$, Ansaugzustand mit $T = 323\,\mathrm{K}$ und $p = 1\,\mathrm{bar}$, ideales Gas mit $\kappa = 1{,}4$. Für den Otto-Prozess ist das Verdichtungsverhältnis $\varepsilon_O = 8$: für den Diesel-Prozess ist das Verdichtungsverhältnis $\varepsilon_D = 16$ und das Einspritzverhältnis $\varphi = 1{,}58$.

a) Wie groß sind die thermischen Wirkungsgrade der beiden Prozesse?
b) Welche Werte nehmen die Zustandsgrößen *p, V* und *T* in den Eckpunkten der Teilprozesse an?

Lösung:
a) Die thermischen Wirkungsgrade können für beide Prozesse mit den gegebenen Angaben (Luft als ideales Gas mit $\kappa = 1{,}4$) für den Otto-Prozess ($\varepsilon_O = 8$) und für den Diesel-Prozess ($\varepsilon_D = 16,\ \varphi = 1{,}58$) aus Tab. 7.2 direkt ermittelt werden.

$$\eta_{th,Otto} = 1 - \frac{1}{\varepsilon_O{}^{\kappa-1}} = 0{,}565 \text{ und } \eta_{th,Diesel} = 1 - \frac{\varphi^{\kappa} - 1}{\varepsilon_D{}^{\kappa-1}\kappa(\varphi - 1)} = 0{,}635$$

b) Kreisprozesse für offene oder geschlossene Systeme können wie erwähnt unter Verwendung spezifischer oder absoluter Größen analysiert werden. Wir werden für das vorliegende Beispiel absolute Größen verwenden, um diesen Zusammenhang zu den vorherigen Betrachtungen deutlich zu machen. Der Diesel-Prozess ist durch die vorhandenen Angaben vollständig charakterisiert. Die vollständigen Parameter des Otto-Prozesses erhalten wir erst aus der Angabe, dass die abgegebenen Arbeiten für beide Prozesse gleich sein sollen, um daraus das Temperaturverhältnis T_3/T_1 zu ermitteln. Betrachten wir die einzelnen Zustandsänderungen und Größen anhand der direkt gegebenen Parameter und dieses Temperaturverhältnisses, so lassen sich diese in folgender Tab. 7.3 darstellen.

Die abgegebene Arbeit des Diesel-Prozesses ergibt sich je Zyklus aus

$$W_D = Q_{23} + Q_{41} = \underbrace{mc_p(T_3 - T_2)}_{>0} + \underbrace{mc_v(T_1 - T_4)}_{<0}$$

Tab. 7.3 Beziehungen für die Größen und Zustandsänderungen des Diesel- und des Otto-Prozesses

	Diesel-Prozess	Otto-Prozess
$V_H =$	$V_1 - V_2$	$V_1 - V_2$
$\varepsilon =$	V_1/V_2	V_1/V_2
$V_1 =$	$V_H(\varepsilon/(\varepsilon - 1))$	$V_H(\varepsilon/(\varepsilon - 1))$
$V_2 =$	$V_H(1/(\varepsilon - 1))$	$V_H(1/(\varepsilon - 1))$
$V_3 =$	$V_2\varphi = V_H(\varphi/(\varepsilon - 1))$	$V_2 = V_H(1/(\varepsilon - 1))$
$V_4 =$	V_1	V_1
$p_2 =$	$p_1\varepsilon^\kappa$	$p_1\varepsilon^\kappa$
$T_2 =$	$T_1\varepsilon^{\kappa-1}$	$T_1\varepsilon^{\kappa-1}$
$p_3 =$	$p_2 = p_1\varepsilon^\kappa$	$p_2(T_3/T_1)(T_1/T_2) = p_1\varepsilon^\kappa(T_3/T_1)(1/\varepsilon^{\kappa-1})$
$T_3 =$	$T_2\varphi = T_1\varphi\varepsilon^{\kappa-1}$	$T_1\psi\varepsilon^{\kappa-1} = T_1(p_3/p_2)\varepsilon^{\kappa-1}$
$p_4 =$	$p_1\varphi^\kappa$	$p_1(T_3/T_1)(T_4/T_3) = p_1(T_3/T_1)(1/\varepsilon^{\kappa-1})$
$T_4 =$	$T_1(p_4/p_1) = T_1\varphi^\kappa$	$T_3(1/\varepsilon^{\kappa-1}) = T_1\psi$

Für ein ideales Gas als Arbeitsmedium gilt

$$m = \frac{pV}{RT},\ c_p = R\frac{\kappa}{\kappa - 1}\ \text{und}\ c_v = R\frac{1}{\kappa - 1}$$

Das Einsetzen dieser Beziehungen mit $m = \dfrac{p_1 V_1}{RT_1}$ ergibt für den Diesel-Prozess

$$W_D = \frac{p_1 V_1}{RT_1} R \frac{\kappa}{\kappa - 1}\left(T_1\varphi\varepsilon_D{}^{\kappa-1} - T_1\varepsilon_D{}^{\kappa-1}\right) + \frac{p_1 V_1}{RT_1} R \frac{1}{\kappa - 1}\left(T_1 - T_1\varphi^\kappa\right)$$

und daraus nach Kürzen von RT_1 mit der Beziehung zwischen V_1 und V_H aus Tab. 7.3 zusammengefasst

$$W_D = p_1 V_H \frac{\varepsilon_D}{\varepsilon_D - 1}\frac{1}{\kappa - 1}\left(\kappa\varphi\varepsilon_D{}^{\kappa-1} - \kappa\varepsilon_D{}^{\kappa-1} + 1 - \varphi^\kappa\right)$$

Mit den aktuellen Parametern für den Diesel-Prozess ($\varepsilon_D = 16$, $\varphi = 1{,}58$) sowie den Hauptgrößen (Hubvolumen $V_H = 1500\,\text{cm}^3$, Ansaugzustand mit $T = 323\,\text{K}$ und $p = 1\,\text{bar}$, ideales Gas mit $\kappa = 1{,}4$) folgt nun

$$W_D = 625{,}7\,\text{J}$$

Für den Otto-Prozess ergibt sich

$$W_O = Q_{23} + Q_{41} = \underbrace{mc_v(T_3 - T_2)}_{>0} + \underbrace{mc_v(T_1 - T_4)}_{<0}$$

Tab. 7.4 Größen in den Zustandspunkten des Diesel- und des Otto-Prozesses

Prozess	Parameter	Zustand 1	Zustand 2	Zustand 3	Zustand 4
Otto	p/[bar]	1	18,4	39,1	2,13
	T/[K]	323	742	1577	686
	V/[cm³]	1714	214	214	1714
Diesel	p/[bar]	1	48,5	48,5	1,90
	T/[K]	323	979	1547	613
	V/[cm³]	1600	100	158	1600

und entsprechend der obigen Vorgehensweise für ein ideales Gas

$$\begin{aligned} W_O &= \frac{p_1 V_1}{RT_1} R \frac{1}{\kappa - 1} \left(T_3 - T_1 \varepsilon_O{}^{\kappa-1} \right) + \frac{p_1 V_1}{RT_1} R \frac{1}{\kappa - 1} (T_1 - T_4) \\ &= p_1 V_H \frac{\varepsilon_O}{\varepsilon_O - 1} \frac{1}{\kappa - 1} \left(\frac{T_3}{T_1} - \varepsilon_O{}^{\kappa-1} + 1 - \frac{T_3}{T_1} \frac{1}{\varepsilon_O{}^{\kappa-1}} \right) \end{aligned}$$

Mit

$$W = W_D = W_O$$

folgt daraus der Wert für T_3 / T_1

$$\frac{T_3}{T_1} = \left[W(\varepsilon_O - 1)(\kappa - 1)/(p_1 V_H \varepsilon_O) + \varepsilon_O{}^{\kappa-1} - 1 \right] / \left[1 - \frac{1}{\varepsilon_O^{\kappa-1}} \right] = 4{,}88$$

Somit lassen sich nun alle Zustandsgrößen in den Eckpunkten der Teilprozesse bestimmen und sind tabellarisch angegeben (Tab. 7.4).

Aufgabe 7.5 (XX) Ein idealer Stirlingmotor liefert im stationären Betrieb bei einer Umdrehungszahl $n = 3600\ \text{min}^{-1}$ die Leistung $\dot{W}_t = 100$ W. Der thermische Wirkungsgrad der Maschine beträgt $\eta_{th} = 0{,}2$. Im Zustand 1 (Arbeitskolben unterer Totpunkt, Verdrängerkolben oberer Totpunkt) herrschen innerhalb des Arbeitsraumes ein Druck $p_1 = 2$ bar und eine Temperatur $t_1 = 30\ °\text{C}$. Das Arbeitsmedium Helium (kann als ideales Gas betrachtet werden) nimmt zu diesem Zeitpunkt das Volumen $V_1 = 500\ \text{cm}^3$ ein. Es gilt $M_{\text{He}} = 4$ g/mol

Bestimmen Sie den Druck p_2, die Temperatur T_3, die bei einer Umdrehung aufgenommene Wärme Q_{34} sowie die spezifische Wärme q_{34}!

Lösung:
Die Temperatur T_3 ergibt sich aus dem thermischen Wirkungsgrad für den Stirling-Prozess zu

$$T_3 = \frac{T_1}{1-\eta_{th}} = \frac{303{,}15\ \mathrm{K}}{0{,}8} = 378{,}9\ \mathrm{K}$$

Der im zeitlichen Mittel aufgenommene Wärmestrom $\dot{Q}_{34}$ beträgt

$$\dot{Q}_{34} = \frac{\dot{W}_t}{\eta_{th}} = \frac{100\ \mathrm{W}}{0,2} = 500\ \mathrm{W}$$

Für die bei einer Umdrehung aufgenommene Wärmemenge Q_{34} folgt somit

$$Q_{34} = \frac{\dot{Q}_{34}}{n} = \frac{500\ \mathrm{W}\cdot 60\ \mathrm{s}}{3600} = 8{,}33\ \mathrm{J}$$

Die Masse des Heliumgases im Stirlingmotor ermittelt man mit der Zustandsgleichung für ideale Gase

$$m = \frac{p_1 V_1}{R_{\mathrm{He}} T_1} = \frac{2\cdot 10^5\ \mathrm{Pa}\cdot 500\cdot 10^{-6}\,\mathrm{m}^3\cdot 4\cdot 10^{-3}\ \frac{\mathrm{kg}}{\mathrm{mol}}}{8,3145\ \frac{\mathrm{J}}{\mathrm{mol}\cdot\mathrm{K}}\cdot 303,15\ \mathrm{K}} = 0,1587\,\mathrm{g}$$

Es ergibt sich somit eine spezifische Wärme q_{34} von

$$q_{34} = \frac{Q_{34}}{m} = \frac{8{,}33\ \mathrm{J}}{1{,}588\cdot 10^{-4}\ \mathrm{kg}} = 53{,}49\ \frac{\mathrm{kJ}}{\mathrm{kg}}$$

Der Druck p_2 kann nun über verschiedene Wege ermittelt werden. Betrachtet man z. B. die isotherme Zustandsänderung von 1 nach 2, so gilt

$$Q_{12} = p_1 V_1 \ln\left(\frac{p_1}{p_2}\right) \text{mit}\, Q_{12} = Q_{34}(\eta_{th}-1) = 8{,}33\ \mathrm{J}\cdot(0,\ 2-1) = -6{,}67\ \mathrm{J}$$

und daraus

$$p_2 = p_1\cdot\exp\left(\frac{-Q_{12}}{p_1 V_1}\right) = 2\ \mathrm{bar}\cdot\exp\left(\frac{6{,}67\ \mathrm{J}}{2\cdot 10^5\,\mathrm{Pa}\cdot 500\cdot 10^{-6}\mathrm{m}^3}\right) = 2{,}138\ \mathrm{bar}$$

Aufgabe 7.6 (XXX) Eine Gasturbinenanlage unterscheidet sich vom reversiblen Joule-Prozess dadurch, dass der Verdichter und die Turbine nicht isentrop arbeiten. Es gilt vielmehr: $\eta_{sV} = 0{,}85$ und $\eta_{sT} = 0{,}91$. Die Anlage verarbeitet einen Luftmassenstrom von $\dot{m} = 5\ \mathrm{kg/s}$. Die Luft wird im Umgebungszustand mit $p_1 = p_u = 1$ bar und $t_1 = t_u = 20\,°\mathrm{C}$ angesaugt. Der Druck p_2 am Einlauf der (isobar arbeitenden) Brennkammer beträgt 15 bar. In der Brennkammer wird das Gas auf $t_3 = 1300\,°\mathrm{C}$ erwärmt. Die Änderung des Massenstromes durch die Einspritzung von Brennstoff soll vernachlässigt werden. Die Turbine expandiert das Gas auf den Umgebungsdruck. Anschließend wird das Gas als Abgas ausgestoßen. Luft soll als ideales Gas mit $R = 287\ \mathrm{J/(kg\,K)}$, $c_p = 1004{,}5\,\mathrm{J/(kg\,K)}$ und $\kappa = 1{,}4$ behandelt werden.

a) Berechnen Sie die Temperaturen und Drücke in den anderen Zustandspunkten!
b) Welche Leistung $\dot{W}_{t,ges}$ kann die Anlage abgeben und welchen Wirkungsgrad erreicht sie?
c) Welche technische Verlustleistung $\dot{W}_{t,Verl}$ tritt im Verdichter auf?
d) Welcher Leistungsverlust durch Irreversibilitäten $\dot{W}_{VIrrev}$ tritt im Verdichter auf?
e) Warum ist dieser kleiner als die technische Verlustleistung und auf welche Weise wirkt sich dies im Prozess aus?
f) Welche technische Verlustleistung $\dot{W}_{t,Verl}$ tritt in der Turbine auf?
g) Welcher Leistungsverlust durch Irreversibilitäten $\dot{W}_{VIrrev}$ tritt in der Turbine auf?
h) Warum ist diese kleiner als die technische Verlustleistung? Wie könnte man die Differenz nutzen?

Lösung:

a) Zunächst wird die Temperatur $T_{2,rev}$ am Ende einer isentropen Verdichtung von p_1 nach p_2 berechnet

$$T_{2,rev} = T_1 \left(\frac{p_2}{p_1}\right)^{\frac{\kappa-1}{\kappa}} = 293{,}15\text{K} \cdot 15^{\frac{0{,}4}{1{,}4}} = 635{,}50\text{K}$$

Nach der Definition des isentropen Verdichterwirkungsgrades nach Gl. (7.6) gilt mit $\eta_{sV} = 0{,}85$ für das ideale Gas mit $c_p = $ konstant

$$\eta_{sV} = \frac{h_{2,rev} - h_1}{h_2 - h_1} = \frac{c_p\left(T_{2,rev} - T_1\right)}{c_p(T_2 - T_1)}$$

und daraus

$$T_2 = \frac{T_{2,rev} - T_1 + \eta_{sV} T_1}{\eta_{sV}} = 695{,}91\text{K}$$

Entsprechend berechnet man zunächst die Temperatur $T_{4,rev}$ nach einer isentropen Entspannung der heißen Gase auf den Umgebungsdruck

$$T_{4,rev} = T_3 \left(\frac{p_4}{p_3}\right)^{\frac{\kappa-1}{\kappa}} = 1573{,}15\text{K}\left(\frac{1}{15}\right)^{\frac{0{,}4}{1{,}4}} = 725{,}68\text{K}$$

Mit der Definition des isentropen Turbinenwirkungsgrades nach Gl. (7.10) gilt

$$\eta_{sT} = \frac{h_3 - h_4}{h_3 - h_{4,rev}} = \frac{c_p(T_3 - T_4)}{c_p\left(T_3 - T_{4,rev}\right)}$$

$$T_4 = T_3 - \eta_{sT}\left(T_3 - T_{4,rev}\right) = 801{,}95\,\text{K}$$

b) Es gilt für die Leistung der Anlage

$$\dot{W}_{t,ges} = \dot{m}\left(w_{t,12} + w_{t,34}\right) = \dot{m}c_p(T_2 - T_1 + T_4 - T_3) = -1849{,}57\,\text{kW}$$

Der zugeführte Wärmestrom beträgt

$$\dot{Q}_{zu} = \dot{m}c_p(T_3 - T_2) = 4403{,}74\ \text{kW}$$

Der Wirkungsgrad beträgt

$$\eta_{th} = \frac{\left|\dot{W}_{t,ges}\right|}{\dot{Q}_{zu}} = 0{,}42$$

c) Die technische Verlustleistung im Verdichter ist die Differenz zwischen den Leistungen des reversiblen und des irreversiblen Prozesses

$$\dot{W}_{t,Verl,12} = \left|\dot{m}c_p\left(T_{2,rev} - T_1\right) - \dot{m}c_p(T_2 - T_1)\right| = \dot{m}c_p\left|T_{2,rev} - T_2\right| = 303{,}26\,\text{kW}$$

d) Der im Verdichter auftretende Leistungsverlust (d. h. Arbeitsverlust pro Zeit) durch Irreversibilitäten wird als Produkt aus Umgebungstemperatur und Entropieproduktion berechnet (siehe Gl. (6.11))

$$\dot{W}_{Virrev} = T_u\dot{S}_{prod} = \dot{m}T_u(s_2 - s_1)$$

Mit Gl. (4.63) erhalten wir daraus

$$\begin{aligned}
\dot{W}_{Virrev} &= \dot{m}T_u\left[c_p\left(\ln\frac{T_2}{T_u} - \ln\frac{T_1}{T_u}\right) - R\left(\ln\frac{p_2}{p_u} - \ln\frac{p_1}{p_u}\right)\right] \\
&= \dot{m}T_u\left(c_p\ln\frac{T_2}{T_1} - R\ln\frac{p_2}{p_1}\right) \\
&= 5\,\frac{\text{kg}}{\text{s}}293{,}15\ \text{K}\left(867{,}99\,\frac{\text{J}}{\text{kg K}} - 777{,}21\,\frac{\text{J}}{\text{kg K}}\right) = 133{,}06\ \text{kW}
\end{aligned}$$

e) Der Arbeitsverlust durch Irreversibilitäten ist kleiner als der technische Arbeitsverlust, weil ein Teil der zusätzlich aufgewendeten Verdichterleistung in den nachfolgenden Prozessen positive Auswirkungen hat.

f) Die technische Verlustleistung in der Turbine ist wiederum die Differenz zwischen der isentropen und der realen Turbinenleistung

$$\dot{W}_{t,Verl} = \left|\dot{m}c_p\left(T_{4,rev} - T_3\right) - \dot{m}c_p(T_4 - T_3)\right| = \dot{m}c_p\left|T_{4,rev} - T_4\right| = 382{,}88\,\text{kW}$$

g) Zur Berechnung des Leistungsverlustes durch Irreversibilitäten wird – genau wie beim Verdichter – das Produkt aus Umgebungstemperatur und Entropieproduktion berechnet

$$\dot{W}_{Virrev} = T_u\dot{S}_{prod} = \dot{m}T_u(s_4 - s_3)$$

Mit Gl. (4.63) erhalten wir daraus

$$\dot{W}_{Virrev} = \dot{m}T_u\left[c_p\left(\ln\frac{T_4}{T_u} - \ln\frac{T_3}{T_u}\right) - R\left(\ln\frac{p_4}{p_u} - \ln\frac{p_3}{p_u}\right)\right]$$
$$= \dot{m}T_u\left(c_p\ln\frac{T_4}{T_3} - R\ln\frac{p_4}{p_3}\right)$$
$$= 5\,\frac{\mathrm{kg}}{\mathrm{s}}293{,}15\,\mathrm{K}\left(-676{,}5\,\frac{\mathrm{J}}{\mathrm{kg\,K}} + 777{,}21\,\frac{\mathrm{J}}{\mathrm{kg\,K}}\right) = 147{,}64\,\mathrm{kW}$$

h) Da der technische Leistungsverlust der Turbine bei hoher Temperatur stattfindet, ist nur ein kleiner Teil davon endgültig verloren. Ein großer Teil könnte in nachfolgenden Prozessen noch genutzt werden. Bei dem vorliegenden Prozess findet diese Nutzung allerdings nicht statt, weil das Gas in die Umgebung ausgestoßen wird. Zur Nutzung von Gasturbinenabwärme führt man diese entweder dem komprimierten Gas zu, um in der Brennkammer Brennstoff zu sparen, oder man betreibt mit der Abwärme ein Dampfkraftwerk, um weitere Leistung zu gewinnen.

Aufgabe 7.7 (XX) Es soll ein Turbinen-Luftstrahl-Triebwerk betrachtet werden. Die einströmende Luft vom Zustand 1 mit dem Druck $p_1 = 0{,}3\,\mathrm{bar}$, der Temperatur $T_1 = 230\,\mathrm{K}$ und der Geschwindigkeit $c_1 = 280\,\mathrm{m/s}$ wird im Einlaufdiffusor auf den Zustand 2 mit der Geschwindigkeit $c_2 = 0\,\mathrm{m/s}$ reversibel adiabat verzögert. Die Zustandsänderung des Gases im Verdichter soll durch eine Polytrope mit dem Exponenten $n_V = 1{,}3$ beschrieben werden; das Gas wird im Verdichter bis zum Druck $p_3 = 5\,\mathrm{bar}$ komprimiert.

In der Brennkammer wird auf isobarem Prozessweg die Temperatur $T_4 = 1350\,\mathrm{K}$ erreicht. Die sich anschließende Turbine ist so ausgelegt, dass sie gerade die Leistung zum Antrieb des Verdichters liefert; die Entspannung des Gases soll reversibel adiabat angenommen werden. In der Schubdüse wird das Gas weiter reversibel adiabat bis auf den Umgebungsdruck $p_6 = p_1$ entspannt.

Das Arbeitsmedium ist stets als ideales Gas mit $\kappa = 1{,}4$ und $R = 287\,\mathrm{J}/(\mathrm{kg\,K})$ zu behandeln. Die kinetische Energie der Strömung ist nur in den Zuständen 1 (Eintritt in den Diffusor) und 6 (Austritt aus der Schubdüse) zu berücksichtigen. Die Änderung des Massenstroms und die Änderung der Zusammensetzung des Arbeitsmediums in der Brennkammer sind zu vernachlässigen.

a) Skizzieren Sie das Blockschaltbild des Triebwerks, und kennzeichnen Sie die verschiedenen Zustände des Arbeitsmediums durch die Zahlen 1 bis 6!
b) Skizzieren Sie den Prozess im T,s –Diagramm und kennzeichen Sie die Iso-Linien!
c) Bestimmen Sie die Temperatur T_2 und den Druck p_2 am Ausgang des Diffusors!
d) Berechnen Sie die spezifische technische Arbeit $w_{t,23}$ des Verdichters und die spezifische Wärme q_{23} der Verdichtung!
e) Wie groß sind die Temperatur T_6 am Ende der Schubdüse und die Austrittsgeschwindigkeit c_6 ?

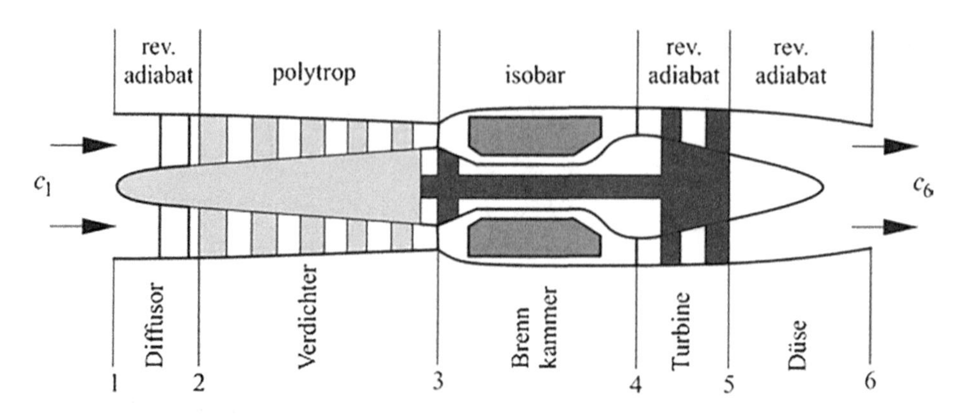

Abb. 7.6 Blockschaltbild des Triebwerks

Lösung:

a) Abbildung 7.6 zeigt das Blockschaltbild des Triebwerkes.

b) Der Prozessverlauf ist in (Abb. 7.7) dargestellt.
Bei der polytropen Verdichtung von 2 nach 3 wird Wärme abgegeben ($n_V < \kappa$), so dass die spezifische Entropie abnimmt

c) Die Verdichtung durch Verzögerung im Diffusor kann nach dem ersten Hauptsatz nach Gl. (3.4) für einen stationären Fließprozess mit nur einem ein- und austretendem Massenstrom wie folgt geschrieben werden.

$$q_{12} + w_{t,12} = h_2 - h_1 + \frac{1}{2}\left(c_2^2 - c_1^2\right)$$

Für die Bedingungen $q_{12} = 0;\ \ w_{t,12} = 0;\ \ c_2 = 0$ ergibt sich für das ideale Gas

$$0 = c_p(T_2 - T_1) - \frac{1}{2}c_1^2$$

Daraus folgt

$$T_2 = T_1 + \frac{c_1^2}{2c_p} \text{ und mit } c_p = \frac{\kappa}{\kappa - 1}R = 1004{,}5\frac{\text{J}}{\text{kg K}}$$

$$T_2 = 230\,\text{K} + \frac{280^2\text{m}^2}{2 \cdot 1004{,}5\frac{\text{Js}^2}{\text{kg K}}} = 269{,}02\,\text{K}$$

Für die reversibel adiabate Verdichtung $1 \to 2$ (Verzögerung im Diffusor) gilt

$$\frac{p_2}{p_1} = \left(\frac{T_2}{T_1}\right)^{\frac{\kappa}{\kappa-1}} = \left(\frac{269{,}02}{230}\right)^{\frac{1{,}4}{1{,}4-1}} = 1{,}731$$

und somit: $p_2 = 1{,}731 p_1 = 0{,}52$ bar

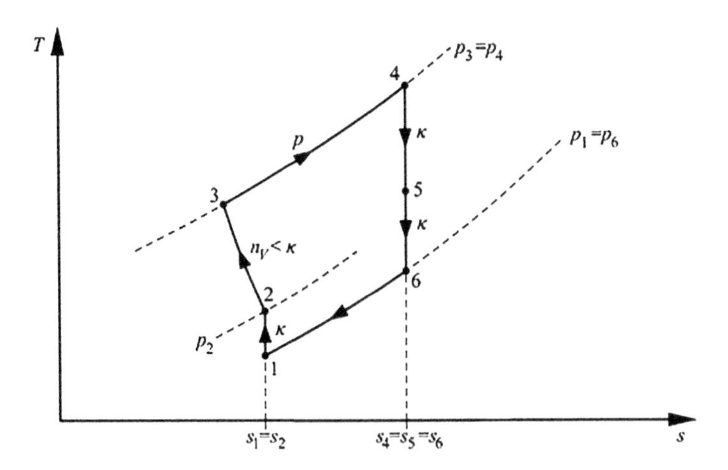

Abb. 7.7 Prozess im T,s –Diagramm

d) Die spezifische technische Arbeit von 2 → 3 im Verdichter ergibt sich aus Gl. (7.1) unter Verwendung der Zustandsgleichung für ein ideales Gas zu

$$w_{t,23} = \frac{n_V}{n_V - 1} R T_2 \left[\left(\frac{p_3}{p_2} \right)^{\frac{n_V - 1}{n_V}} - 1 \right]$$

$$= \frac{1{,}3}{1{,}3 - 1} 287 \frac{\text{J}}{\text{kg K}} 269{,}02\,\text{K} \left[\left(\frac{5}{0{,}52} \right)^{\frac{1{,}3-1}{1{,}3}} - 1 \right] = 229{,}491 \frac{\text{kJ}}{\text{kg}}$$

Sie wird natürlich dem Verdichter zugeführt. Für die spezifische Wärme erhalten wir mit den Beziehungen aus Tab. 7.1

$$q_{23} = \frac{n_V - \kappa}{n_V(\kappa - 1)} w_{t,23} = \frac{1{,}3 - 1{,}4}{1{,}3(1{,}4 - 1)} 229{,}491 \frac{\text{kJ}}{\text{kg}} = -44{,}132 \frac{\text{kJ}}{\text{kg}}$$

die vom System an die Umgebung abgegeben wird.

e) Betrachten wir die gesamte Entspannung (Turbine und Schubdüse) von 4 → 6 als reversibel adiabat, so gilt bei isobarer Verbrennung ($p_4 = p_3$)

$$\frac{T_6}{T_4} = \left(\frac{p_6}{p_4} \right)^{\frac{\kappa - 1}{\kappa}} = \left(\frac{0{,}3}{5} \right)^{\frac{1{,}4-1}{1{,}4}} = 0{,}4476$$

und somit

$$T_6 = 0{,}4476 \cdot 1350\,\text{K} = 604{,}27\,\text{K}$$

Die Austrittsgeschwindigkeit c_6 können wir wieder aus dem ersten Hauptsatz für einen stationären Fließprozess von 4 → 6 ermitteln. Mit

$$q_{46} + w_{t,46} = h_6 - h_4 + \frac{1}{2}\left(c_6^2 - c_4^2\right)$$

$$q_{46} = 0; \quad c_4 = 0; \quad w_{t,46} = w_{t,45} + \underbrace{w_{t,56}}_{=0} = -w_{t,23}$$

(Turbine liefert gerade die Leistung des Verdichters), ergibt sich

$$c_6^2 = 2\left[(h_4 - h_6) - w_{t,23}\right] = 2\left[c_p(T_4 - T_6) - w_{t,23}\right]$$

und daraus

$$c_6 = 1019{,}0 \text{ m/s}$$

Aufgabe 7.8 (XX) Durch eine adiabate Dampfturbine strömt im stationären Betrieb ein Massenstrom von $\dot{m} = 80$ kg/s Wasser, das als überhitzter Dampf (Gas) mit dem Zustand $p_1 = 70$ bar und $t_1 = 460\,°\text{C}$ in die Turbine eintritt und sie mit der Temperatur $t_2 = 33\,°\text{C}$ und dem Nassdampfgehalt $x_2 = 0{,}9$ verlässt.

a) Welcher Druck p_2 herrscht beim Austritt aus der Turbine?
b) Welche Leistung $\dot{W}_t$ gibt die Turbine ab?
c) Welche Leistung $\dot{W}_{t,rev}$ würde die Turbine beim reversibel-adiabaten Arbeitsprozess des Wassers bis zum gleichen Druck liefern?
d) Wie groß ist der isentrope Turbinenwirkungsgrad η_{sT} ?
e) Skizzieren Sie die reversible und die irreversible Zustandsänderungen des Wassers im T,s-Diagramm!

Die Zustandsgrößen von überhitztem Wasserdampf sind bei $p_1 = 70$ bar und $t_1 = 460\,°\text{C}$ gegeben als

$$h_1 = 3312{,}0 \frac{\text{kJ}}{\text{kg}} \; s_1 = 6{,}6670 \frac{\text{kJ}}{\text{kg K}}$$

Lösung:

a) Da im Zustand 2 ein Zweiphasengemisch vorliegt, muss man den gesuchten Wert für p_2 aus der Dampftafel (siehe Anhang A) aus den angegebenen Werten für $t_2 = 33\,°\text{C}$ interpolieren. Man erhält auf diese Weise

$$p_2 = 0{,}0507 \text{ bar}$$

b) Zur Berechnung der Turbinenleistung muss zunächst die spezifische Enthalpie h_2 aus h' und h'' (interpoliert aus Dampftafel bei $t_2 = 33\,°\text{C}$) berechnet werden

$$h_2 = h' + x_2\left(h'' - h'\right) = 138{,}1 \frac{\text{kJ}}{\text{kg}} + 0{,}9\left(2560{,}9 \frac{\text{kJ}}{\text{kg}} - 138{,}1 \frac{\text{kJ}}{\text{kg}}\right) = 2318{,}6 \frac{\text{kJ}}{\text{kg}}$$

Die Turbinenleistung $\dot{W}_t$ ist für die adiabate Turbine nach dem ersten Hauptsatz nach Gl. (3.4) das Produkt aus dem Massenstrom und der Differenz der spezifischen Enthalpien

$$\dot{W}_t = \dot{m}\ (h_2 - h_1) = -79{,}47\,\text{MW}$$

c) Bei einem reversibel-adiabaten Prozess wäre die Entropie konstant. Da bei 33 °C die Ungleichung $s' < s_1 < s''$ gilt, liegt der Zustand 2, *rev* nach diesem Prozess im Nassdampfgebiet. Der Dampfanteil beträgt

$$x_{2,rev} = \frac{s_1 - s'}{s'' - s'} = \frac{6{,}6670 - 0{,}4773}{8{,}391 - 0{,}4773} = 0{,}7821$$

Die Enthalpie $h_{2,rev}$ beträgt

$$h_{2,rev} = h' + x_{2,rev}\left(h'' - h'\right) = 2033\,\frac{\text{kJ}}{\text{kg}}$$

Daraus folgt

$$\dot{W}_{t,rev} = \dot{m}\left(h_{2,rev} - h_1\right) = -102{,}32\ \text{MW}$$

d) Der Turbinenwirkungsgrad beträgt somit

$$\eta_{sT} = \frac{\dot{W}_t}{\dot{W}_{t,rev}} = \frac{\dot{m}(h_2 - h_1)}{\dot{m}\left(h_{2,rev} - h_1\right)} = \frac{-79{,}47}{-102{,}32} = 0{,}777$$

e) Zustandsdiagramm, siehe Abb. 7.8

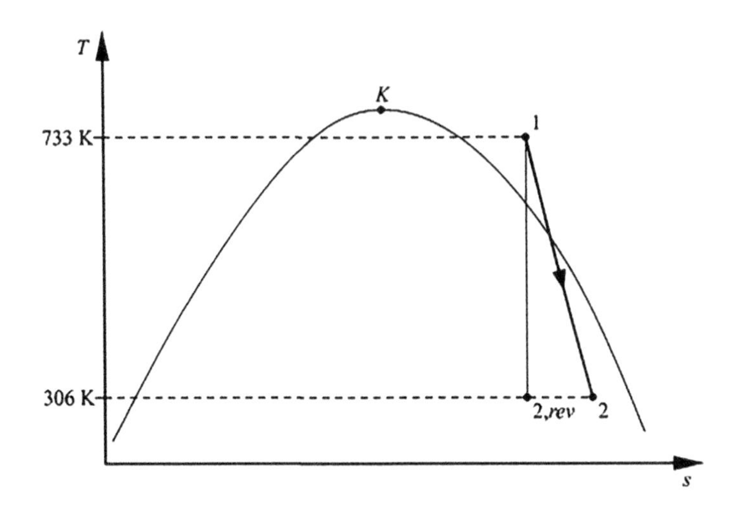

Abb. 7.8 Reversible und irreversible Zustandsänderungen des Wassers im T,s –Diagramm

Aufgabe 7.9 (XXX) In einem Dampfkraftwerk wird ein Massenstrom $\dot{m} = 5$ kg/s umgewälzt. Das Wasser durchläuft dabei folgende Zustandsänderungen:

$1 \to 2$: Isentrope Druckerhöhung vom Zustand 1 (siedendes Wasser bei $p_1 = 0{,}03$ bar) zum Zustand 2 mit $p_2 = 110$ bar in der Speisewasserpumpe
$2 \to 3$: Isobare Erwärmung der Flüssigkeit auf die Siedetemperatur
$3 \to 4$: Verdampfung der Flüssigkeit bei Siedetemperatur
$4 \to 5$: Isobare Dampfüberhitzung auf $t_5 = 500$ °C
$5 \to 6$: Entspannung in der Dampfturbine mit dem Wirkungsgrad $\eta_{sT} = 0{,}8$ bis zum Druck $p_6 = p_1 = 0{,}03$ bar und
$6 \to 1$: Isobare Wärmeabfuhr, bis siedende Flüssigkeit vorliegt

Flüssiges Wasser soll bei einer Dichte von $\rho = 1000$ kg/m^3 als inkompressibel angenommen werden. Für Heißdampf gilt bei $p = 110$ bar, $t = 500$ °C

$$h = h_5 = 3362{,}9\ \frac{\text{kJ}}{\text{kg}} \text{ und } s = s_5 = 6{,}5462\ \frac{\text{kJ}}{\text{kg K}}$$

a) Skizzieren Sie den Prozess im *T,s*-Diagramm. Hinweis: Es gilt

$$2200\ \frac{\text{kJ}}{\text{kg}} < h_6 < 2300\ \frac{\text{kJ}}{\text{kg}}$$

b) Berechnen Sie die spezifische Arbeit der Speisewasserpumpe $w_{t,12}$ und die spezifische Enthalpie h_2!
c) Berechnen Sie die spezifischen Wärmezufuhren q_{23}, q_{34} und q_{45}!
d) Berechnen Sie den insgesamt zugeführten Wärmestrom $\dot{Q}_{zu}$ von 2 nach 5!
e) Welche spezifische Enthalpie $h_{6,rev}$ würde nach einer isentropen Entspannung auf p_6 vorliegen?
f) Welche spezifische Enthalpie h_6 liegt tatsächlich vor?
g) Welchen Dampfanteil hat der umlaufende Massenstrom beim Verlassen der Turbine?
h) Welche Leistung und welcher thermische Wirkungsgrad werden mit dem vorliegenden Dampfkraftprozess erreicht? Bei den Berechnungen ist die Speisewasserpumpe zu berücksichtigen!

Lösung:

a) Der Hinweis zeigt, dass der Zustand 6 im Nassdampfgebiet liegt, denn bei $p_6 = 0{,}03$ bar gilt nach der Drucktafel im Anhang $h' < h_6 < h''$. Der Prozess ist in Abb. 7.9 dargestellt.
b) Die spezifische Arbeit der Pumpe kann aus dem Produkt aus spezifischem Volumen und Druckdifferenz ermittelt werden. Für eine adiabate Verdichtung von 1 nach 2 gilt

$$w_{t,12} = h_2 - h_1 = u_2 - u_1 + p_2 v_2 - p_1 v_1$$

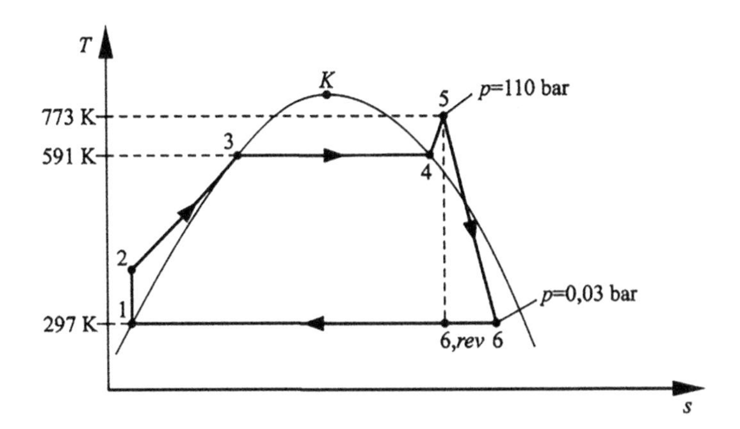

Abb. 7.9 Dampfkraftprozess im T,s-Diagramm

Da die Änderung der spezifischen inneren Energie aufgrund der kleinen Temperaturdifferenz während des Pumpvorgangs vernachlässigbar ist und das Wasser als inkompressibel betrachtet werden kann, folgt mit $v = 1/\rho$

$$w_{t,12} \approx p_2 v_2 - p_1 v_1 \approx v \Delta p = 0{,}001 \frac{\mathrm{m}^3}{\mathrm{kg}} 10997\ \mathrm{kPa} = 10997 \frac{\mathrm{J}}{\mathrm{kg}} \approx 11{,}0 \frac{\mathrm{kJ}}{\mathrm{kg}}$$

Die spezifische Enthalpie h_2 berechnet man aus dem ersten Hauptsatz mit $h_1 = h'(0,03\mathrm{bar}) = 101{,}0\ \mathrm{kJ}/\mathrm{kg}$ (interpoliert aus Dampftafel im Anhang)

$$h_2 = h_1 + w_{t,12} = 112{,}0 \frac{\mathrm{kJ}}{\mathrm{kg}}$$

c) Die spezifischen Wärmezufuhren betragen

$$q_{23} = h_3 - h_2 = h'(110\,\mathrm{bar}) - h_2 = 1448{,}2 \frac{\mathrm{kJ}}{\mathrm{kg}} - 112{,}0 \frac{\mathrm{kJ}}{\mathrm{kg}} = 1336{,}2 \frac{\mathrm{kJ}}{\mathrm{kg}}$$

$$\begin{aligned} q_{34} &= h_4 - h_3 = h''(110\,\mathrm{bar}) - h'(110\,\mathrm{bar}) \\ &= r(110\,\mathrm{bar}) = 2704{,}7 \frac{\mathrm{kJ}}{\mathrm{kg}} - 1448{,}2 \frac{\mathrm{kJ}}{\mathrm{kg}} = 1256{,}5 \frac{\mathrm{kJ}}{\mathrm{kg}} \end{aligned}$$

$$q_{45} = h_5 - h_4 = h_5 - h''(110\,\mathrm{bar}) = 3362{,}9 \frac{\mathrm{kJ}}{\mathrm{kg}} - 2704{,}7 \frac{\mathrm{kJ}}{\mathrm{kg}} = 658{,}2 \frac{\mathrm{kJ}}{\mathrm{kg}}$$

d)

$$\dot{Q}_{zu} = \dot{m}(h_5 - h_2) = 16254{,}5\ \mathrm{kW}$$

e) Nach isentroper Entspannung gilt

$$s_{6,rev} = s_5 = 6{,}5462 \frac{\text{kJ}}{\text{kg K}}$$

$$x_{6,rev} = \frac{s_{6,rev} - s'}{s'' - s'} = \frac{6{,}5462 - 0{,}3543}{8{,}5754 - 0{,}3543} = 0{,}753$$

$$h_{6,rev} = h' + x_{6,rev}(h'' - h')$$

$$= 101{,}0 \frac{\text{kJ}}{\text{kg}} + 0{,}753 \left(2544{,}7 \frac{\text{kJ}}{\text{kg}} - 101{,}0 \frac{\text{kJ}}{\text{kg}} \right) = 1941{,}1 \frac{\text{kJ}}{\text{kg}}$$

f) Mit der Definition des isentropen Turbinenwirkungsgrades gilt

$$\eta_{sT} = \frac{h_5 - h_6}{h_5 - h_{6,rev}}$$

$$h_6 = h_5 - \eta_{sT}(h_5 - h_{6,rev}) = 3362{,}9 \frac{\text{kJ}}{\text{kg}} - 0{,}8 \left(3362{,}9 \frac{\text{kJ}}{\text{kg}} - 1941{,}1 \frac{\text{kJ}}{\text{kg}} \right) = 2225{,}5 \frac{\text{kJ}}{\text{kg}}$$

g) Der Dampfanteil wird aus der Enthalpie h_6 berechnet

$$x_6 = \frac{h_6 - h'}{h'' - h'} = \frac{2225{,}5 - 101{,}0}{2544{,}7 - 101{,}0} = 0{,}869$$

h) Die Leistung des Kraftwerks ist die Summe aus der Turbinenleistung (<0) und der Leistung der Speisewasserpumpe (>0)

$$\dot{W}_{t,ges} = \dot{W}_{t,Turbine} + \dot{W}_{t,Pumpe} = \dot{m}(h_6 - h_5 + h_2 - h_1) = -5632 \text{ kW}$$

$$\eta_{th} = \frac{|\dot{W}_{t,ges}|}{\dot{Q}_{zu}} = 0{,}346 = 34{,}6\,\%$$

Aufgabe 7.10 (XX) Ein Haushaltskühlschrank soll mit dem Kältemittel R 134a betrieben werden. Die Kühlung soll mit einem einstufigen Prozess erfolgen, der folgende Eigenschaften hat (Indizierung: Punkt 6 nach der Drossel)

Verdampfung bei $t_6 = -3$ °C und $p_6 = 2{,}62$ bar; isobare Überhitzung um 7 K; Verdichtung auf $p_2 = 9{,}37$ bar mit $\eta_{sV} = 0{,}74$; Verflüssigung bei $t_3 = 37$ °C und isobare Unterkühlung auf $t_5 = 32$ °C; adiabate Drosselung auf den geringen Druck p_6. Die Kälteanlage entzieht dem Kühlschrank einen Wärmestrom von $\dot{Q}_0 = 300$ W. Gegeben ist der Auszug aus der Dampftafel für R 134a.

Nassdampfgebiet von R 134a:

p/ [bar]	t/ [°C]	v'/ [m^3/kg]	v''/ [m^3/kg]	h'/ [kJ/kg]	h''/ [kJ/kg]	s'/ [J/(kg K)]	s''/ [J/(kg K)]
0,85	−30	0,00072	0,22408	162	379	853	1747
2,62	−3	0,00077	0,07659	196	395	985	1742

p/ [bar]	t/ [°C]	v'/ [m^3/kg]	v''/ [m^3/kg]	h'/ [kJ/kg]	h''/ [kJ/kg]	s'/ [J/(kg K)]	s''/ [J/(kg K)]
3,35	4	0,00078	0,06050	205	399	1018	1720
9,37	37	0,00086	0,02162	252	417	1175	1708
13,2	50	0,00091	0,01499	272	422	1237	1704

Gasgebiet von R 134a:

p/ [bar]	t/ [°C]	v/ [m^3/kg]	h/ [kJ/kg]	s/ [J/(kg K)]
0,85	−20	0,23300	387	1778
2,62	0	0,07779	398	1734
2,62	4	0,07938	402	1747
3,35	14	0,06410	409	1754
3,35	21,5		416	1778
9,37	44,07	0,02269	425	1734
9,37	47,81	0,02323	429	1747
13,2	60,3		439	1754
13,2	70,3		447	1778

Flüssigkeitsgebiet von R 134a:

$$\text{Bei } p = 13{,}2 \text{ bar und } t = 45\,°\text{C gilt } h = 264\,\frac{\text{kJ}}{\text{kg}},\ c_p = 1,5\,\frac{\text{kJ}}{\text{kg K}}$$

Bestimmen Sie

a) die Enthalpien h_1 bis h_7 nach Abb. 7.18 im Buch „Thermodynamik *kompakt*". Zur Berechnung von h_5 (aus h_4) bitte die Wärmekapazität von flüssigem R 134a benutzen
b) den umlaufenden Massenstrom
c) die Leistung, die dem Verdichter zuzuführen ist
d) die Leistungszahl ε_K
e) den angesaugten Volumenstrom und
f) die Kälteleistungszahl $\varepsilon_{K,Carnot}$, die ein Carnot-Prozess erzielen würde

Die Kühlschrankinnentemperatur beträgt 4 °C, die Außentemperatur ist 23 °C.

Lösung:

a) Es ergeben sich folgende spezifische Enthalpien aus der gegebenen Dampftafel

$$h_1 = h(p_6,\ 4\,°\text{C}) = 402\,\frac{\text{kJ}}{\text{kg}}$$

$$h_{2,rev} = h\left(p_3,\ s_{2,rev} = s_1 = 1747\ \frac{\text{J}}{\text{kg K}}\right) = 429\,\frac{\text{kJ}}{\text{kg}}$$

$$h_2 = h_1 + \frac{h_{2,rev} - h_1}{\eta_{sV}} = \left(402 + \frac{27}{0,74}\right)\frac{\text{kJ}}{\text{kg}} = 438{,}5\,\frac{\text{kJ}}{\text{kg}}$$

$$h_3 = h''(p_3) = h''(9{,}37\text{bar}) = 417\,\frac{\text{kJ}}{\text{kg}}$$

$$h_4 = h'(p_3) = h'(9{,}37\text{bar}) = 252\,\frac{\text{kJ}}{\text{kg}}$$

$$h_5 = h_4 - c_p(T_4 - T_5) = 244{,}5\,\frac{\text{kJ}}{\text{kg}} \qquad \text{mit } T_4 = T_3$$

Wegen der isenthalpen Drosselung gilt

$$h_6 = h_5 = 244{,}5\,\frac{\text{kJ}}{\text{kg}}$$

$$h_7 = h''(t_6) = 395\,\frac{\text{kJ}}{\text{kg}}$$

b) Der Massenstrom wird nach Gl. (7.57) mit folgender Beziehung berechnet

$$\dot{Q}_0 = \dot{m}(h_1 - h_6)$$

$$\dot{m} = \frac{\dot{Q}_0}{h_1 - h_6} = \frac{300\,\text{W}}{(402 - 244,5)\frac{\text{kJ}}{\text{kg}}} = 1{,}905 \cdot 10^{-3}\,\frac{\text{kg}}{\text{s}}$$

c) Die Antriebsleistung $\dot{W}_t$ ergibt sich als Produkt aus der spezifischen Enthalpieänderung am Verdichter und dem Massenstrom

$$P = \dot{W}_t = \dot{m}(h_2 - h_1) = 69{,}53\,\text{W}$$

d) Nach der Definitionsgleichung (7.49) der Kälteleistungszahl ergibt sich

$$\varepsilon_K = \frac{\dot{Q}_0}{P} = 4{,}31$$

e) Der angesaugte Volumenstrom berechnet sich aus dem spezifischen Volumen im Ansaugzustand

$$\dot{V} = \dot{m}v(4\,°\text{C},\ 2{,}62\text{ bar}) = 1{,}905 \cdot 10^{-3}\,\frac{\text{kg}}{\text{s}} \cdot 0{,}07938\,\frac{\text{m}^3}{\text{kg}} = 0{,}151\,\frac{\text{l}}{\text{s}}$$

f) Ein linkslaufender Carnot-Prozess hat nach Gl. (7.50) die Kälteleistungszahl

$$\varepsilon_{K,Carnot} = \frac{T_0}{T - T_0} = \frac{277{,}15\text{K}}{19\text{K}} = 14{,}59$$

Aufgabe 7.11 (XX) Eine Wärmepumpe soll der Umgebung Wärme entziehen und sie bei höherer Temperatur einem Gebäude zuführen. Das umlaufende Kältemittel ist R 134a. Die Kreisprozessparameter (Drücke, Wirkungsgrad η_{sV}, spezifische Enthalpien) entsprechen denen aus Aufgabe 7.10. Der Prozess ist in Abb. 7.20 im Buch „Thermodynamik *kompakt*" veranschaulicht. Der Wärmebedarf des Heizungssystems beträgt $\dot{Q} = 6000\,\text{W}$.

Berechnen Sie:
a) den umlaufenden Massenstrom
b) den Leistungsbedarf
c) die Wärmezahl ε_{WP}

Die Überhitzung des Kältemittels am Zustandspunkt 1 wird von 7 K auf 3 K verkleinert, so dass der Verdichter Kältemittel bei 0 °C ansaugt.
Der Verdichterwirkungsgrad bleibt unverändert, der Bedarf an Heizleistung ebenfalls.

d) Berechnen Sie für diesen Fall den Massenstrom und Leistungsbedarf sowie die Wärmezahl!
e) Hat die Prozessführung unter d) auch Vorteile im Vergleich zu dem ursprünglichen Wärmepumpenprozess?

Lösung:

a) Der Massenstrom berechnet sich nach Gl. (7.59) aus
$\left|\dot{Q}\right| = \dot{m}(h_2 - h_5)$ und somit

$$\dot{m} = \frac{\left|\dot{Q}\right|}{h_2 - h_5} = \frac{6\,\text{kW}}{(438{,}5 - 244{,}5)\frac{\text{kJ}}{\text{kg}}} = 30{,}9\frac{\text{g}}{\text{s}}$$

b) Der Leistungsbedarf ergibt sich zu

$$\dot{W}_t = \dot{m}(h_2 - h_1) = 1{,}128\,\text{kW}$$

c) Für die Wärmezahl einer Wärmepumpe gilt nach Gl. (7.58)

$$\varepsilon_{WP} = \frac{\left|\dot{Q}\right|}{\dot{W}_t} = 5{,}31 = 1 + \varepsilon_K$$

d) Für den neuen Prozess ergeben sich andere Zustände 1 und 2. Der Rest des Prozesses bleibt unverändert. Aus der Stoffdatentabelle erhalten wir

$$h_1 = h\big(p_6,\ 0\,°\text{C}\big) = 398\ \frac{\text{kJ}}{\text{kg}}$$

$$s_1 = s(p_6,\ 0\,°\mathrm{C}) = 1734\ \frac{\mathrm{kJ}}{\mathrm{kg}}$$

und daraus

$h_{2,rev} = 425\ \frac{\mathrm{kJ}}{\mathrm{kg}}$ mit $s_{2,rev} = s_1$ sowie $p_2 = p_3$

$$h_2 = h_1 + \frac{h_{2,rev} - h_1}{\eta_{sV}} = \left(398 + \frac{27}{0{,}74}\right)\frac{\mathrm{kJ}}{\mathrm{kg}} = 434{,}5\ \frac{\mathrm{kJ}}{\mathrm{kg}}$$

Mit dem jetzt bekannten Wert für h_2 lässt sich der Massenstrom analog zu Aufgabenteil a) berechnen

$$|\dot{Q}| = \dot{m}(h_2 - h_5)$$

$$\dot{m} = \frac{|\dot{Q}|}{h_2 - h_5} = \frac{6\ \mathrm{kW}}{(434{,}5 - 244{,}5)\ \frac{\mathrm{kJ}}{\mathrm{kg}}} = 31{,}6\ \frac{\mathrm{g}}{\mathrm{s}}$$

Der Leistungsbedarf wird analog zu Aufgabenteil b) berechnet

$$\dot{W}_t = \dot{m}(h_2 - h_1) = 1{,}153\ \mathrm{kW}$$

Die Wärmezahl beträgt

$$\varepsilon_{WP} = \frac{|\dot{Q}|}{\dot{W}_t} = 5{,}20$$

e) Ja: Die Wärmepumpe nach Aufgabenteil d) hat zwar eine geringere Wärmezahl, funktioniert aber auch noch bei geringeren Außentemperaturen, da die höchste Temperatur im kalten Anlagenteil von 4 °C auf 0 °C abgesenkt wurde. Um eine wirklich vergleichbare Anlage zu erhalten, müsste man die geringere Überhitzung ausnutzen, um die Verdampfungstemperatur auf +1 °C zu erhöhen – dann wäre das Verhältnis der Drücke kleiner, was sich positiv auf den isentropen Wirkungsgrad des Verdichters auswirkt. Dies ist der Hauptgrund dafür, dass sich dann die Effizienz des Gesamtsystems erhöht.

Aufgabe 7.12 (X) Ein zukünftiges Flugzeug fliegt in 15 km Höhe mit der Geschwindigkeit von 2000 km/h. Ein Diffusor nimmt Luft mit der Temperatur –50 °C und dem Druck 0,16 bar auf und verzögert sie auf eine Austrittsgeschwindigkeit von 20 m/s. Die beim Durchgang durch den Diffusor reversibel, adiabat verdichtete Luft strömt in eine Brennkammer, deren Luftbedarf 80000 kg/h beträgt. Die Luft ist als ideales Gas mit $\kappa = 1{,}4$ und $R = 287{,}2\ \mathrm{J}/(\mathrm{kg\,K})$ zu behandeln (Abb. 7.10).

a) Charakterisieren Sie die Strömung im Diffusor und seine geometrische Form!
b) Welche Flächen sind für den Strömungsquerschnitt am Diffusoreintritt und am Diffusoraustritt vorzusehen?
c) Wie groß ist der kleinste durchströmte Querschnitt A^*?

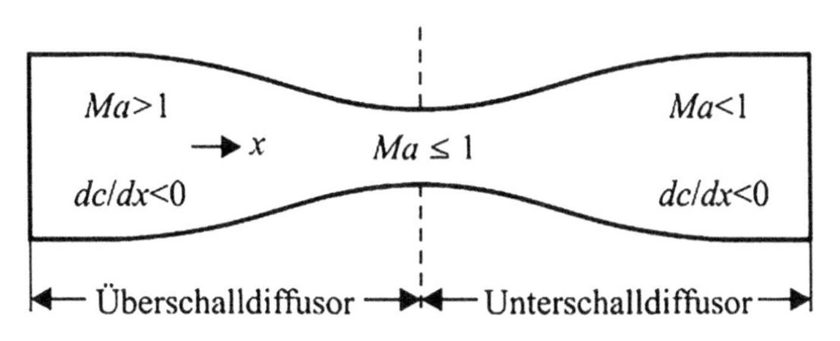

Abb. 7.10 Diffusorgeometrie zur Verzögerung einer Überschallströmung auf Unterschallbedingungen

Lösung:

a) Die Anströmgeschwindigkeit beträgt $c_1 = 2000 \frac{\text{km}}{\text{h}} = 555{,}6 \frac{\text{m}}{\text{s}}$ und ist größer als die Schallgeschwindigkeit der anströmenden Luft (als ideales Gas)

$$c_s = \sqrt{\kappa R T} = \sqrt{1{,}4 \cdot 287{,}2 \cdot 223{,}15} \ \frac{\text{m}}{\text{s}} = 229{,}5 \ \frac{\text{m}}{\text{s}}$$

Der Diffusor soll die Strömung kontinuierlich auf die Geschwindigkeit $c_2 = 20 \ \frac{\text{m}}{\text{s}}$ verzögern. Daher muss der Diffusor zunächst eine Querschnittsreduktion (Überschalldiffusor) bis zum Erreichen der lokalen Schallgeschwindigkeit aufweisen und nach dem Schalldurchgang die dann vorliegende Unterschallgeschwindigkeit durch eine divergente Kanalform weiter verzögern. Dies ist schematisch in Abb. 7.10 gezeigt.

b) Zur Berechnung verwendet man den ersten Hauptsatz für stationäre Fließprozesse bei einer reibungsfreien adiabaten Strömung unter Vernachlässigung potenzieller Energieänderungen nach Gl. (7.83)

$$h_1 + \frac{c_1^2}{2} = h_2 + \frac{c_2^2}{2}$$

mit den bekannten Geschwindigkeiten für ein kalorisch ideales Gas ($c_p = \text{konst.}$) ergibt sich mit $c_p = \frac{\kappa}{\kappa - 1} R = 1005{,}2 \ \frac{\text{J}}{\text{kg K}}$

$$h_2 - h_1 = \frac{c_1^2}{2} - \frac{c_2^2}{2} = c_p (T_2 - T_1) \text{ und mit } T_1 = 223{,}15 \text{ K}$$

$$T_2 = T_1 + \frac{\left(c_1^2 - c_2^2\right)}{2 c_p} = 376{,}5 \text{ K}$$

Da die Zustandsänderung im Diffusor reversibel adiabat sein soll, erhalten wir aus der Isentropenbeziehung und Gl. (7.89)

$$p_2 = p_1 \left(\frac{T_2}{T_1} \right)^{\frac{\kappa}{\kappa-1}} = 0{,}998 \text{ bar}$$

Mit dem gegebenen Massenstrom (80000 kg/h = 22,22 kg/s) und den nun bekannten Zustandsgrößen für die Zustandspunkte 1 und 2, lassen sich nach der Kontinuitätsgleichung (Gl. (7.93)) die Querschnittsflächen bestimmen

$$A_1 = \frac{\dot{m}RT_1}{p_1 c_1} = 0{,}16 \text{ m}^2 \text{ und } A_2 = \frac{\dot{m}RT_2}{p_2 c_2} = 1{,}2 \text{ m}^2$$

c) Die Kontinuitätsgleichung (Massenerhaltung) gilt natürlich auch für den engsten Querschnitt. Die Fläche dort kann somit aus

$$A^* = \frac{\dot{m}RT^*}{p^* c^*}$$

ermittelt werden. Zur Ermittlung der Bedingungen in diesem Querschnitt muss zunächst der äquivalente Kesselzustand (Geschwindigkeit gleich Null) bestimmt werden

$$T_0 = T_1 + \frac{c_1^2}{2c_p} = 376{,}7 \text{ K und damit } p_0 = p_1 \left(\frac{T_0}{T_1} \right)^{\frac{\kappa}{\kappa-1}} = 1 \text{ bar}$$

Für die kritischen Größen erhalten wir dann aus den Gl. (7.88), (7.89) und (7.78)

$$T^* = T_0 \frac{2}{\kappa + 1} = 313{,}9 \text{ K}$$

$$p^* = p_0 \left(\frac{2}{\kappa + 1} \right)^{\frac{\kappa}{\kappa-1}} = 0{,}528 \text{ bar}$$

$$c^* = \sqrt{\kappa R T^*} = 355{,}27 \ \frac{\text{m}}{\text{s}}$$

und somit

$$A^* = 0{,}1068 \text{ m}^2$$

Aufgabe 7.13 (XX) Das Modell eines Wiedereintrittskörpers soll in einem Strömungskanal untersucht werden. Die zylindrische Messstrecke hat einen Durchmesser von $D = 200\,\text{mm}$. Das Modell wird mit Luft angeströmt, die aus einem Druckkessel über eine verlustfreie konvergent-divergente Düse beschleunigt wird. Die Luft kann dabei als ideales Gas mit $c_p = 1004{,}5\,\text{J}/(\text{kg K})$ und $R = 287\,\text{J}/(\text{kg K})$ betrachtet werden. Am Düsenaustritt (Zustand 1) besitzt die Luft die Temperatur $T_1 = 220\,\text{K}$, die Dichte

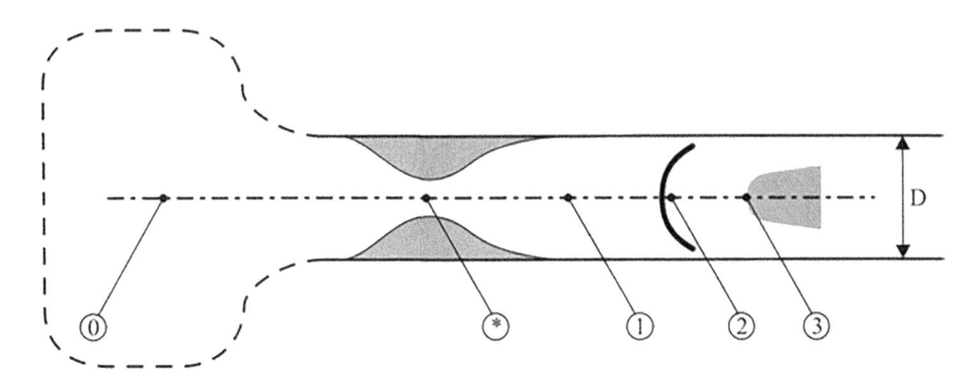

Abb. 7.11 Skizze des Strömungskanals mit Zustandspunkten

$\rho_1 = 0{,}6\,\mathrm{kg/m^3}$ und eine Strömungsgeschwindigkeit in Höhe der doppelten lokalen Schallgeschwindigkeit (Abb. 7.11).

a) Bestimmen Sie den Druck p_0, die Temperatur T_0 und die Dichte ρ_0 im Kessel!
b) Wie groß ist die Geschwindigkeit c^* an der engsten Stelle der Düse? Welcher Massenstrom strömt durch die Düse? Welchen Durchmesser D^* hat die Düse im engsten Querschnitt und welcher Druck liegt dort vor?
c) Vor dem Modell bildet sich ein Verdichtungsstoß aus, der auf der Mittelachse als senkrecht und stationär betrachtet werden kann. Die Strömung hinter dem Stoß bis zum Staupunkt ist reversibel adiabat. Welcher Druck p_2, welche Temperatur T_2 und welche Machzahl Ma_2 stellen sich direkt nach dem Stoß ein? Bestimmen Sie außerdem die massenspezifische Entropieänderung über den Stoß! Wie hoch sind die Staupunktstemperatur T_3 und der Staudruck p_3 am Modell? Vergleichen Sie p_3 mit p_0 und erklären Sie den Unterschied!
d) Skizzieren Sie in Strömungsrichtung den Verlauf von Strömungsmachzahl, Temperatur und Druck über den Strömungskanal in der Kanalmitte!
Kennzeichnen Sie die Zustände 0 bis 3 und orientieren Sie sich beim Skizzieren so weit wie möglich an den berechneten Werten!

Lösung:

a) Mit den Beziehungen für das ideale Gas

$$\kappa = \frac{c_p}{c_p - R} = \frac{1004{,}5}{1004{,}5 - 287} = 1{,}4$$

und der Geschwindigkeit im Punkt 1 (doppelte Schallgeschwindigkeit, d. h. $Ma_1 = 2$) erhalten wir aus Gl. (7.88) die Kesseltemperatur

$$T_0 = T_1 \left(1 + \frac{\kappa - 1}{2} Ma_1^2\right) = 396\,\text{K}$$

Zur Bestimmung des Kesseldrucks ermitteln wir zunächst den Druck im Punkt 1 für ein ideales Gas

$$p_1 = \rho_1 R T_1 = 0{,}37884\,\text{bar}$$

und nach Gl. (7.89) damit

$$p_0 = p_1 \left(1 + \frac{\kappa - 1}{2} Ma_1^2\right)^{\frac{\kappa}{\kappa-1}} = 2{,}9642\,\text{bar}$$

sowie die Kesseldichte

$$\rho_0 = \frac{p_0}{R T_0} = 2{,}608 \frac{\text{kg}}{\text{m}^3}$$

b) Die Geschwindigkeit im engsten Querschnitt entspricht dort der Schallgeschwindigkeit. Aus Gl. (7.88) gilt für $Ma^* = 1$

$$T^* = T_0 \frac{2}{\kappa + 1} = 330\,\text{K}$$

und damit nach Gl. (7.78)

$$c^* = c_S{}^* = \sqrt{\kappa R T^*} = 364{,}1 \frac{\text{m}}{\text{s}}$$

Mit dem Düsenquerschnitt im Punkt 1

$$A_1 = \frac{\pi}{4}\, D^2 = 0{,}031416\,\text{m}^2$$

und der Geschwindigkeit dort

$$c_1 = Ma_1 \sqrt{\kappa R T_1} = 594{,}63 \frac{\text{m}}{\text{s}}$$

erhalten wir mit der gegebenen Dichte im Punkt 1 nun für den konstanten Massenstrom

$$\dot{m} = \rho_1 c_1 A_1 = 11{,}209\, \frac{\text{kg}}{\text{s}}$$

Mit $\rho^* = \rho_0 \left(\frac{2}{\kappa+1}\right)^{\frac{1}{\kappa-1}} = 1{,}6533\, \frac{\text{kg}}{\text{m}^3}$ nach Gl. (7.90) gilt somit

$$A^* = \frac{\dot{m}}{\rho^* c^*} = \frac{\pi}{4}\, (D^*)^2 = 0{,}01862\,\text{m}^2 \text{ und für } D^* = 0{,}154\,\text{m}$$

Der Druck im engsten Querschnitt beträgt

$$p^* = \rho^* R T^* = 1{,}5659 \text{ bar}$$

c) Der Zustand nach dem Stoß ermittelt sich nach Gl. (7.100)

$$p_2 = p_1 \frac{2\kappa Ma_1^2 - (\kappa - 1)}{\kappa + 1} = 1{,}70478 \text{ bar}$$

die Temperatur nach dem Stoß nach Gl. (7.102)

$$T_2 = T_1 \frac{\left[2\kappa Ma_1^2 - (\kappa - 1)\right]\left[2 + (\kappa - 1)Ma_1^2\right]}{(\kappa + 1)^2 Ma_1^2} = 371{,}25\,\text{K}$$

und die Machzahl nach dem Stoß aus Gl. (7.103)

$$Ma_2^2 = \frac{(\kappa - 1)\left(Ma_1^2 - 1\right) + (\kappa + 1)}{2\kappa\left(Ma_1^2 - 1\right) + (\kappa + 1)} = \frac{0{,}4(3) + 2{,}4}{2{,}8(3) + 2{,}4} = 0{,}3333$$

$$Ma_2 = 0{,}57735$$

Die spezifische Entropieänderung über den Stoß lässt sich nun aus Gl. (4.35) ermitteln

$$s_2 - s_1 = c_p \ln\left(\frac{T_2}{T_1}\right) - R \ln\left(\frac{p_2}{p_1}\right) =$$

$$1004{,}5 \frac{\text{J}}{\text{kg K}} \ln\left(\frac{371{,}25}{220}\right) - 287 \frac{\text{J}}{\text{kg K}} \ln\left(\frac{1{,}70478}{0{,}37884}\right) = 93{,}93 \frac{\text{J}}{\text{kg K}}$$

Die Temperatur im Staupunkt entspricht der Kesseltemperatur, da alle Strömungsvorgänge und der Stoßvorgang adiabat sind und die Luft als ideales Gas betrachtet wird, d. h.

$$T_3 = T_{03} = T_0 = 396 \text{ K}$$

Der Druck im Staupunkt (Staudruck) ermittelt sich aus

$$p_3 = p_{03} = p_2 \left(\frac{T_3}{T_2}\right)^{\frac{\kappa}{\kappa - 1}} = 2{,}1368 \text{ bar}$$

und ist durch den irreversiblen Stoßvorgang geringer als der Kesseldruck ($p_{03} < p_0$; Totaldruckverlust).

d) Alle bestimmten Größen sind in Tab. 7.5 nochmals übersichtlich zusammengestellt. Sie sind auch in den Diagrammen Abb. 7.12 für die Verläufe der Parameter mit angegeben.

Tab. 7.5 Parameter in den einzelnen Zustandspunkten

	0	*	1	2	3
$p/$ [bar]	2,9642	1,5659	0,37884	1,70478	2,1368
$T/$ [K]	396	330	220	371,25	396
$\rho/$ $\left[\mathrm{kg/m^3}\right]$	2,608	1,6534	0,6		
Ma	–	1	2	0,577	0
$c/[\mathrm{m/s}]$	–	364,1	594,6		0

Aufgabe 7.14 (X) Wenn man im Winter von draußen in einen warmen Raum kommt, beschlägt oft die Brille. Beschreiben Sie den Vorgang, der dabei abläuft, knapp in eigenen Worten und rechnen Sie aus, ab welcher maximalen Außentemperatur eine Brille beschlagen kann, wenn Sie nach einem langen Spaziergang in einen Raum kommen, in dem eine Temperatur von $t = 20\ °\mathrm{C}$ und eine relative Luftfeuchte von $\varphi = 60\,\%$ herrscht!

Lösung:
Beim Betreten des warmen Raums haben die Brillengläser die niedrige Außentemperatur t_{aussen}. Warme Luft aus dem Raum kühlt sich beim Annähern an die Brille ab. Dabei sinkt zusammen mit ihrer Temperatur auch der Sättigungspartialdruck des Wassers. Unterschreitet der Sättigungspartialdruck des Wassers den in der Luft vorhandenen Wasserdampfpartialdruck, so kondensiert Wasser an der Brille aus: Sie beschlägt.

Aus $\varphi = 0{,}6$ und $p_s(20\,°\mathrm{C}) = 0{,}0234\ \mathrm{bar}$ ergibt sich $p_D = 0{,}6 \cdot 0{,}0234\ \mathrm{bar} = 0{,}01404\ \mathrm{bar}$.

Mittels linearer Interpolation zwischen den in der Dampftafel für 10 °C und 15 °C gegebenen Sättigungsdrücken ergibt sich aus $p_D = p_s(t_{aussen})$ das folgende Ergebnis für die Außentemperatur

$$t_{aussen} = 11{,}85\ °\mathrm{C}$$

Aufgabe 7.15 (XX) Ein PKW wird abends vor dem Haus abgestellt. Die im PKW vorhandene Luft habe die Temperatur $t_1 = 20\ °\mathrm{C}$, den Druck $p_1 = p_u = 1\ \mathrm{bar}$ und den Wassergehalt $x = 0{,}00688$.

a) Wie tief darf die Temperatur nachts absinken, bevor die Fenster des PKW von innen beschlagen?

Auszug aus der Wasserdampftafel:

$p_{s,Wasser}/\,[\mathrm{bar}]$	0,00829	0,01093	0,01429	0,01853
$t/\,[°\mathrm{C}]$	4	8	12	16

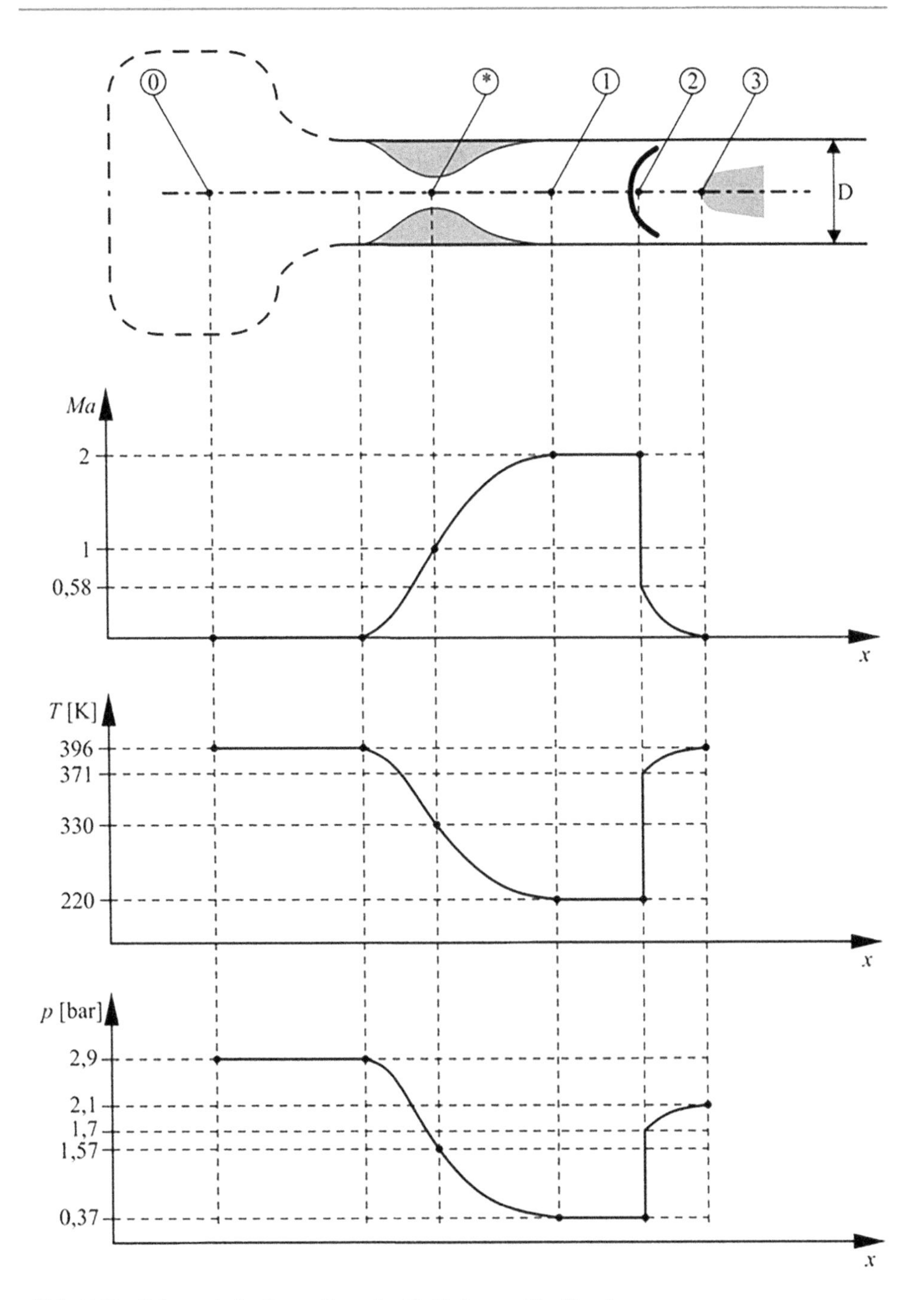

Abb. 7.12 Schematische Darstellung der Verläufe von *Ma*, *T* und *p*

Die Molmassen von Luft und Wasser sind hierbei

$$M_L = 29\frac{\text{g}}{\text{mol}}; \mathrm{M_{H_2O}} = 18\frac{\text{g}}{\text{mol}}$$

b) Wie viel Wasserdampf ist in $1\,\text{m}^3$ der ursprünglich vorhandenen Luft enthalten?

Lösung:

a) Da die Sättigungsbeladung der feuchten Luft temperaturabhängig ist

$$x_s = x_s(p_1, t_{min})$$

und ferner für die Beladung der Luft

$$\begin{aligned} x &= \frac{m_W}{m_L} = \frac{M_{H_2O} n_W}{M_L n_L} = \frac{M_{H_2O}}{M_L}\frac{\frac{n_W}{n_{ges}}}{\frac{n_L}{n_{ges}}} = \frac{M_{H_2O}}{M_L}\frac{\psi_W}{\psi_L} \\ &= \frac{M_{H_2O}}{M_L}\frac{\psi_W}{1-\psi_W} = \frac{M_{H_2O}}{M_L}\frac{\psi_D p}{p-\psi_D p} = \frac{M_{H_2O}}{M_L}\frac{p_D}{p-p_D} \end{aligned}$$

gilt, folgt für die kleinstmögliche Temperatur, bei der noch kein Wasser auskondensiert (siehe Gl. (7.110))

$$x = 0{,}00688 = x_s(t_{min}) = \frac{M_{H_2O}}{M_L}\frac{p_s^{min}(t_{min})}{p_1 - p_s^{min}(t_{min})}$$

Somit ergibt sich der kleinstmögliche Partialdruck des Wassers zu

$$p_s^{min}(t_{min}) = \frac{x p_1}{\frac{M_{H_2O}}{M_L} + x} = 0{,}01096\,\text{bar}$$

Damit gilt nach dem Vergleich mit dem Dampftafelauszug aus Aufgabenteil a) für die kleinstmögliche Temperatur

$$t_{min} \cong 8\,^\circ\text{C}$$

b) Für einen Kubikmeter $\left(V = 1\,\text{m}^3\right)$ feuchter Luft gilt mit

$$R_m = 8{,}314\,\frac{\text{J}}{\text{mol}\,\text{K}}$$

$$\begin{aligned} V &= V_W + V_L = (n_W + n_L)\frac{R_m T_1}{p_1} \\ &= \left(\frac{m_W}{M_{H_2O}} + \frac{m_L}{M_L}\right)\frac{R_m T_1}{p_1} = m_L\left(1 + x\frac{M_L}{M_{H_2O}}\right)\frac{R_m}{M_L}\frac{T_1}{p_1} \end{aligned}$$

Somit folgt

$$m_L = 1176{,}8\,\text{g sowie}\, m_W = x m_L = 8{,}1\,\text{g}$$

Aufgabe 7.16 (XXX) Die Klimaanlage eines $V = 240\,\text{m}^3$ großen Raumes ist so bemessen, dass in einem Zeitraum von 1 Stunde die Luft gerade viermal vollkommen ausgetauscht wird. In dem Raum arbeiten 20 Personen, von denen jeder pro Stunde durchschnittlich 400 kJ Wärme und 0,045 kg Wasser (flüssig) an die Raumluft abgibt.

Die Luft in dem Raum soll die Temperatur $t_4 = 25\,°\text{C}$ und die relative Feuchtigkeit $\varphi_4 = 0{,}7$ nicht übersteigen, d. h. sie wird mit diesem Zustand 4 aus dem Raum abgesaugt. Der Druck im Raum ist gleich dem Umgebungsdruck von 1 bar.

Die Gaskonstante für trockene Luft soll mit $R_L = 287\,\text{J}/(\text{kg K})$ angenommen werden. Die spezifische Wärmekapazität des Wassers ist $c_W = 4{,}18\ \text{kJ}/(\text{kg K})$.

Verwenden Sie zur Lösung der Teilaufgaben auch das maßstäbliche h,x-Diagramm, wo immer es angebracht ist!

a) Bestimmen Sie die Dichte der abgesaugten Reinluft (trockene Luft)! Wie groß ist der Massenstrom $\dot{m}_L$ der im Raum ausgetauschten trockenen Luft? Der Sättigungsdruck des Wassers bei $t_4 = 25\,°\text{C}$ ist aus der Wasserdampftafel bekannt zu p_s (25 °C)= 0,0317 bar.

Es steht Umgebungsluft des Zustands 1 ($t_1 = -5\,°\text{C}$, $\varphi_1 = 0{,}8$) zur Verfügung. Diese Luft wird durch Wärmezufuhr auf die Temperatur t_2 gebracht. Mit der nachfolgenden Einspritzung von flüssigem Wasser mit $\dot{m}_{W,23}$ bei $t_W = 10\,°\text{C}$ erreicht der Luftstrom den gewünschten Zustand 3.

b) In welchem Zustand (x_3, t_3) muss die Luft dem Raum zugeführt werden?
c) Ermitteln Sie die Temperatur t_2, die für die Erwärmung von t_1 auf t_2 erforderlichen Wärmestrom $\dot{Q}$ und die einzuspritzende Wassermenge $\dot{m}_{W,23}$!
d) Kann bei der Vermischung der abgesaugten Luft vom Zustand 4 mit der Umgebungsluft vom Zustand 1 Nebelbildung auftreten?

Lösung:

a) Die Dichte der abgesaugten Reinluft (trockene Luft) ermittelt sich für Luft als ideales Gas aus

$$\rho_L = \frac{p_L}{R_L T_4} \text{ und mit}\, p_L = p - \varphi_4 p_S(t_4) = 0{,}9778\,\text{bar}$$

Man erhält $\rho_L = 1{,}143\,\text{kg}/\text{m}^3$.

Der Massenstrom der ausgetauschten (trockenen) Luft beträgt

$$\dot{m}_L = \rho_L 4\dot{V} = 1{,}143\,\text{kg/m}^3 \cdot 4 \cdot 240\,\text{m}^3/\text{h} = 1097{,}3\,\text{kg/h} = 0{,}305\,\text{kg/s}$$

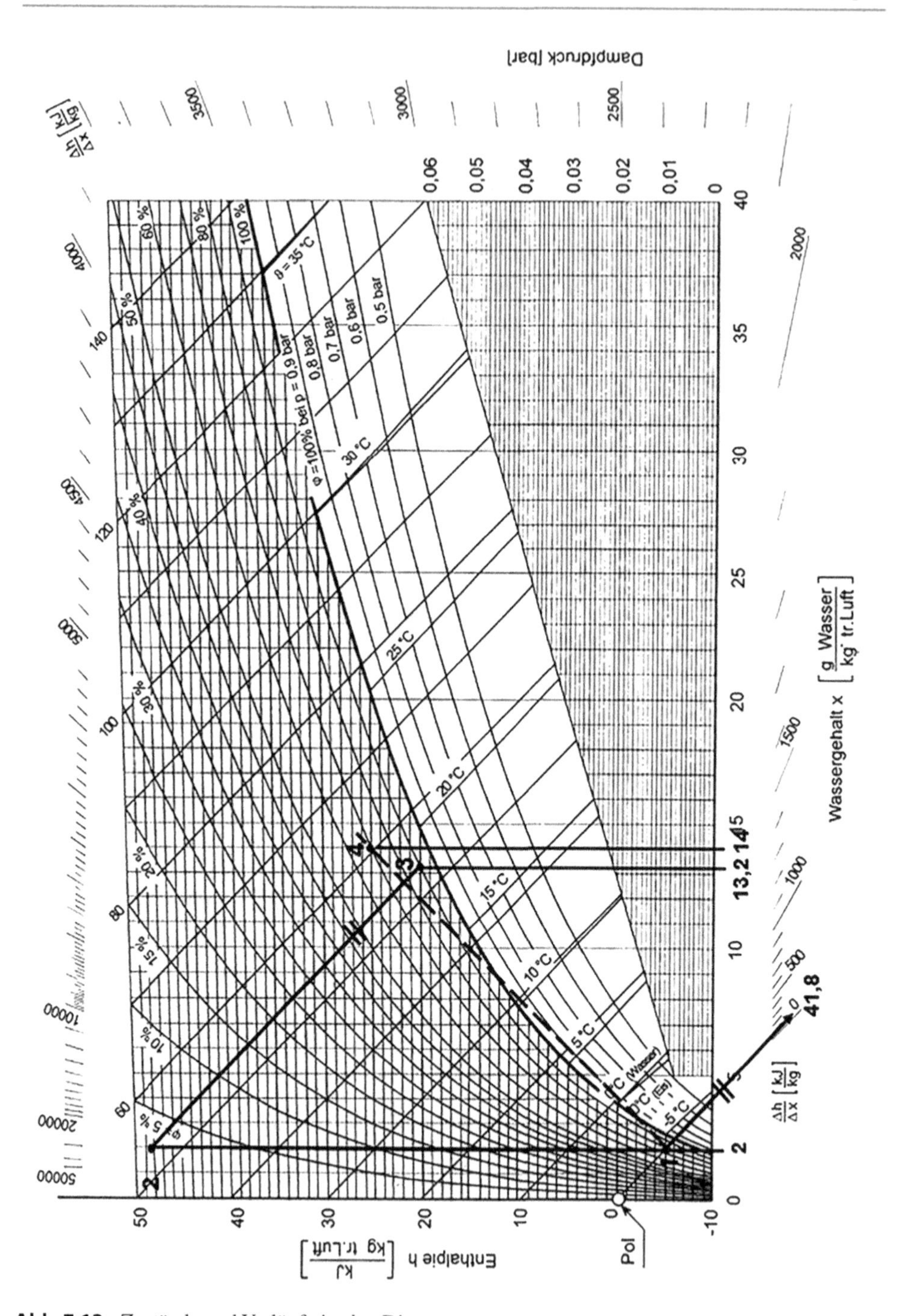

Abb. 7.13 Zustände und Verläufe im h,x-Diagramm

Für die weiteren Betrachtungen muss auch das $h{,}x$ –Diagramm verwendet werden. In Abb. 7.13 sind dazu die entsprechenden Zustandspunkte und Beziehungen verdeutlicht.

b) Zur Ermittlung des Zustands 3 (x_3, t_3) der Luft vor Eintritt in den Raum betrachten wir zunächst die Wasserbilanz (Gl. (7.118)) für die Wasserabgabe der Personen je Stunde

$$\dot{m}_L(x_4 - x_3) = \dot{m}_{W,34} = 20 \cdot 0{,}045\,\frac{\text{kg}}{\text{h}} = 0{,}9\,\frac{\text{kg}}{\text{h}}$$

und daraus

$$x_3 = x_4 - \frac{\dot{m}_{W,34}}{\dot{m}_L}$$

Der Zustand 4 ermittelt sich dabei aus dem $h{,}x$-Diagramm mit

$$\varphi_4 = 0{,}7\,\text{und}\,t_4 = 25\,°\text{C}\,\text{zu}\,x_4 \approx 14 \cdot 10^{-3}\,\frac{\text{kg}_{\text{H}_2\text{O}}}{\text{kg}_{\text{trockene Luft}}}$$

Weiterhin ergibt sich hier: $h_4 = 61\,\frac{\text{kJ}}{\text{kg}_{\text{trockene Luft}}}$

Wir erhalten aus der Wasserbilanz:

$$x_3 = 13{,}18 \cdot 10^{-3}\,\frac{\text{kg}_{\text{H}_2\text{O}}}{\text{kg}_{\text{trockene Luft}}}$$

Die Temperatur im Zustand 3 ermitteln wir unter Nutzung der Energiebilanz (Gl. (7.119)) zwischen den Zuständen 3 und 4.

$$\dot{m}_L(h_4 - h_3) = \dot{Q} = 20 \cdot 400\frac{\text{kJ}}{\text{h}}$$

Daraus erhalten wir rechnerisch

$$h_3 = h_4 - \frac{\dot{Q}}{\dot{m}_L} = 53{,}7\,\frac{\text{kJ}}{\text{kg}_{\text{trockene Luft}}}$$

Damit können wir nun im $h{,}x$-Diagramm mit

$$x_3 \approx 13{,}2 \cdot 10^{-3}\,\frac{\text{kg}_{\text{H}_2\text{O}}}{\text{kg}_{\text{trockene Luft}}}\,\text{und}\,h_3 = 53{,}7\,\frac{\text{kJ}}{\text{kg}_{\text{trockene Luft}}}$$

den Zustandspunkt 3 ermitteln und daraus

$$t_3 = 20\,°\text{C};\quad \varphi_3 = 0{,}9$$

bestimmen.

c) Zur Ermittlung der Temperatur nach der Erwärmung der Umgebungsluft muss der Zustand 2 im $h{,}x$-Diagramm ermittelt werden, Bei der Erwärmung 1→2 ändert sich der Wassergehalt nicht.

$$x_2 = x_1 = x(t_1 = -5\,°\text{C};\ \varphi_1 = 0{,}8) \approx 2{,}0 \cdot 10^{-3}\ \frac{\text{kg}_{\text{H}_2\text{O}}}{\text{kg}_{\text{trockene Luft}}}\ (h, x - \text{Diagramm})$$

Im Punkt 1 lesen wir weiterhin ab

$$h_1 \approx -0{,}1\ \frac{\text{kJ}}{\text{kg}_{\text{trockene Luft}}}$$

Bei der Wassereinspritzung 2 → 3 ist die Richtung der Zustandsänderung durch

$$\left(\frac{\partial h}{\partial x}\right)_t = h_W = c_W t_W = 41{,}8\,\frac{\text{kJ}}{\text{kg}}$$

gegeben. Die Verbindung vom Pol zum Randwert von 41,8 kJ/kg liefert die Richtung der Einspritzgeraden. Mit der parallelen Verschiebung in den Punkt 3 ergibt sich im h,x-Diagramm der Schnittpunkt für den Zustand 2

$$x_2 \approx 2{,}0 \cdot 10^{-3}\ \frac{\text{kg}_{\text{H}_2\text{O}}}{\text{kg}_{\text{trockene Luft}}};\ h_2 = 53\ \frac{\text{kJ}}{\text{kg}_{\text{trockene Luft}}};\ t_2 = 47\ °\text{C}$$

Mit den berechneten bzw. grafisch bestimmten Größen können wir nun die erforderliche Wärmezufuhr aus

$$\dot{Q}_{zu} = \dot{m}_L(h_2 - h_1) = 0{,}305\,\frac{\text{kg}}{\text{s}}\left(53\,\frac{\text{kJ}}{\text{kg}} - (-0{,}1)\frac{\text{kJ}}{\text{kg}}\right) = 16{,}2\,\text{kW}$$

und die einzuspritzende Wassermenge aus

$$\dot{m}_{W,23} = \dot{m}_L(x_3 - x_2) = 12{,}27\,\frac{\text{kg}_{\text{H}_2\text{O}}}{\text{h}}$$

bestimmen.

d) Um herauszufinden, ob Nebelbildung bei der Abluftvermischung möglich ist, zeichnen wir die Mischungsgerade von 1 nach 4 und erkennen im h,x-Diagramm, dass diese teilweise im Nebelgebiet (unterhalb von $\varphi = 1$) verläuft. Somit ist Nebelbildung möglich!

Aufgabe 7.17 (XX) Wasserdampf mit der Masse 1 g wird isobar vom Zustand 1 mit $T_1 = 300$ K und $p_1 = 0{,}001$ bar auf den Zustand 2 mit $T_2 = 2500$ K erwärmt. Für die Reaktion

$$2\text{H}_2 + \text{O}_2 = 2\text{H}_2\text{O}$$

ist die mit den Molenbrüchen gebildete Gleichgewichtskonstante $K(p_0,T_2) = 29104$ beim Bezugsdruck $p_0 = 1{,}0133$ bar und bei der Temperatur $T_2 = 2500$ K gegeben.

a) Berechnen Sie die Gleichgewichtskonstante $K(p_2, T_2)$!
b) Berechnen Sie für die vorkommenden Komponenten die Zahl der Mole im Zustand 2!
c) Wie groß ist bei dem Prozess von 1 nach 2 die Volumenänderungsarbeit?

Lösung:

a) Die Druckabhängigkeit der Gleichgewichtskonstanten ist nach Gl. (7.152) gegeben durch

$$K(p_2, T_2) = K(p_0, T_2)\left(\frac{p_0}{p_2}\right)^{\sum \nu_k}$$

Die Summe der stöchiometrischen Koeffizienten ist gleich

$$\sum_{k=1}^{K} \nu_k = \nu_{H_2O} + \nu_{H_2} + \nu_{O_2} = 2 - 2 - 1 = -1$$

und somit ($p_1 = p_2$ wegen isobarer Erwärmung 1→2)

$$K(p_2, T_2) = 29104\left(\frac{1,0133}{0,001}\right)^{-1} = 28,722$$

b) Die Zusammenhänge der einzelnen Stoffmengen können mittels der Reaktionslaufzahl λ [mol] (Gl. 7.131) beschrieben werden. Diese kann normiert werden (z. B. $\alpha = \lambda/$ (Normierungsgröße in mol)), so dass man den Wert „0“ erhält, wenn nur Ausgangsstoffe vorliegen und den Wert „1“, wenn die Ausgangsstoffe vollständig umgesetzt wurden. Damit ergibt sich für die betrachtete Reaktion

$$n_{H_2O}(\alpha) = (1-\alpha) n^{(0)}_{H_2O}$$
$$n_{H_2}(\alpha) = \alpha n^{(0)}_{H_2O}$$
$$n_{O_2}(\alpha) = 0,5\alpha n^{(0)}_{H_2O}$$
$$n_{ges}(\alpha) = n_{H_2O}(\alpha) + n_{H_2}(\alpha) + n_{O_2}(\alpha)$$

mit

$$n^{(0)}_{H_2O} = n^{(0)}_{ges} = \frac{m^{(0)}_{H_2O}}{M_{H_2O}} = \frac{1\ \text{g}}{18\ g/\text{mol}} = \frac{1}{18}\text{mol} = 0{,}05556\ \text{mol}$$

für 1 g von H_2O und für die Gesamtstoffmenge

$$n_{ges}(\alpha) = (1 + 0{,}5\alpha) n^{(0)}_{H_2O}$$

Für den Zustand 2 gilt nach Gl. (7.145)

$$K(p_2, T_2) = \frac{\psi_{H_2O}{}^2}{\psi_{H_2}{}^2 \psi_{O_2}} = \frac{n_{H_2O}{}^2 n_{ges}{}^2 n_{ges}}{n_{ges}{}^2 n_{H_2}{}^2 n_{O_2}} = \frac{n_{H_2O}{}^2 n_{ges}}{n_{H_2}{}^2 n_{O_2}}$$
$$= \frac{(1-\alpha_2)^2(1+0{,}5\alpha_2)}{0{,}5\alpha_2^3} = 28{,}722$$

Die iterative Lösung dieser Gleichung liefert $\alpha_2 = 0{,}331$ und damit

$$n^{(2)}_{H_2O} = 0{,}0372\,\text{mol}$$
$$n^{(2)}_{H_2} = 0{,}0018\,\text{mol}$$
$$n^{(2)}_{O_2} = 0{,}0092\,\text{mol}$$
$$n^{(2)}_{ges} = n_2 = 0{,}0648\,\text{mol}$$

c) Für den isobaren Prozess 1 → 2 gilt

$$W_{V,12} = -p_1(V_2 - V_1)$$

Die Volumendifferenz lässt sich für ein ideales Gas einfach berechnen

$$(V_2 - V_1) = \frac{R_m}{p_1}(n_2T_2 - n_1T_1) =$$
$$\frac{8{,}3143\,\text{J}}{0{,}001 \cdot 10^5\,\text{Pa} \cdot \text{mol} \cdot \text{K}}(0{,}0648\,\text{mol} \cdot 2500\,\text{K} - 0{,}05556\,\text{mol} \cdot 300\,\text{K}) = 12{,}08\,\text{m}^3$$

Damit erhält man für die abgegebene Volumenänderungsarbeit

$$W_{V,12} = -1208\,\text{J}$$

Aufgabe 7.18 (X) Ein Kilomol reines Methangas CH_4 wird isobar bei 5 bar auf 500 °C erwärmt und kommt dabei über die Reaktion $C + 2H_2 - CH_4 = 0$ ins Gleichgewicht. Der Kohlenstoff C fällt als Ruß aus. Die Gleichgewichtskonstante des Massenwirkungsgesetzes beträgt bei der angegebenen Temperatur $K'(T) = 0{,}432$ bar. Wie viel Ruß fällt bei diesem Prozess aus?

Lösung:
Es gilt für die Reaktion $C + 2H_2 - CH_4 = 0$ allgemein für die Stoffmengen der Komponenten in Abhängigkeit der dimensionslosen Reaktionslaufzahl

$$n_{CH_4}(\alpha) = (1 - \alpha)n^{(0)}_{CH_4}$$
$$n_{H_2}(\alpha) = 2\alpha n^{(0)}_{CH_4}$$
$$n_C(\alpha) = \alpha n^{(0)}_{CH_4}$$

Da der Ruß als Feststoff vorliegt (kein Partialdruck) ergibt sich für die Gleichgewichtskonstante nach Gl. (7.147)

$$K'(T) = \frac{p^2_{H_2}}{p_{CH_4}} = \frac{\psi^2_{H_2}}{\psi_{CH_4}}p$$

Die Molanteile von CH_4 und H_2 sind dabei gegeben durch

$$\psi_{CH_4} = \frac{n_{CH_4}}{n_{CH_4} + n_{H_2}} = \frac{1-\alpha}{1+\alpha}$$

$$\psi_{H_2} = \frac{n_{H_2}}{n_{CH_4} + n_{H_2}} = \frac{2\alpha}{1+\alpha}$$

Mit $\psi_{H_2} + \psi_{CH_4} = 1$ und den gegebenen Werten für $K'(T) = 0{,}432\,\text{bar}$ und $p = 5$ bar berechnen sich

$$\psi_{H_2} = 0{,}253; \quad \psi_{CH_4} = 0{,}747; \quad \alpha = 0{,}145$$

und für 1 kmol CH_4 $n_C = 0{,}145\,\text{kmol}$ bzw. mit der molaren Masse für Kohlenstoff ($M_C = 12$ kg/kmol) die Masse des ausfallenden Rußes

$$m_C = n_C M_C = 1{,}74\,\text{kg}$$

Erratum zu: Thermodynamik kompakt – Formeln und Aufgaben

Erratum zu:
B. Weigand et al., *Thermodynamik kompakt – Formeln und Aufgaben*,
DOI 10.1007/978-3-662-49701-2

Durch einen Fehler im Ablauf der Produktion wurde der Inhalt des Werks leider vor Autorenfreigabe des Werks veröffentlicht. In der korrigierten Version finden Sie die finale inhaltliche und von den Autoren freigegebene Fassung.

Die folgenden Fehler wurden vor dem Erscheinen des Buches nicht korrigiert.

Im Kap. 2 S. 10 ist der Zeilenumbruch des Satzes „Diese Temperaturen sind …“ falsch. Mit dem nächsten Satz soll fortgesetzt und die Zeile mit dem richtigen Zeilenumbruch ausgerichtet werden.

Im Kap. 3 S. 29 wurde das Wort „die“ in dem Satz „Die Terme …“ nicht gelöscht.

Im Kap. 5 S. 73 war die Gleichung $k_{\mathrm{M}} = (c_v + R)/c_p$ in der Legende der Tab. 5.2 falsch. Die richtige Gleichung ist $\chi_{\mathrm{M}} = (c_v + R)/c_v$.

Im Kap. 5 S. 73 war die Gleichung $p = \frac{-a}{v^2} + p_{\mathrm{M}1}\left(\frac{v_{\mathrm{M}1}}{v_{\mathrm{M}}}\right)^{\kappa_{\mathrm{M}}}$ in Spalte 5 und Zeile 4 der Tab. 5.2 falsch. Die richtige Gleichung ist $p = \frac{-a}{v^2} + p_{\mathrm{M}1}\left(\frac{v_{\mathrm{M}1}}{v_{\mathrm{M}}}\right)^{\chi_{\mathrm{M}}}$.

Die Online-Version des ursprünglichen Buches ist unter folgendem Link verfügbar
DOI 10.1007/978-3-662-49701-2_2
DOI 10.1007/978-3-662-49701-2_3
DOI 10.1007/978-3-662-49701-2_5
DOI 10.1007/978-3-662-49701-2_7
DOI 10.1007/978-3-662-49701-2

B. Weigand et al., *Thermodynamik kompakt – Formeln und Aufgaben*,
DOI 10.1007/978-3-662-49701-2_8

Im Kap. 7 S. 138 war die Gleichung $T_1\varphi\varepsilon^{\kappa-1} = T_1(p_3/p_2)\varepsilon^{\kappa-1}$ in Spalte 3 und Zeile 10 der Tab. 7.3 falsch. Die richtige Gleichung ist $T_1\psi\varepsilon^{\kappa-1} = T_1(p_3/p_2)\varepsilon^{\kappa-1}$.

Im Kap. 7 S. 138 war die Gleichung $T_3(1/\varepsilon^{\kappa-1}) = T_1\varphi$ in Spalte 3 und Zeile 12 der Tab. 7.3 falsch. Die richtige Gleichung ist $T_3(1/\varepsilon^{\kappa-1}) = T_1\psi$.

Im Kap. 7 S. 154 fehlte ein Komma in der Gleichung $s_1 = s(p_6\, 0\,°\mathrm{C}) = 1734\,\frac{\mathrm{kJ}}{\mathrm{kg}}$. Die richtige Gleichung ist $s_1 = s(p_6, 0\,°\mathrm{C}) = 1734\,\frac{\mathrm{kJ}}{\mathrm{kg}}$.

Im Anhang auf Seite 195 war die Gleichung $\mathrm{K} = 1{,}4$ in dem Satz „Die Luft …“ falsch. Die richtige Gleichung ist „$\chi = 1{,}4$“.

Im Anhang auf Seite 200 fehlte der Schlusspunkt in dem Satz „In der Umgebung herrscht … $t_u = 20\,°\mathrm{C}$“.

Anhang A: Stoffwerte und Tabellen

In dem folgenden Anhang sind verschiedene Stoffwerte und Tabellen zusammengefasst, die für die Berechnungen sehr hilfreich sind. Dieser Anhang ist sehr ähnlich zu dem Anhang D in Thermodynamik kompakt. Er wird hier noch einmal wiedergegeben, damit der Leser die benötigten Daten schnell zur Hand hat.

B. Weigand et al., *Thermodynamik kompakt – Formeln und Aufgaben*,
DOI 10.1007/978-3-662-49701-2

A.1 Stoffwerte einiger Gase

In den Tab. A.1 und A.2 sind Stoffwerte einiger Gase angegeben. Die Werte für die Dichte, die spezifische Wärme bei konstantem Druck und konstantem Volumen sind für $T = 273{,}15$ K, $p = 1$ bar angegeben.

Tab. A.1 Stoffwerte einiger Gase

Bezeichnung	Symbol	Molmasse [kg/kmol]	Gaskonstante [J/(kg K)]	Dichte [kg/m^3]
Acetylen	C_2H_2	26,038	319,3	1,16
Ammoniak	NH_3	17,031	488,2	0,76
Argon	Ar	39,948	208,1	1,76
Äthan	C_2H_6	30,070	276,5	1,34
Butan	C_4H_{10}	58,124	143,0	2,67
Chlor	Cl_2	56,108	117,3	3,17
Chlorwasserstoff	HCl	70,906	228,0	1,62
Helium	He	4,003	2077,0	0,18
Kohlendioxid	CO_2	44,010	188,9	1,95
Kohlenmonoxid	CO	28,010	296,8	1,23
Luft	–	28,964	287,1	1,28
Methan	CH_4	16,043	518,3	0,71
Propan	C_3H_8	44,097	188,5	1,99
Sauerstoff	O_2	31,999	259,8	1,41
Stickstoff	N_2	28,013	296,8	1,23
Wasserstoff	H_2	2,016	4124,2	0,09
Xenon	Xe	131,30	63,3	5,82

Tab. A.2 Stoffwerte einiger Gase

Bezeichnung	Symbol	c_p [J/(kg K)]	c_v [J/(kg K)]	$\kappa = c_p/c_v$
Acetylen	C_2H_2	1616	1278	1,26
Ammoniak	NH_3	2056	1526	1,35
Argon	Ar	519	309	1,68
Äthan	C_2H_6	1650	1355	1,22
Butan	C_4H_{10}	1599	1410	1,13
Chlor	Cl_2	473	343	1,38
Chlorwasserstoff	HCl	795	556	1,43
Helium	He	5200	3124	1,66
Kohlendioxid	CO_2	816	618	1,32
Kohlenmonoxid	CO	1038	739	1,40
Luft	–	1006	718	1,40
Methan	CH_4	2165	1638	1,32
Propan	C_3H_8	1549	1331	1,16
Sauerstoff	O_2	909	647	1,40
Stickstoff	N_2	1038	739	1,40
Wasserstoff	H_2	14050	9926	1,42
Xenon	Xe	159	93	1,71

A.2 Stoffwerte einiger ausgewählter Stoffe

Tab. A.3 Stoffdaten für einige ausgewählte Stoffe

Name	chemische Formel	Molmasse [kg/kmol]	Normalsiedepunkt [°C]	kritische Temperatur [°C]	kritischer Druck [MPa]
Wasserstoff	H_2	2,02	−252,9	−240,0	1,32
Helium	He	4,00	−268,9	−268,0	0,23
Ammoniak	NH_3	17,03	−33,3	132,3	11,33
Wasser	H_2O	18,02	100,0	373,9	22,06
Luft	78 % N_2, 21 % O_2, 1 % Ar, +	28,96	−194,2	−140,4	3,84
Kohlendioxid	CO_2	44,01	−78,4	31,0	7,38
Methan	CH_4	16,04	−161,5	−82,6	4,60
Äthan	C_2H_6	30,07	−88,6	32,2	4,87
Propan	C_3H_8	44,10	−42,1	96,7	4,25
R134a	CH_2FCF_3	102,03	−26,1	101,1	4,06

A.3 Dampftafel

Nachfolgend sind die thermodynamischen Eigenschaften des Wasserdampfes (Sättigungszustände) zusammengestellt.

A.3.1 Temperaturtafel

Tab. A.4 Temperaturtafel (Zusammenhang zwischen Sättigungsdruck, Sättigungstemperatur und dem spezifischen Volumen auf der Grenzkurve)

t	p	v'	v''
[°C]	[bar]	[m³/kg]	[m³/kg]
0,0	0,0061	0,00100	206,3489
5,0	0,0087	0,00100	147,1205
10,0	0,0123	0,00100	106,3952
15,0	0,0170	0,00100	77,9637
20,0	0,0234	0,00100	57,8386
25,0	0,0317	0,00100	43,4094
30,0	0,0424	0,00100	32,9391
35,0	0,0562	0,00101	25,2550
40,0	0,0737	0,00101	19,5549
45,0	0,0958	0,00101	15,2834
50,0	0,1233	0,00101	12,0513
55,0	0,1574	0,00101	9,5831
60,0	0,1992	0,00102	7,6816
65,0	0,2501	0,00102	6,2045
70,0	0,3116	0,00102	5,0478
80,0	0,4736	0,00103	3,4097
90,0	0,7011	0,00104	2,3614
100,0	1,0133	0,00104	1,6728

Tab. A.5 Temperaturtafel (Zusammenhang zwischen Sättigungstemperatur und den spezifischen Enthalpien und Entropien auf der Grenzkurve)

t	h'	h''	s'	s''
[°C]	[kJ/kg]	[kJ/kg]	[kJ/(kg K)]	[kJ/(kg K)]
0,0	0,0	2500,5	0,0000	9,1545
5,0	21,1	2509,7	0,0764	9,0234
10,0	42,0	2518,9	0,1512	8,8985
15,0	63,0	2528,1	0,2244	8,7793
20,0	83,9	2537,3	0,2963	8,6652
25,0	104,8	2546,4	0,3670	8,5561
30,0	125,6	2555,5	0,4364	8,4516
35,0	146,5	2564,5	0,5046	8,3514
40,0	167,4	2573,5	0,5718	8,2553
45,0	188,2	2582,4	0,6380	8,1631
50,0	209,1	2591,3	0,7031	8,0745
55,0	230,0	2600,1	0,7672	7,9893
60,0	250,9	2608,8	0,8305	7,9074
65,0	271,9	2617,4	0,8928	7,8286
70,0	292,8	2625,9	0,9542	7,7526
75,0	313,8	2634,2	1,0148	7,6794
80,0	334,7	2642,5	1,0747	7,6088
90,0	376,8	2658,7	1,1920	7,4749
100,0	418,9	2674,4	1,3063	7,3500

A.3.2 Drucktafel

Tab. A.6 Drucktafel (Zusammenhang zwischen Sättigungsdruck, Sättigungstemperatur und dem spezifischen Volumen auf der Grenzkurve)

p	t	v'	v''
[bar]	[°C]	[m³/kg]	[m³/kg]
0,01	6,95	0,00100	129,2093
0,03	24,10	0,00100	45,6775
0,06	36,19	0,00101	23,7484
0,08	41,54	0,00101	18,1107
0,10	45,84	0,00101	14,6798
0,30	69,12	0,00102	5,2308
0,50	81,34	0,00103	3,2407
0,80	93,51	0,00104	2,0870
1,00	99,63	0,00104	1,6936
2,00	120,23	0,00106	0,8852
3,00	133,54	0,00107	0,6054
4,00	143,63	0,00108	0,4621
6,00	158,84	0,00110	0,3155
8,00	170,41	0,00112	0,2403
10,00	179,88	0,00113	0,1944
20,00	212,37	0,00118	0,0996
30,00	233,84	0,00122	0,0667
50,00	263,92	0,00129	0,0394
70,00	285,80	0,00135	0,0273
100,00	310,96	0,00145	0,0180
130,00	330,81	0,00157	0,0128
150,00	342,12	0,00166	0,0105
170,00	352,26	0,00178	0,0085
200,00	365,71	0,00205	0,0059
210,00	369,79	0,00225	0,0050
220,00	373,67	0,00257	0,0040
221,20	374,15	0,00320	0,0032

Tab. A.7 Drucktafel (Zusammenhang zwischen Sättigungsdruck und den spezifischen Enthalpien und Entropien auf der Grenzkurve)

p [bar]	h' [kJ/kg]	h'' [kJ/kg]	s' [kJ/(kg K)]	s'' [kJ/(kg K)]
0,01	29,3	2513,3	0,1058	8,9732
0,03	101,0	2544,7	0,3543	8,5754
0,06	151,4	2566,7	0,5207	8,3283
0,08	173,8	2576,3	0,5922	8,2266
0,10	191,7	2583,9	0,6489	8,1480
0,30	289,1	2624,4	0,9435	7,7657
0,50	340,4	2644,7	1,0906	7,5903
0,80	391,6	2664,3	1,2325	7,4300
1,00	417,4	2673,8	1,3022	7,3544
2,00	504,6	2704,6	1,5295	7,1212
3,00	561,3	2723,2	1,6711	6,9859
4,00	604,5	2736,5	1,7758	6,8902
6,00	670,2	2755,2	1,9301	6,7555
8,00	720,6	2768,0	2,0448	6,6594
10,00	762,2	2777,5	2,1372	6,5843
20,00	908,0	2800,6	2,4455	6,3422
30,00	1007,8	2805,5	2,6438	6,1890
50,00	1154,0	2794,6	2,9189	5,9735
70,00	1267,0	2771,1	3,1202	5,8113
100,00	1407,1	2725,6	3,3584	5,6155
130,00	1530,5	2662,8	3,5579	5,4338
150,00	1609,1	2610,1	3,6818	5,3109
170,00	1690,7	2547,3	3,8073	5,1784
200,00	1823,6	2415,6	4,0096	4,9371
210,00	1895,2	2335,2	4,1140	4,8024
220,00	1995,0	2224,4	4,2590	4,6230
221,20	2107,4	2107,4	4,4429	4,4429

A.4 Feuchte Luft

Für die Aufgaben in Kap. 7 werden Zahlenwerte zur Berechnung von Zuständen feuchter Luft benötigt. Diese sind in der Tab. A.8 zusammengestellt

Tab. A.8 Zahlenwerte zur Berechnung von Zuständen feuchter Luft

Bezeichnung	Formelzeichen	Zahlenwert	Dimension
Molmasse der Luft	M_L	28,96	$\frac{kg}{kmol}$
Molmasse des Wassers	M_{H_2O}	18,02	$\frac{kg}{kmol}$
spezifische Gaskonstante der Luft	R_L	0,287	$\frac{kJ}{kg\,K}$
spezifische Gaskonstante des Dampfes	R_D	0,461	$\frac{kJ}{kg\,K}$
spezifische Wärmekapazität der Luft	c_{pL}	1,006	$\frac{kJ}{kg\,K}$
spezifische Wärmekapazität des Dampfes	c_{pD}	1,92	$\frac{kJ}{kg\,K}$
spezifische Wärmekapazität des Wassers	c_W	4,182	$\frac{kJ}{kg\,K}$
spezifische Wärmekapazität des Eises	c_E	2,1	$\frac{kJ}{kg\,K}$
Verdampfungsenthalpie des Wassers bei 0 °C	r_D	2500	$\frac{kJ}{kg}$
Schmelzenthalpie des Eises bei 0 °C	r_E	334	$\frac{kJ}{kg}$

A.5 Umrechnungstabellen

Die folgenden Tabellen fassen Umrechnungen für verschiedene Einheiten für Kraft, Druck und Energie zusammen (Tab. A.9, A.10 und A.11).

Tab. A.9 Umrechnungstabelle für verschiedene Einheiten für die Kraft

Kraft	N	kp	lb
1 N = 1 kg m/s^2	1	0,1020	0,2248
1 kp	9,807	1	2,205
1 lb	4,448	0,4536	1

Tab. A.10 Umrechnungstabelle für verschiedene Einheiten für den Druck

Druck	bar	atm	Torr	psi
1 bar = 10^5 Pa	1	0,9969	750,1	14,50
1 atm	1,013	1	760	14,70
1 Torr	$1{,}33 \cdot 10^{-3}$	$1{,}316 \cdot 10^{-3}$	1	$1{,}934 \cdot 10^{-2}$
1 psi	$6{,}895 \cdot 10^{-2}$	$6{,}805 \cdot 10^{-2}$	51,71	1

Tab. A.11 Umrechnungstabelle für verschiedene Einheiten für die Energie

Energie	J	kpm	kcal	kWh
1 J = 1 Ws = 1 Nm	1	0,1020	$2{,}388 \cdot 10^{-4}$	$2{,}778 \cdot 10^{-7}$
1 kpm	9,807	1	$2{,}342 \cdot 10^{-3}$	$2{,}724 \cdot 10^{-6}$
1 kcal	4186,8	426,9	1	$1{,}163 \cdot 10^{-3}$
1 kWh	$3{,}6\ 10^6$	$3{,}671\ 10^5$	859,8	1

A.6 Energiearten und Energieformen

Tab. A.12 Beispiele für Energiearten

Bezeichnung	Beziehung	Variable
kinetische Energie einer Masse	$\frac{1}{2}mc^2$	m – Masse c – Geschwindigkeit
Rotationsenergie einer Drehmasse	$\frac{1}{2}I\omega^2$	I – Trägheitsmoment ω – Winkelgeschwindigkeit
Energie einer Feder	$\frac{1}{2}kx^2$	k – Federkonstante x – Federausdehnung
potentielle Energie des Gravitationsfeldes	mgz	m – Masse g – Erdbeschleunigung z – Höhenkoordinate
potentielle Energie im Kondensator	$\frac{1}{2}CV^2$ mit $V = \frac{Q_e}{C}$	C – Kapazität V – Spannung Q_e – elektrische Ladung
magnetische Energie einer Spule	$\frac{1}{2}LI^2$	L – Selbstinduktion I – Stromstärke

Tab. A.13 Beispiele für Energieformen der Arbeit (die Differenziale der Energieformen sind nur als Beträge dargestellt)

Bezeichnung	Beziehung	Variable
Verschiebearbeit	Fdr	F – Kraft
		dr – Verschiebung
Translationsarbeit	cdI	c – Geschwindigkeit
		dI – Impulsänderung
Rotationsarbeit	ωdL	ω – Winkelgeschwindigkeit
		dL – Drehimpulsänderung
Arbeit einer Feder	$kxdx$	k – Federkonstante
		dx – Änderung der Federausdehnung
Arbeit eines Gravitationsfeldes	$mgdz$	m – Masse
		g – Erdbeschleunigung
		dz – Höhenänderung
Arbeit eines galvanischen Elementes	VdQ_e mit $V = \frac{Q_e}{C}$	C – Kapazität
		V – Spannung
		dQ_e – Ladungsänderung
Arbeit einer elektrischen Induktivität	$LIdI$	L – Selbstinduktion
		dI – Änderung der Stromstärke
Volumenänderungsarbeit	pdV	p – Druck
		dV – Volumenänderung
Oberflächenänderungsarbeit	σdA	σ – Oberflächenspannung
		dA – Oberflächenänderung
Arbeit des Stofftransportes bzw. der Stoffumwandlung	$\mu_i dn_i$	μ_i – chemisches Potenzial
		dn_i – Molmengenänderung der Komponente i

Anhang B: Diagramme

Zum Lösen der Aufgaben in Kap. 7 werden verschiedene Diagramme benötigt. Diese sind hier, genau wie im Lehrbuch, wieder übersichtlich zusammengestellt.

B. Weigand et al., *Thermodynamik kompakt – Formeln und Aufgaben*,
DOI 10.1007/978-3-662-49701-2

B.1 Mollier *h,x*-Diagramm für feuchte Luft

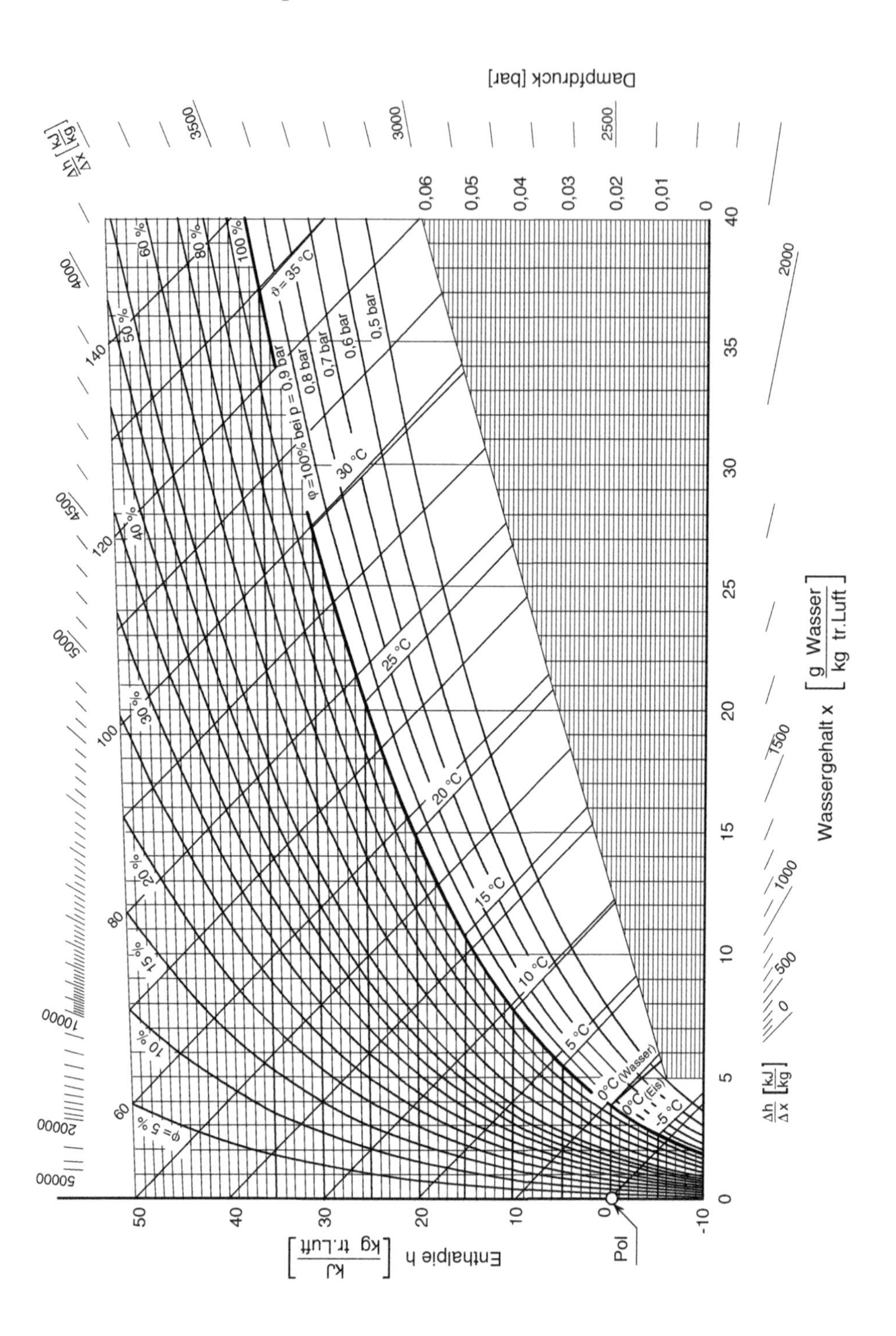

B.2 *T,s*- und log *p,h*-Diagramm für Kohlendioxid

Von der Homepage der Firma TLK Thermo GmbH (www.tlk-thermo.com) kann der StateViewer frei heruntergeladen werden, um die folgenden (und andere) Diagramme zu erzeugen.

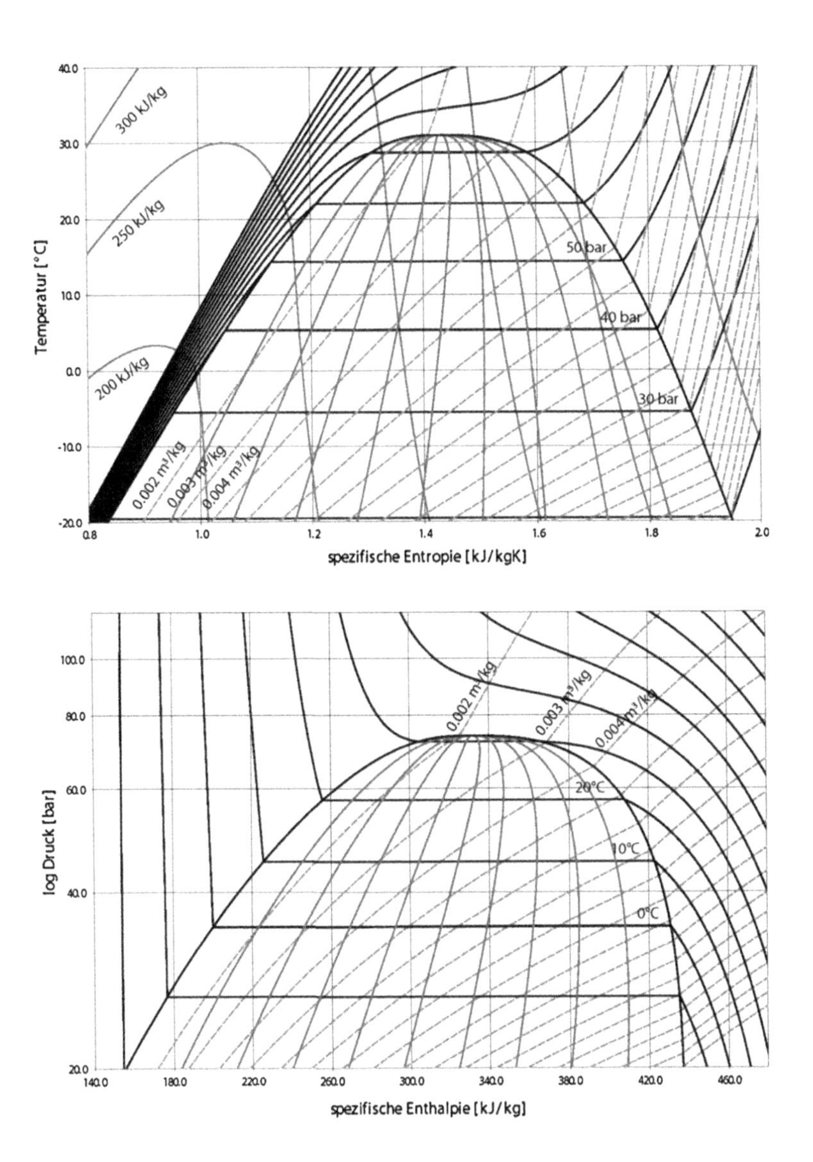

B.3 T,s- und log p,h-Diagramm für Propan

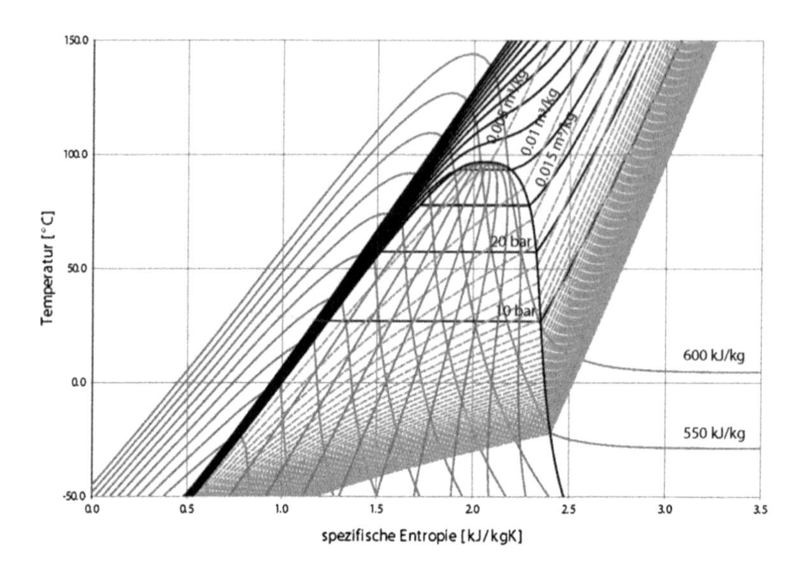

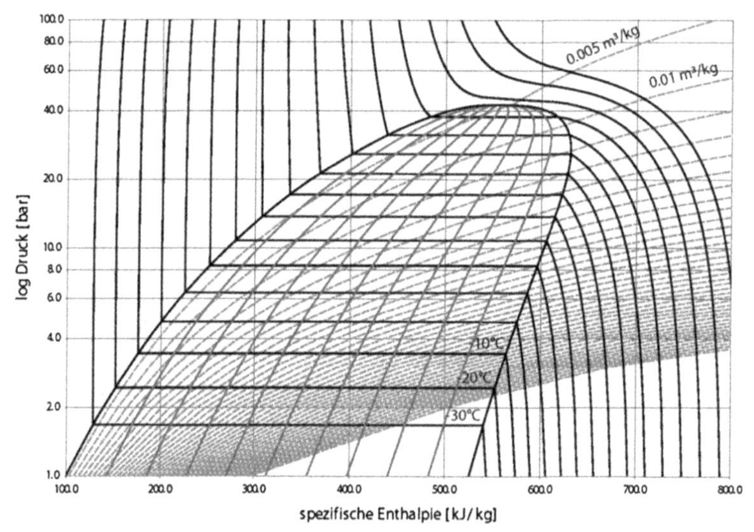

B.4 *T,s*- und log *p,h*-Diagramm für R134a

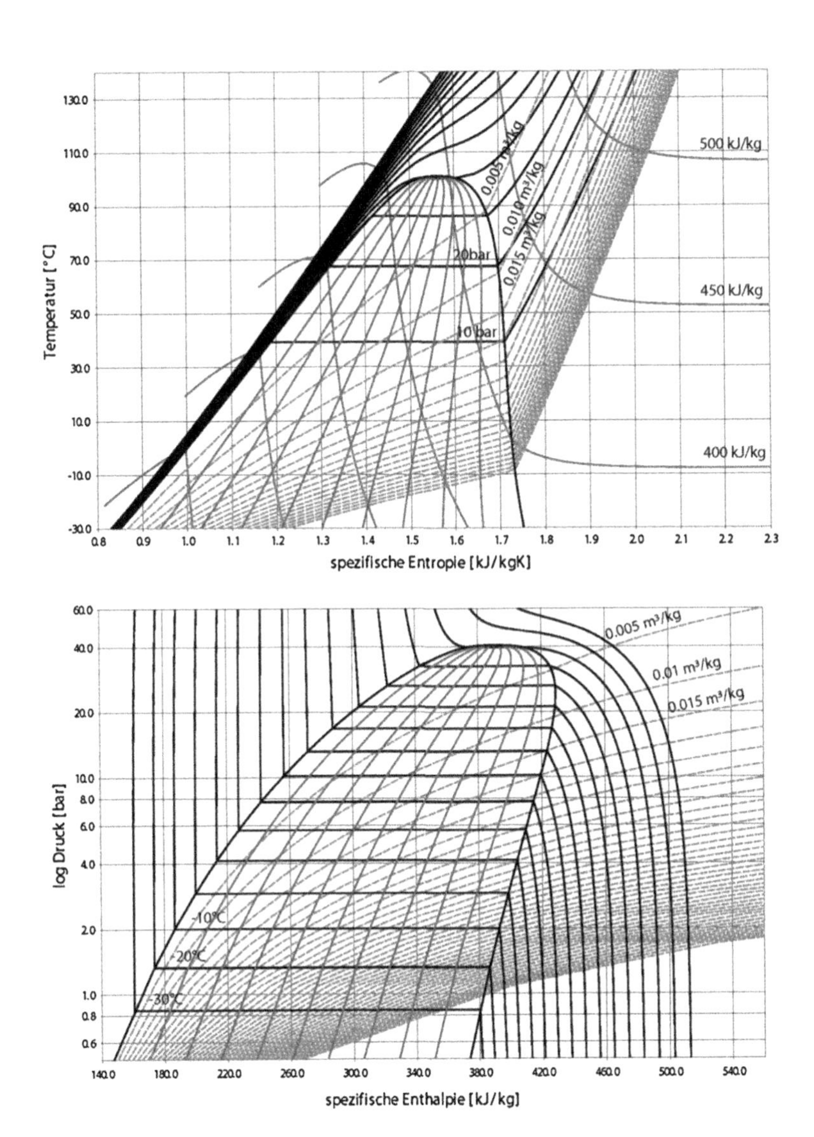

Anhang C: Prüfungsaufgaben

In dem folgenden Anhang sind drei Prüfungen zusammengestellt. Sie sollen dem Leser dazu dienen, zu testen, ob er mit dem Stoff gut vertraut ist. Diese Aufgaben sind hier ganz bewusst ohne Lösungen angegeben. Die ausführlichen Lösungen findet der Leser auf der Internetseite www.uni-stuttgart.de/itlr/thermo-kompakt. Es kann sinnvoll sein, sich beim Lösen der folgenden Prüfungen eine konkrete Zeitvorgabe zu geben, um eine reale Prüfungssituation „nachzuspielen". Für jede Prüfung sollte man sich rund 3 Stunden Zeit nehmen.

C.1 Erste Prüfung

Aufgabe 1 Bei einem stationären Fließprozess wird in einen Windkanal ein Luftmassenstrom von $\dot{m} = 0{,}04$ kg/s aus der ruhenden Umgebung ($t_u = 25$ °C, $p_u = 1$ bar, $c_u = 0$ m/s) mit konstanten Zustandsgrößen in den Kanaleintritt (1) angesaugt. Die Luft strömt weiter durch einen Filter, wobei der Druck um 2 % isotherm abfällt. Danach strömt die Luft bei konstantem Druck und konstanter Temperatur durch eine Rohrleitung (2 bis 3). In der Heizung wird dem Luftmassenstrom eine spezifische Wärme von $q_{34} = 80$ kJ/kg isobar zugeführt. Nach der Heizung strömt die Luft weiter durch ein Übergangsstück (4 bis 5) in dem der Druck um $\Delta p_{45} = 0{,}05$ bar reibungsfrei adiabat abfällt. Beim Durchströmen der Messstrecke (5 bis 6) kühlt sich die Luft polytrop ($n = 1{,}39$) um $\Delta T_{56} = 10$ K ab.

Nach dem Passieren der Messstrecke strömt die Luft zur Pumpe. Hierbei bleiben alle Zustandsgrößen und der Querschnitt konstant. Die Wände des Versuchsstandes, außer denen des Filters und der Messstrecke, sind als adiabat anzusehen. Die Luft ist als ideales Gas zu behandeln. Änderungen potenzieller Energien sind zu vernachlässigen (Abb. C.1).

Weiterhin sind folgende Größen gegeben:
Spezifische Gaskonstante der Luft: $R = 287$ J/(kg K)
Isentropenexponent der Luft: $\kappa = 1{,}4$

B. Weigand et al., *Thermodynamik kompakt – Formeln und Aufgaben*,
DOI 10.1007/978-3-662-49701-2

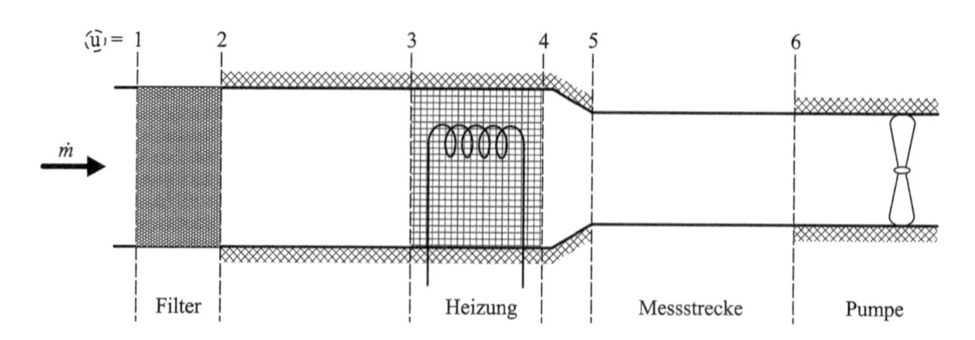

Abb. C.1 Versuchsaufbau

Flächen der Zulaufstrecke: $A_1 = A_2 = A_3 = A_4 = 0{,}5\ \text{m}^2$
Flächen der Messstrecke: $A_5 = A_6 = 0{,}005\ \text{m}^2$

a) Stellen Sie die Zustandsänderungen der Luft vom Querschnitt 1 bis zum Querschnitt 6 qualitativ in einem p,v- und in einem T,s- Diagramm dar! Ordnen Sie den einzelnen Zustandspunkten die Querschnitte von 1 bis 6 zu! Zeichnen Sie im p,v- Diagramm die Isothermen und im T,s- Diagramm die Isobaren durch alle Zustandspunke ein und kennzeichnen Sie weiterhin im geeigneten Diagramm die spezifischen Wärmen!
b) Auf welche Temperatur T_4 wird der Luftstrom aufgeheizt und wie hoch ist seine Geschwindigkeit c_4 nach der Aufheizung?
c) Welche spezifische technische Arbeit w_t wird dem Luftstrom durch die Pumpe zugeführt?

Aufgabe 2 In einem stationären Fließprozess wird ein als van-der-Waals-Medium zu beschreibendes Gas zuerst verdichtet und dann isochor entspannt. Für die Verdichtung gilt der Zusammenhang pv^α = konstant.

Der Verdichtungsprozess startet mit einem Ausgangsdruck $p_1 = 5$ bar und halbiert das spezifische Anfangsvolumen auf $v_2 = 0{,}4\ \text{m}^3/\text{kg}$. Hierbei verändert sich die Entropie nicht. Bei der darauf folgenden isochoren Entspannung ändert sich die spezifische Entropie um $\Delta s = s_3 - s_2 = -2600\ \text{J}/\text{kg K}$. Von dem van-der-Waals-Medium ist bekannt

Spezifische Gaskonstante: $R = 465$ J/(kg K)
Spezifische Wärmekapazität bei
konstantem Volumen: $c_v = 2{,}5\,R$
Kritische Temperatur: $T_k = 450$ K
Kritisches spez. Volumen: $v_k = 0{,}1 v_2$
Kinetische und potenzielle Energien sind zu vernachlässigen.

a) Berechnen Sie die van-der-Waals-Konstanten a und b, sowie den kritischen Druck p_K!
b) Berechnen Sie Temperatur und Druck für den Zustand 2!
c) Wie groß ist der Exponent α?
d) Berechnen Sie Druck und Temperatur im Zustand 3!
e) Skizzieren Sie die Prozesse im p,v- und im T,s-Diagramm! Tragen Sie zusätzlich die Grenzkurven für die Phasenübergänge, sowie die Isochoren, Isobaren und Isothermen ein!
f) Wie groß sind die zu- oder abgeführte spezifische Volumenänderungsarbeit $w_{V,12}$ und die spezifische Wärme q_{12}? Leiten Sie hierzu die Gleichung für $w_{V,12}$ her!

Aufgabe 3 Die Vorgänge in einem Verbrennungsmotor können durch einen Kreisprozess, bestehend aus den folgenden Teilprozessen, angenähert werden:

Verdichtungsprozess 1 → 2 reversibel adiabat (Druckverhältnis $p_2/p_1 = 20$)
Verbrennungsprozess 2 → 3 reversibel isochor
Entspannungsprozess 3 → 4 reversibel adiabat
Entspannungsprozess 4 → 1 reversibel isochor

Der Ansaugzustand ist durch den Druck $p_1 = 1$ bar sowie durch die Temperatur $t_1 = 15$ °C definiert. Weiterhin beträgt die höchste auftretende Temperatur im Kreisprozess 2000 K. Das Arbeitsmedium ist als ideales Gas mit $\kappa = 1{,}4$ und $R = 287$ J/(kg K) zu behandeln.

a) Skizzieren Sie den Kreisprozess im p,v-Diagramm und im T,s-Diagramm! Achten Sie besonders auf den qualitativen Verlauf und die eindeutige Beschriftung der Isentropen und Isochoren durch die Zustandspunkte! Zeichnen Sie im p,v- Diagramm zusätzlich die auftretenden spezifischen Wärmeströme und spezifischen Arbeiten ein!
b) Benennen Sie den oben beschriebenen Vergleichsprozess und berechnen Sie die fehlenden Drücke und Temperaturen an den Zustandspunkten!
c) Bestimmen Sie die spezifischen zu- und abgeführten Wärmen!
d) Kennzeichnen Sie in dem jeweils geeigneten Diagramm aus Teil a) durch Flächen die spezifische Kreisprozessarbeit sowie die zugeführte spezifische Wärme! Berechnen Sie den erreichten thermischen Wirkungsgrad und vergleichen Sie diesen mit dem berechneten thermischen Wirkungsgrad einer Carnotmaschine, die zwischen den gleichen Maximal- und Minimaltemperaturen arbeitet!

Im Folgenden soll der reversibel adiabate Entspannungsprozess 3→4 durch einen reversibel polytropen Prozess ($n = 1{,}5$) ersetzt werden. Dabei sinkt der thermische Wirkungsgrad des Kreisprozesses auf $\eta_{th'} = 0{,}5$.

e) Skizzieren Sie den veränderten Kreisprozess in einem neuen p,v- und einem T,s-Diagramm! Achten Sie besonders auf den qualitativen Verlauf der Zustandsänderungen durch die Zustandspunkte! Bestimmen Sie anschließend die neue Temperatur T_4!

f) Berechnen Sie die Änderung ($s_i - s_j$) der spezifischen Entropie des Arbeitsmediums in allen vier Teilprozessen 1→2→3→4'→1! Welche Aussage kann man über das Kurvenintegral der spezifischen Entropieänderung in diesem Kreisprozess treffen?

Aufgabe 4 In einem Windkanal sollen die verschiedenen Betriebszustände ermittelt werden. Der vorliegende geschlossene Windkanal besteht aus einem Gebläse, das Luft in einer ersten Etappe durch eine konvergente Düse mit quadratischem Eintrittsquerschnitt (H_1 = Breite = Höhe = 80 mm) mit einer Geschwindigkeit $c_1 = 100$ m/s strömen lässt. Danach reduziert sich die Breite bzw. die Höhe des Kanals auf ¾ des ursprünglichen Wertes. Gleichzeitig sinkt die Dichte, so dass das Verhältnis der Dichte im Zustand (1) zu der im Zustand (2) $\rho_1/\rho_2 = 1{,}06075$ beträgt (Abb. C.2).

Am Austritt schließt sich ein Kanalstück mit konstantem Querschnitt (Zustand (2)–(3)) an, in dem das Fluid einen Gleichrichter passiert, um eine möglichst gleichförmige, turbulenzarme Strömung zu erhalten. Anschließend wird die Luft mit Hilfe einer konvergent-divergenten Düse, hinter der sich eine Drucksonde befindet, auf Überschall beschleunigt. Die Drucksonde ist so positioniert, dass sich im Austrittsquerschnitt der Laval-Düse (Zustand (4)) ein senkrechter Stoß einstellt, hinter dem ein statischer Druck $p_5 = 1{,}75$ bar herrscht. Die Drucksonde misst einen Staudruck von $p_{06} = 2{,}625$ bar bei einer Staupunkttemperatur $T_{06} = 500$ K.

Hinter der Messstrecke, in der sich die Drucksonde befindet, passiert die Luft eine divergente Düse, bevor sie dem Gebläse wieder zugeführt wird. Die Luft kann als ideales Gas mit $R = 287$ J/(kg K) und $\kappa = 1{,}4$ betrachtet werden. Die Zustandsänderungen vor (Zustand (1) bis (4)) sowie hinter (Zustand (5) bis (6)) dem Stoß sind als reversibel adiabat anzunehmen.

a) Geben Sie die Totaltemperatur im Zustand (1) an! Berechnen Sie die Machzahlen am Eintritt sowie am Austritt der konvergenten Düse!

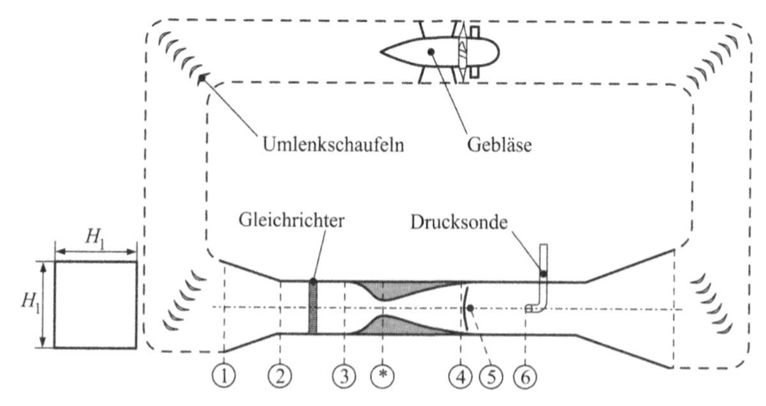

Abb. C.2 Schematischer Aufbau des Windkanals

b) Berechnen Sie die Machzahlen kurz vor und nach dem Stoß! Beachten Sie, dass der Totaldruck nach dem Stoß bei einer reversibel adiabaten Strömung konstant bleibt!
c) Berechnen Sie den fiktiven Kesseldruck p_0 für die Strömung vor dem Stoß. Berechnen Sie die statischen Drücke der Zustände (1), (2), (3) und (4) vor dem Stoß!
d) Bestimmen Sie den durchströmenden Massenstrom! Wie groß ist die Seitenlänge des quadratischen Kanals im engsten Querschnitt?
e) Welche Werte nehmen Druck, Temperatur, Dichte sowie Schallgeschwindigkeit im engsten Querschnitt (*) an? Skizzieren Sie in Strömungsrichtung den Verlauf der Machzahl für die verschiedenen Zustände (1) bis (6) entlang einer Linie in der Kanalmitte!

Aufgabe 5 In einem geschlossenen Behälter läuft die Wassergasreaktion $CO_2 + H_2 = CO + H_2O$ ab. Beim Druck p_1 und der Temperatur T_1 stellt sich thermodynamisches Gleichgewicht ein. Für diese Bedingungen hat die mit den Molenbrüchen gebildete Konstante des Massenwirkungsgesetzes den Wert $K(p_1, T_1) = 1{,}59792$. Im fiktiven Ausgangszustand (A) liegen nur CO_2 und H_2 vor. Zudem ist die Stoffmenge von CO_2 in Zustand (A) um 1 mol größer als die von H_2, das heißt $n_{CO_2}^{(A)} - n_{H_2}^{(A)} = 1$ mol.

Alle Stoffe liegen gasförmig vor und sollen als ideale Gase behandelt werden. Die universelle Gaskonstante beträgt $R_m = 8{,}314$ J/(mol K).

a) Geben Sie die stöchiometrischen Koeffizienten aller Komponenten der Reaktion mit der in Kap. 7 (Aufgaben 7.15 und 7.16) eingeführten Vorzeichenkonvention an und bestimmen Sie die Summe aller Koeffizienten! Welche Aussagen können über die Stoffmengen der einzelnen Komponenten im fiktiven Anfangs- und Endzustand getroffen werden, wenn nach vollständig abgelaufener Reaktion im Endzustand (E) die Molzahl des Wasserstoffs gleich Null beträgt, das heißt $n_{H_2}^{(E)} = 0$?
b) Geben Sie die Molzahlen aller Komponenten in Abhängigkeit von α und $n_{H_2}^{(A)}$ an! Bei den gegebenen Gleichgewichtsbedingungen p_1, T_1 und $K(p_1, T_1)$ hat die dimensionslose Reaktionslaufzahl α den Wert 0,6665. Bestimmen Sie damit die Molzahlen aller Komponenten im fiktiven Anfangszustand (A, $\alpha = 0$) und fiktiven Endzustand (E, $\alpha = 1$)! Bestimmen Sie nun die Gesamtmolzahl in Abhängigkeit von α, sowie die Molenbrüche $\psi_i^{(1)}$ aller Komponenten im Gleichgewichtszustand (1)!
c) Zeichnen Sie das Reaktionslaufzahl-Diagramm! Kennzeichnen Sie die Verläufe der Komponenten und der Gesamtmolzahl! Beschriften Sie Diagrammachsen und Verläufe eindeutig und vollständig!
d) In einem isothermen Prozess wird ein neuer Gleichgewichtszustand (2) bei doppelt so hohem Druck $p_2 = 2p_1$ erreicht. Geben Sie die neue Gleichgewichtskonstante $K(p_2, T_2 = T_1)$ und die Gleichgewichtszusammensetzung aller $\psi_i^{(2)}$ an!
e) Vom Gleichgewichtszustand (2) ausgehend wird in einem isobaren Prozess ein neuer Gleichgewichtszustand (3) erreicht mit $K(p_3 = p_2, T_3) = 1{,}42827$. Wie groß ist die als konstant angenommene Reaktionsenthalpie ΔH_R wenn $t_1 = t_2 = 25$ °C und $t_3 = 23$ °C beträgt? Welchen Wert nimmt die dimensionslose Reaktionslaufzahl α im Zustand (3) an?

C.2 Zweite Prüfung

Aufgabe 1 Es werden Zustandsänderungen von Luft als idealem Gas betrachtet. Hierbei wird die Luftmasse als konstant angenommen. Die Temperatur beträgt im Zustand 1 $T_1 = 400$ K. Durch eine isotherme Druckabsenkung wird die Luft von dem Zustand 1 auf den Zustand 2 ($V_2 = 0{,}0075\ \mathrm{m}^3$) entspannt. Durch die Zufuhr der Wärme $Q_{23} = 250$ kJ wird die Luft isobar von Zustand 2 in den Zustand 3 überführt. Hierbei beträgt das Volumen V_3 das Zweifache von V_1. Anschließend findet eine isotherme Entspannung des Gases vom Zustand 3 nach Zustand 4 statt.

Gegebene Größen:

Spezifische Gaskonstante:	$R = 287\,\mathrm{J}/(\mathrm{kg\,K})$
Spezifische Wärmekapazität bei konstantem Volumen:	$c_v = 717{,}5\,\mathrm{J}/(\mathrm{kg\,K})$
Luftmasse:	$m = 1{,}5\,\mathrm{kg}$

a) Berechnen Sie den Druck p_2 im Zustand 2!
b) Auf welche Temperatur T_3 wird das Gas vom Zustand 2 auf den Zustand 3 erwärmt? Auf welches Volumen V_3 wird das Gas expandiert?
c) Wie groß ist das Volumen V_4 im Zustand 4, wenn die Entropieänderung $\Delta S_{34} = 545\,\mathrm{J/K}$ beträgt?
d) Berechnen Sie die Drücke p_1 und p_4!
e) Berechnen Sie die gesamte Entropieänderung ΔS_{14}!
f) Wie groß ist die Enthalpie H_4, wenn $h_1 = 401{,}8\,\mathrm{kJ}/\mathrm{kg}$ gilt?

Aufgabe 2 Es wird ein Kreisprozess betrachtet, bei dem Stickstoff (N_2) als Arbeitsmedium eingesetzt wird. Dabei soll Stickstoff als van-der-Waals-Gas betrachtet werden.

Ausgehend vom Zustand 1 ($T_1 = 150$ K) wird das Arbeitsmediumisentrop auf Zustand 2 ($T_2 = 169{,}4$ K) verdichtet. Anschließend folgt eine isochore Zustandsänderung auf den Zustand 3 ($v_3 = 0{,}006\ \mathrm{m^3/kg}$). Durch eine isobare Zustandsänderung gelangt man schließlich zum Ausgangspunkt (Zustand 1) zurück. Alle Zustandsänderungen sind reversibel. Für Stickstoff gelten folgende Stoffwerte:

Kritische Temperatur:	$T_K = 126{,}2$ K
Kritischer Druck:	$p_K = 33{,}96$ bar
Spezifische Wärmekapazität bei konstantem Volumen:	$c_v = 880$ J/(kg K)
Universelle Gaskonstante	$R_m = 8{,}314$ J/(mol K)
Molmasse:	$M = 28{,}01$ g/mol

Die spezifische Wärmekapazität bei konstantem Volumen c_v kann während des gesamten Kreisprozesses als konstant angenommen werden.

a) Berechnen Sie die Konstanten a und b in der thermischen Zustandsgleichung für das van-der-Waals-Fluid sowie das spezifische kritische Volumen v_K!
b) Berechnen Sie das spezifische Volumen v_1 und den Druck p_1 im Zustand 1! Ermitteln Sie außerdem v_2 und p_2 im Zustand 2 sowie die Temperatur T_3 im Zustand 3!
c) Berechnen Sie die Änderung der spezifischen Entropie s_{23} vom Zustand 2 zu Zustand 3! Warum gilt $s_{23} = -s_{31}$?
d) Skizzieren Sie den Kreisprozess in einem p,v- und in einem T,s-Diagramm! Stellen Sie das Nassdampfgebiet und den kritischen Punkt dar! Tragen Sie im p,v-Diagramm die Isothermen durch alle Zustandspunkte ein und im T,s-Diagramm die Isobaren! Tragen Sie außerdem im p,v-Diagramm die Isotherme durch den kritischen Punkt ein!
e) Ermitteln Sie die gesamte spezifische Volumenänderungsarbeit $w_{\text{ges}} = (w_{12} + w_{23} + w_{31})$ und zeichnen Sie diese als Fläche in das p,v-Diagramm ein!
f) Wie groß ist die gesamte spezifische Wärme q_{ges}?

Aufgabe 3 Ein Turboluftstrahl-Triebwerk wird von einem Luftmassenstrom von $\dot{m} = 120\,\text{kg}/\text{s}$ durchströmt. Die Luft der Umgebung hat eine Temperatur von $t_u = 10\,°\text{C}$ und es herrscht ein Umgebungsdruck von $p_u = 1{,}013\,\text{bar}$.

Die Luft soll als ideales Gas mit $\chi = 1{,}4$ und $c_p = 1004{,}5\,\text{J}/(\text{kg K})$ angenommen werden und durchläuft folgende Zustandsänderungen:

1→2 reversibel adiabate Verdichtung
2→3 reversibel isobare Wärmezufuhr
3→4 reversibel adiabate Entspannung
4→1 reversibel isobare Wärmeabfuhr

Das Gesamtdruckverhältnis des Prozesses beträgt $\pi_{ges} = 36$ und die maximale Prozesstemperatur liegt bei $t_{\max} = 1226{,}85\,°\text{C}$. Die Änderungen der kinetischen Energien sind vernachlässigbar.

a) Benennen Sie den vorliegenden thermodynamischen Vergleichsprozess und skizzieren Sie ihn im p,v- und im T,s-Diagramm! Kennzeichnen Sie jeweils Zustandspunkte, Zustandsänderungen und Isolinien!
b) Berechnen Sie alle fehlenden Drücke und Temperaturen in den Zustandspunkten!
c) Berechnen Sie die zu- und abgeführten spezifischen Wärmen der Teilprozesse sowie die vom Prozess bereit gestellte Leistung P_{ges}!

Das Triebwerk soll im Folgenden mit zwei Verdichtern ausgeführt werden. Die Bezeichnungen der Ebenen sind der Abb. C.3 zu entnehmen. Nach dem ersten Verdichter (NV)

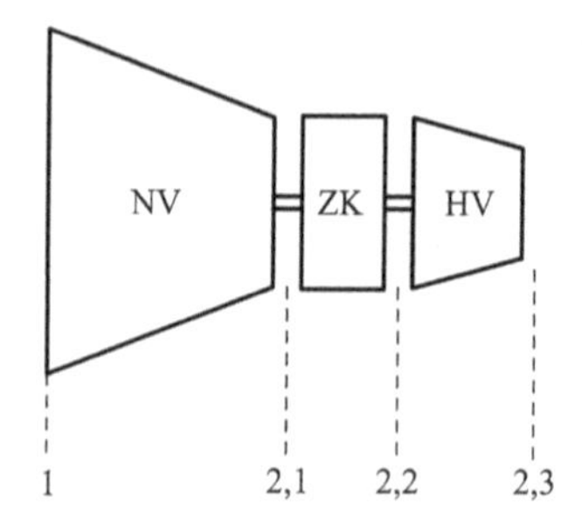

Abb. C.3 Bezeichnung der Ebenen im Triebwerk

wird die Luft in einem Zwischenkühler (ZK) isobar auf $T_{2,2} = 300$ K abgekühlt. Beide Verdichter arbeiten mit identischem Druckverhältnis, das Gesamtdruckverhältnis von $\pi_{ges} = 36$ soll beibehalten werden.

d) Berechnen sie die Drücke und Temperaturen der neuen Zustandspunkte (2,1), (2,2) und (2,3) und die Leistungsaufnahme der Verdichter! Wie groß ist der im Zwischenkühler abgeführte Wärmestrom $\dot{Q}_{ZK}$?
e) Wie verändert sich die Leistungsaufnahme des Hochdruckverdichters (HV), wenn die Verdichtung dort reversibel polytrop mit einem Polytropenexponenten von $n = 1{,}6$ abläuft?
f) Skizzieren Sie den veränderten Prozess aus d) im T,s-Diagramm und tragen sie die veränderte Zustandsänderung des Hochdruckverdichters aus e) ein!

Aufgabe 4 Ein Massenstrom feuchter Luft vom Zustand 1, bestehend aus 10 kg/s trockener Luft und 0,09 kg/s Wasser, besitzt bei dem Druck $p_1 = 1{,}0$ bar die Temperatur $t_1 = 15\,°\text{C}$. In einem stationären, isobaren Prozess wird diesem Luftstrom in einem offenen System 7,666 m³/s feuchte Luft vom Zustand 2 mit $p_2 = 1{,}0\,\text{bar}$, $t_2 = -7\,°\text{C}$, $x_2 = 20\,\text{g/kg}$ zugemischt und außerdem ein Wärmestrom von 501,8 kW zugeführt. Nach Mischung und Wärmezufuhr ergibt sich Zustand 3.

Gegebene Stoffwerte:

$$R_L = 287\,\text{J/(kg K)}, \quad M_W/M_L = 0{,}622, \quad p_s(-7\,°\text{C}) = 0{,}00338\,\text{bar}$$

$$c_{pL} = 1006\,\text{J/(kg K)}, \quad c_{pD} = 1920\,\text{J/(kg K)}, \quad c_W = 4182\,\text{J/(kg K)}$$

$$c_E = 2100\,\text{J/(kg K)}, \; r_D = 2500\,\text{kJ/(kg K)}, \quad r_E = 334\,\text{kJ/(kg K)}$$

Indizes: L: trockene Luft, D: Wasserdampf, W: flüssiges Wasser, E: Eis

Die Genauigkeit einer zeichnerischen Lösung ist NICHT ausreichend, wenn Sie eine Größe berechnen sollen. Notieren Sie alle Werte, die Sie aus dem Diagramm ablesen!

a) Tragen Sie den Zustand 1 in das h,x-Diagramm aus Anhang B ein! Warum ist es nicht möglich, den Zustand 2 einzutragen?
b) Welche Phasen liegen im Zustand 2 vor? Berechnen Sie den Massenstrom $\dot{m}_{L2}$ an trockener Luft, der mit dem Zustand 2 beigemischt wird! Hinweis: Vernachlässigen Sie bei der Berechnung die Dichte der nicht gasförmigen Phase!
c) Ermitteln Sie den Sättigungsgehalt der feuchten Luft im Zustand 1 mit Hilfe des h,x-Diagramms!
d) Berechnen Sie den Wassergehalt der feuchten Luft im Zustand 3!
e) Berechnen Sie die spezifische Enthalpie der feuchten Luft in den Zuständen 1, 2 und 3!
f) Tragen Sie den Zustand 3 in das h,x-Diagramm ein und bestimmen Sie zeichnerisch die Temperatur im Zustand 3! Welche Phasen liegen im Zustand 3 vor?
g) Berechnen Sie die Temperatur der feuchten Luft im Zustand 3! Bestimmen Sie dazu graphisch den Sättigungsgehalt mit Hilfe des h,x-Diagramms! Stellen Sie in einer vergrößerten Skizze Ihr Vorgehen zur Ermittlung des Sättigungsgehalts mit der Sättigungslinie, dem Zustand 3, der Isothermen und der Isenthalpen durch den Zustand 3 sowie des Sättigungsgehaltes im Zustand 3 dar!

Zusätzliche Hinweise:

- Verwenden Sie zur Lösung der Aufgabe das h,x-Diagramm aus Anhang B!
- Der Gesamtdruck beträgt stets $p = 1$ bar, Änderungen der kinetischen und potenziellen Energien können vernachlässigt werden.
- Normierung: $h_L(0\,°\mathrm{C}) = 0\,\mathrm{kJ/kg}$ und $h_W(0\,°\mathrm{C}) = 0\,\mathrm{kJ/kg}$.

Aufgabe 5 In einem Windkanal soll das Modell eines Wiedereintrittskörpers untersucht werden. Der Versuchskanal ist rotationssymmetrisch mit dem Durchmesser $D = 30$ mm am Austritt der Düse. Ein Gebläse fördert Luft in eine große Beruhigungskammer, wobei die Geschwindigkeit in der Kammer vernachlässigt werden kann und so die statischen Größen den Kesselgrößen entsprechen (Zustand 0).

Die Strömung wird mit Hilfe einer Lavaldüse über Zustand 1 und Zustand * auf Überschall im Zustand 2 beschleunigt. Vor dem Modell bildet sich ein Verdichtungsstoß aus, der auf der Mittellinie als senkrecht und stationär angenommen werden kann. Zustand 2 liegt direkt vor dem Stoß, Zustand 3 gerade dahinter. Zustand 4 sei im Staupunkt des Modells.

Bis auf den auftretenden Stoß kann die Strömung als isentrop mit Luft als idealem Gas betrachtet werden ($\kappa = 1{,}4$, $R = 287$ J/(kg K)) (Abb. C.4).

Die Lavaldüse ist verlustfrei und durch das Verhältnis der statischen Drücke $p_1/p_2 = 3{,}685$ beschrieben. Zudem wurde das Verhältnis aus statischem zu totalem Druck für Zustand 1 zu $p_1/p_{01} = 0{,}947$ bestimmt.

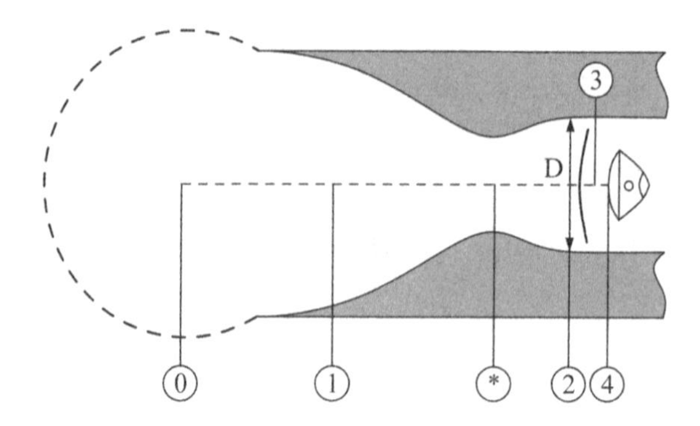

Abb. C.4 Schematischer Aufbau des Versuchsstandes

a) Berechnen Sie die Machzahl an Position 1 (Ma_1) sowie am Austritt der Düse (Ma_2)!
b) Berechnen Sie die Machzahl hinter dem Stoß (Ma_3) sowie die Verhältnisse aus den statischen Drücken (p_3/p_2) und statischen Temperaturen (T_3/T_2) über den Stoß! Wie hoch ist die spezifische Entropiezunahme Δs über den Stoß?

Im Staupunkt des Modells (Zustand 4) befindet sich ein ideales Messgerät. Es bestimmt den Totaldruck zu $p_{04} = 3{,}42$ bar bzw. die Totaltemperatur zu $T_{04} = 300$ K.

c) Bestimmen Sie den Totaldruck p_{00} und die Totaltemperatur T_{00} für den Kesselzustand (Zustand 0)! Wie verhalten sich Druck und Temperatur im Zustand 0 im Vergleich zu den Messwerten im Zustand 4? Erklären Sie das Ergebnis des Vergleichs! Welcher Massenstrom $\dot{m}_2$ stellt sich am Austritt der Düse ein? Wie groß ist die statische, spezifische Enthalpieänderung Δh über den Stoß?
d) Skizzieren Sie qualitativ die Verläufe des dimensionslosen Druckes p/p_{00} (lokaler statischer Druck bezogen auf Kesseldruck) und der Machzahl entlang der Strömungsrichtung vom Zustand 0 bis zum Zustand 4! Kennzeichnen Sie dabei die Position aller Zustände!

C.3 Dritte Prüfung

Aufgabe 1 Ein Durchlauferhitzer (normale Widerstandsheizung) nimmt eine elektrische Leistung von $\dot{W}_{el} = 18$ kW auf und erwärmt (inkompressibles) Wasser ($\dot{m}_A$), das beim Einströmen in den isobaren Durchlauferhitzer eine Temperatur von $t_1 = 10\,°C$ und Umgebungsdruck hat. Das austretende, heiße Wasser mit der Temperatur t_2 wird dann in der Badezimmerarmatur erneut mit kalten Wasser ($\dot{m}_B$ mit $t_3 = t_1 = 10\,°C, p_3 = p_1 = p_u$) gemischt und strömt dann mit einer mittleren Temperatur von $t_4 = 38\,°C$ in eine Badewanne.

a) Wie lange dauert es mindestens bis die zunächst leere Wanne, die ein Volumen von 150 Litern hat, voll mit warmem Wasser ist?
b) Stellen Sie für den oben beschriebenen Durchlauferhitzer eine Funktion für die produzierte Entropie pro Zeit $\dot{S}_{prod}(\dot{m}_A)$ in Abhängigkeit vom Wassermassenstrom auf! (Stellen Sie dafür zunächst eine Funktion der Austrittstemperatur $t_2(\dot{m}_A)$ auf!
c) Hängt die im Gesamtsystem (Durchlauferhitzer, Badezimmerarmatur) produzierte Entropie S_{prod} beim Füllen der Wanne davon ab, wie groß der Massenstrom $\dot{m}_A$ durch den Durchlauferhitzer ist bzw. wieviel erst in der Armatur dazu gemischt wird (bei festgelegter Austrittstemperatur von $t_4 = 38\,°C$)?
Gehen Sie ab hier davon aus, dass zum Erwärmen keine Widerstandsheizung verwendet wird, sondern ein reversibel arbeitenden Durchlauferhitzer mit einer Wärmepumpe, die ebenfalls eine Antriebsleistung von $\dot{W} = 18\,\text{kW}$ sowie Wärme aus der Umgebung ($t_u = 10\,°C$) aufnimmt! Auch die Temperaturen t_1, t_3 und t_4 bleiben unverändert.
d) Bestimmen Sie die optimale Temperatur t_2 hinter dem neuen Durchlauferhitzer, die gewählt werden muss, um die Wanne möglichst schnell zu füllen!
e) Bestimmen Sie für diesen optimalen Fall die benötigte Zeit, die zum Füllen benötigt wird!

Aufgabe 2
Kurzfrage: Welche Transportgrößen eines Stoffes lassen sich aus seiner Fundamentalgleichung durch Differentiation und algebraisches Umstellen bestimmen?

Zunächst wird ein Kilogramm eines realen Gases mit der spezifischen isobaren Wärmekapazität $c_p = 1{,}2\,\frac{\text{kJ}}{\text{kg K}}$ isentrop verdichtet. Dabei steigen der Druck um $\Delta p_{1,2} = 0{,}001\,\text{bar}$ und die Temperatur von $t_1 = 20{,}0\,°C$ um $\Delta T_{1,2} = 0{,}0015\,\text{K}$. Danach wird dem Gas isobar die Wärme Q_{23} zugeführt, so dass sein spezifisches Volumen um $\Delta v_{23} = 0{,}0003\,\frac{\text{m}^3}{\text{kg}}$ steigt.

a) Bestimmen Sie die Entropieänderung $S_2 - S_3$ des Gases während der Wärmezufuhr!
b) Schätzen Sie die zugeführte Wärme Q_{23} ab! (Hinweis: Sie sollen hier nicht raten, sondern eine vereinfachte Abschätzungsrechnung machen.)

Aufgabe 3
a) Bestimmen Sie die Arbeitsfähigkeit, die vernichtet wird, wenn sich 5 kg Luft, die zunächst bei Umgebungsdruck ($p_u = 1\,\text{bar}$) und $t_1 = -20\,°C$ vorliegen, durch thermischen Kontakt mit der Umgebung ($t_u = 20\,°C$) auf deren Temperatur isobar erwärmen ohne dabei Arbeitzu verrichten.
b) Feuchte Luft ($p_1 = 1\,\text{bar}$, $\varphi_1 = 0{,}90$, $t_1 = 20\,°C$) wird isobar um 10 K auf Zustand 2 abgekühlt: Wieviel kg dampfförmigen Wassers liegen nun im Zustand 2 pro kg trockener Luft vor?

Aufgabe 4

Kurzfrage: Eine Wärmepumpe hat eine Leistungszahl von $\varepsilon_{WP} = 3$. Wie groß ist bei dieser das Verhältnis von aufgenommener Wärme zu aufgenommener technischer Arbeit?

In einem Kreisprozess (Wärmepumpe) läuft ein Massenstrom Wasser von $\dot{m} = 2\frac{\text{kg}}{\text{s}}$ um. Dieser Wasserstrom erfährt folgende Zustandsänderungen

1-2: Adiabat, isentrope Druckabsenkung in einer Turbine auf $p_2 = 0{,}8$ bar.
2-3: Isotherme Wärmezufuhr.
3-4: Adiabate Verdichtung in einem realen Verdichter mit einer Leistungsaufnahme von $\dot{W}_t = 1460$ kW bis zum Zustand des gesättigten Dampfes und einem Druck $p_4 = 190$ bar.
4-1: Isobare Zustandsänderung bis zu einer Temperatur von $t_1 = 100\,°\text{C}$.

Stoffwerte für Wasser (flüssig)
Werte bei $p = 190$ bar

$t/°\text{C}$	80	90	100	110	120
$h/\left(\frac{\text{kJ}}{\text{kg}}\right)$	350	392	433	475	517
$s/\left(\frac{\text{kJ}}{\text{kg K}}\right)$	1063	1180	1294	1403	1511

In der Umgebung herrscht eine Temperatur von $t_u = 20\,°\text{C}$.

Bearbeiten Sie folgende Aufgaben, die sich auf den oben beschriebenen Kreisprozess beziehen:

a) Zeichnen Sie den Prozess in ein T,S-Diagramm und tragen Sie alle bekannten Größen ein! Ermitteln Sie zuvor die Siedetemperatur von Wasser bei $p = 190$ bar!
b) Bestimmen Sie die Drücke und Temperaturen in allen vier Eckpunkten des Prozesses! Sofern die Eckpunkte innerhalb des Nassdampfgebiets liegen, bestimmen Sie weiterhin jeweils deren Nassdampfgehalt!
c) Welchen Wirkungsgrad η_{sv} hat der Verdichter?
d) Bestimmen Sie die Leistungszahl ε_{WP} des Prozesses.
e) Erklären Sie knapp, welches Problem bei der Verdichtung 3-4 auftritt! Wie unterscheidet sich ein Wärmepumpen-Kreisprozess daher meistens in der Praxis von dem hier beschriebenen Prozess?

Printed in the United States
By Bookmasters